POLITEXT 126

Diseño concurrente

POLITEXT

Carles Riba Romeva

Diseño concurrente

EDICIONS UPC

Primera edición: abril de 2002
Reimpresión: marzo de 2010

Diseño de la cubierta: Manuel Andreu

©   Carles Riba, 2002

©   Edicions UPC, 2002
        Edicions de la Universitat Politècnica de Catalunya, SL
        Jordi Girona Salgado 31, 08034 Barcelona
        Tel.: 934 015 885 Fax: 934 054 101
        Edicions Virtuals: www.edicionsupc.es
        E-mail: edicions-upc@upc.edu

Producción: LIGHTNING SOURCE

Depósito legal: B-16112-2005
ISBN: 978-84-8301-598-8

Presentación

Una de las actividades más apasionantes, y a menudo más complejas, en el ámbito de la ingeniería es el proceso de creación y desarrollo de un producto o una máquina a partir de unas funciones y de unas prestaciones previamente especificadas.

Constituye una materia pluridisciplinaria que incluye, entre otras, la teoría de máquinas y mecanismos, el cálculo y la simulación, las soluciones constructivas, los accionamientos y su control, la aplicación de materiales, las tecnologías de fabricación, las técnicas de representación, la ergonomía, la seguridad o la reciclabilidad, que se integran en la forma de un proyecto.

La versión original de este libro, escrita en catalán, es el último trabajo de un conjunto de cinco que tratan del *diseño de máquinas* desde distintos puntos de vista complementarios (1. *Mecanismos*; 2. *Estructura constructiva*; 3. *Accionamientos*; 4. *Selección de materiales*; 5. *Metodología*) cuyo tratamiento autónomo permite la lectura o consulta de cada uno de ellos con independencia de los demás.

El objetivo concreto de este texto es proporcionar ayudas conceptuales y metodológicas para aquellas personas con nivel de formación universitaria que, en algún momento u otro de su actividad profesional, deberán emprender el diseño o la fabricación de un producto o una máquina.

En los últimos años se ha ido desarrollado una nueva forma de entender la ingeniería en la que el diseño acumula cada vez mayores responsabilidades. En efecto, esta nueva visión propugna que una correcta definición y concepción global de los sistemas o máquinas debe tener en cuenta tanto los requerimientos de su ciclo de vida como la gama de productos fabricada por la empresa o sector, lo que constituye la mejor garantía para su correcto funcionamiento y su acierto comercial.

Esta nueva perspectiva toma el nombre de *ingeniería concurrente* y se apoya en nuevos métodos (diseño para la fabricación y el montaje, DFMA; para la calidad, DFQ; para el entorno, DFE), nuevas herramientas basadas en las tecnologías de la información y de la comunicación (herramientas asistidas por ordenador: diseño CAD, ingeniería CAE; fabricación CAM; herramientas integradoras: PDM, redes locales, Internet) y nuevas formas organizativas (equipos pluridisciplinarios, jefe de proyecto, organización matricial, o por líneas de proyecto), muchas de las cuales son objeto de atención en el texto. No se debe olvidar que la concepción de productos y servicios continúa siendo esencialmente una tarea humana y punto de encuentro entre la técnica, la ciencia y las humanidades.

Este libro tiene su origen en la petición de Rafael Ferré Masip, profesor de la Universitat Politècnica de Catalunya (UPC, Barcelona, España) y director del Centre-CIM, de preparar una conferencia sobre *ingeniería concurrente* destinada a una jornada con empresas que tuvo lugar en el año 1993. Posteriormente se transformó en un módulo del master CIME del Centre-CIM y en un curso contratado por la empresa Martí Lloveras S.A. de Terrassa para, más adelante, entrar a formar parte del master EMEI impulsado por el Centre de Disseny d'Equips Industrials (CDEI-UPC) que actualmente dirijo.

El texto definitivo es, pues, una revisión y ampliación de materiales anteriores enriquecidos por los numerosos puntos de vista, ejemplos y casos surgidos de los trabajos de colaboración con empresas, especialmente de aquéllas en las que ha habido una relación más intensa con los responsables de ingeniería (Girbau S.A., especialmente con Ramon Sans y Antoni Girbau; proyecto SRIC, financiado por el CDTI; Ferrocarrils de la Generalitat de Catalunya S.A., con Enric Domínguez; Ros Roca S.A., con Ezequiel Rufes y Domènec Casellas; Ibersélex S.A., con Sergi Pons; Airtecnics S.L, con Jordi Oltra; Ecotècnica, con Pere Viladomiu; y Serra Soldadura S.A., con Joaquim Suazo). Estos trabajos no habrían sido posibles sin las aportaciones de los miembros y colaboradores del CDEI-UPC.

También se ha beneficiado de las investigaciones de las tesis doctorales que he dirigido (Francesc Ferrando Piera, profesor de la Universitat Rovira i Virgili, URV, Tarragona, España; Quim de Ciurana Gay, profesor de la Universitat de Girona, UdG, España; Joan Cabarrocas Bualous, también profesor de la UdG, desgraciadamente traspasado el 2000; Heriberto Maury Ramírez, profesor de la Universidad del Norte, Barranquilla, Colombia; Roberto Pérez Rodríguez, profesor de la Universidad de Holguin, Cuba) o de aquellas investigaciones actualmente en curso o a punto de iniciarse (Pere Caballol Escuer, antiguo colaborador; Felip Fenollosa Artés, profesor de la UPC y miembro del Centre-CIM; y Judit Coll Raich, gestora del CDEI-UPC).

Otras aportaciones significativas se derivan de los contactos e intercambios mantenidos con profesores de la UPC (Josep Fenollosa, Joan Vivancos, Joaquim Lloveras, Xaviert Tort-Martorell), de la UdG (Quim de Ciurana) y de la Universitat Jaume I (UJI, Castelló de la Plana, España) (Fernando Romero, Pedro Company) especialmente los destinados a articular un doctorado interuniversitario alrededor de la ingeniería de producto y de proceso.

De forma muy especial agradezco a Judit Coll Raich y a Roberto Pérez Rodríguez la lectura del original, así como sus interesantes observaciones, la ayuda de Ivan Podadera en la última fase de preparación del texto, y la paciencia de las personas de mi entorno familiar.

Solo me queda desear que el contenido del libro sea de interés para los lectores.

ÍNDICE

Presentación

Bibliografía

1 El enmarque del diseño

1.1 Nueva dimensión del diseño

Introducción

En las últimas décadas del siglo XX (en un proceso que aún hoy día continúa), la forma de concebir y producir los bienes y servicios ha experimentado una gran transformación, influida sin duda por el desarrollo de las tecnologías de la información y de la comunicación (TIC), pero que va mucho más allá y alcanza nuevas concepciones, nuevas herramientas, nuevas metodologías y nuevas formas organizativas.

Uno de los aspectos más destacados de esta nueva situación es la importancia que van adquiriendo las etapas de *diseño y desarrollo* de nuevos productos y servicios (y muy especialmente la *especificación* y el *diseño conceptual*) en el contexto de las actividades de las empresas, y el hecho de que en estas etapas se incorporen los requerimientos y condicionantes de los distintos contextos en los que convivirán estos productos y servicios, como el entorno productivo (fabricación, montaje, calidad, transporte), el entorno de utilización (funciones, prestaciones, fiabilidad, mantenimiento), o el entorno social (ergonomía, seguridad, impactos ambientales y fin de vida).

En las décadas de 1970 y 1980 los progresos de la informática se orientaron hacia el abaratamiento de los costes y la mejora de la calidad a través del desarrollo de la automatización flexible (control numérico, robots industriales, centros de mecanizado, células de fabricación flexible). Pero a pesar de los resultados espectaculares, pronto se percibió que la principal dificultad para obtener mejoras provenía de que muchos productos y servicios habían sido concebidos para procesos tradicionales, donde la intervención del hombre con su enorme capacidad de adaptación resolvía las incidencias que se producían.

Este hecho reorientó la atención de los responsables empresariales y de los investigadores hacia la importancia de las tareas de diseño no tan sólo para asegurar las funciones y prestaciones de los productos y servicios, sino también para facilitar aquellos aspectos relacionados con su producción y ejecución.

La exploración de este cambio de perspectiva (diseño para la fabricación y montaje, en la producción de bienes; diseño para una fácil ejecución, en la prestación de servicios) mostró inmediatamente sus enormes potencialidades de mejora. Sorprendía constatar que, con esta nueva perspectiva (diseño para la función, pero también diseño para la producción), se rompían los clásicos compromisos entre alternativas (si se desea más calidad, hay que dedicar más recursos) y, simultáneamente, se conseguían mejoras significativas en las funciones y prestaciones del producto y en los procesos para su fabricación.

Ejemplo 1.1
Incidencia de la automatización y del diseño en los costes de montaje

Aunque esquemática, las Figuras 1.1 [Boo, 1992] y 1.3 muestran las distintas repercusiones que la doble perspectiva de la automatización y de la mejora del diseño (en estos ejemplos, diseño para el montaje) tienen en los costes.

De entrada se observa que el montaje manual de la última versión del conjunto (D, Figura 1.1) tiene un coste más bajo que la automatización rígida con medios específicos de la solución inicial (A, Figura 1.1), lo que muestra la capacidad de ahorro a que puede dar lugar un rediseño bien orientado. Además, esto se consigue con una inversión mucho menor en útiles para el montaje (proceso de rediseño, en lugar de inversión en un equipo de automatización específico) y con una flexibilidad mucho mayor (montaje unidad a unidad, si es necesario, en lugar de requerir grandes series para rentabilizar la inversión). Este ejemplo también permite ver la complejidad de las interrelaciones que se dan entre distintos aspectos de la fabricación del producto y que hay que ponderar convenientemente:

a)   Las piezas de la solución inicial A son más sencillas (la fabricación es menos cara), pero su número es más elevado; hay que evaluar qué aspecto pesa más en los costes aunque, en principio, parece ser la eliminación de piezas.

b)   El elemento base de la solución D requiere medios de producción más sofisticados que, probablemente, sólo son rentables con series medianas o grandes.

c)   La menor complejidad de la solución D redunda en una mayor precisión del conjunto y en la fiabilidad del componente

d)   Si fuera necesario montar grandes series, la inversión para automatizar el montaje de la solución D sería más baja que la de la solución A, ya que tiene una sola dirección de montaje (en lugar de tres en la primera solución).

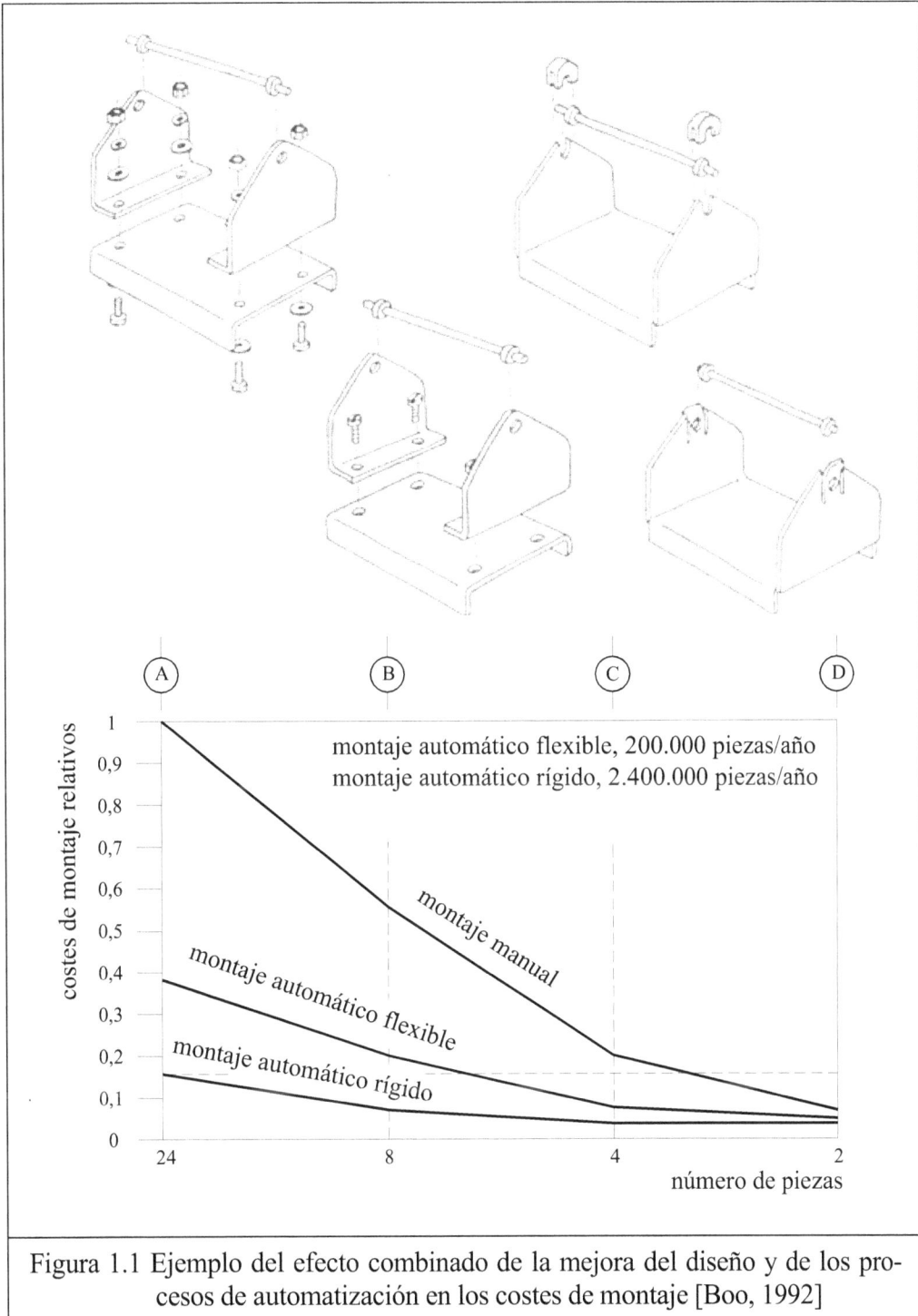

Figura 1.1 Ejemplo del efecto combinado de la mejora del diseño y de los procesos de automatización en los costes de montaje [Boo, 1992]

Ejemplo 1.2

Montaje, flexibilidad y costes en la fabricación de automóviles de juguete

En este segundo ejemplo se analizan las interrelaciones entre el montaje, la flexibilidad y los costes en la fabricación de una gama de automóviles de juguete que pueden adoptar diferentes carrocerías y, también, distintos números de ejes y distancias entre ejes (Figura 1.2).

En la Figura 1.3 se presentan tres tipos de montaje. En la solución A se prevé una pieza de chapa que hace de suelo, unida a la carrocería por cuatro tornillos, donde se insertan los ejes y después se entran las ruedas a presión sobre los ejes. En las soluciones B y C, los ejes y las ruedas han sido montadas previamente para formar unos conjuntos. En al solución B, los conjuntos eje-ruedas se colocan en unas entallas de la carrocería y después una plancha fijada por dos tornillos impide la salida, mientras que en la solución C, los conjuntos eje-ruedas se fijan directamente a la carrocería por medio de ecliquetajes (uniones por forma en que las piezas entran en su sitio debido a la deformación elástica de una de ellas o de ambas).

Más allá de la simplicidad creciente y de los costes decrecientes de las soluciones B y C respecto de la A, hay que decir que la solución C también es mejor desde el punto de vista de la formación de gamas de producto (vehículos de 2 ejes, de tres ejes, de distintas batallas y, si es necesario, de distintas anchuras) y mejora las posibilidades de automatización flexible (evita la plancha del fondo, distinta para cada modelo de la gama, elimina los tornillos, y tiene una sola dirección de montaje).

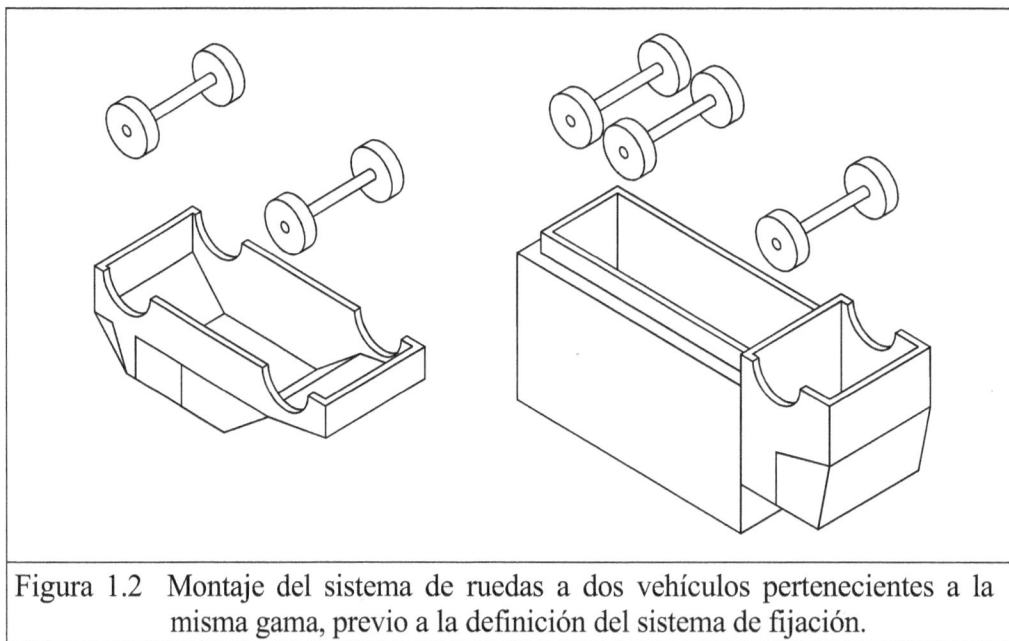

Figura 1.2   Montaje del sistema de ruedas a dos vehículos pertenecientes a la misma gama, previo a la definición del sistema de fijación.

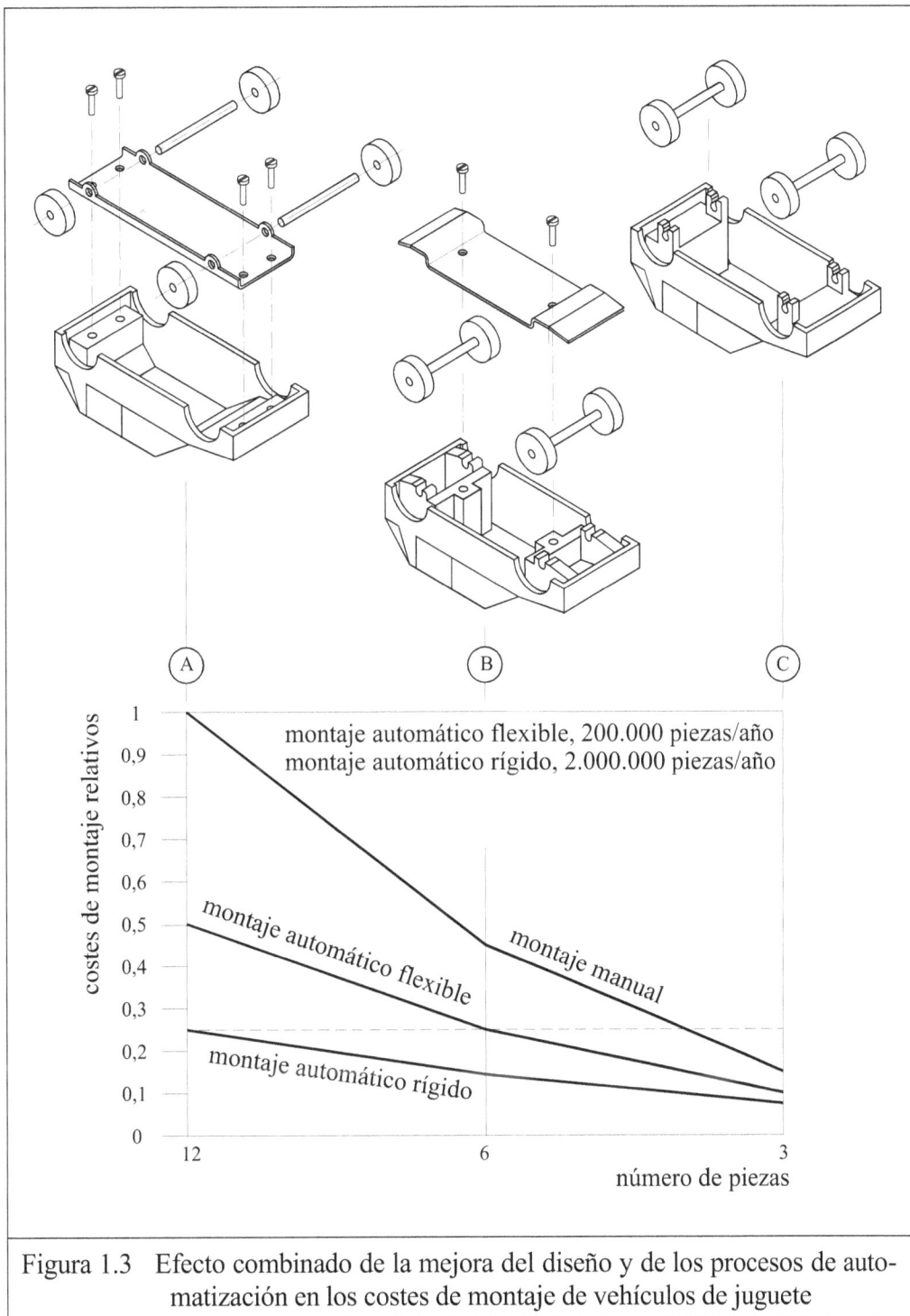

Figura 1.3   Efecto combinado de la mejora del diseño y de los procesos de automatización en los costes de montaje de vehículos de juguete

1.2 Ingeniería concurrente

Integración de perspectivas

La nueva perspectiva del diseño que toma en consideración de forma simultánea los requerimientos funcionales y los de fabricación se denomina *diseño para la fabricación y el montaje* (DFMA del inglés *design for manufacturing and assembly*) y, gracias a los buenos resultados obtenidos, estos mismos principios se han ido aplicando progresivamente a otros aspectos de los productos y de los servicios para asegurar que den respuesta a las necesidades de los usuarios, que faciliten el mantenimiento o que minimicen los impactos ambientales. Estos principios, junto con nuevas formas organizativas y nuevas herramientas integradoras, han ido confluyendo en un nuevo concepto que toma el nombre de *ingeniería concurrente*.

Definición de ingeniería concurrente

Nueva forma de concebir la ingeniería de diseño y desarrollo de productos y servicios de forma global e integrada donde concurren las siguientes perspectivas:

1. Desde el punto de vista del producto, se toman en consideración tanto la gama que se fabrica y ofrece a la empresa como los requerimientos de las distintas etapas del ciclo de vida y los costes o recursos asociados

2. Desde el punto de vista de los recursos humanos, colaboran profesionales que actúan de forma colectiva en tareas de asesoramiento y de decisión (con presencia de las voces significativas) o de forma individual en tareas de impulsión y gestión (gestor de proyecto), tanto si pertenecen a la empresa como si son externos a ella (otras empresas, universidades o centros tecnológicos)

3. Y, desde el punto de vista de los recursos materiales, concurren nuevas herramientas basadas en tecnologías de la información y la comunicación sobre una base de datos y de conocimientos cada vez más integrada (modelización 3D, herramientas de simulación y cálculo, prototipos y útiles rápidos, comunicación interior, Internet).

Para designar este nuevo concepto, además del término *ingeniería concurrente*, en la literatura especializada aparecen otras denominaciones como *ingeniería simultánea*, *diseño total* o *diseño integrado* (ver referencias bibliográficas).

Sin embargo, nos inclinamos por la primera denominación ya que, además de tener una buena aceptación, incide el hecho de la concurrencia de puntos de vista, de metodologías, de actores humanos y de herramientas de apoyo.

Aunque muchos de ellos serán tratados con mayor extensión a lo largo del texto, a continuación se describen brevemente determinados conceptos relacionados con la ingeniería concurrente, los cuales hacen hincapié en algunas de sus perspectivas.

Ingeniería simultánea

Forma de ingeniería concurrente que suele aplicarse en proyectos de gran complejidad (el diseño de un automóvil, por ejemplo), donde prima como factor clave de competitividad la disminución del tiempo de diseño y desarrollo (*time to market*, o *lead time*). A tal fin, se define inicialmente una estructura modular del producto y se dividen las tareas en subproyectos de menor complejidad que puedan desarrollarse en paralelo. Esta metodología facilita no tan sólo la subcontractación de la fabricación de componentes y subsistemas, sino también de su diseño y desarrollo.

Diseño para la calidad

Perspectiva de la ingeniería concurrente que, más allá de buscar la conformidad de un producto o servicio con las especificaciones previstas, incide en el mismo diseño para hacerlo más apto para la calidad (eliminación o simplificación de controles, diseño robusto). El concepto más reciente de calidad se refiere tanto al grado de satisfacción que el producto o servicio proporciona a las expectativas del usuario como a la rentabilización general de los recursos y a la eliminación de las pérdidas.

Diseño para el entorno. Factor humano

Perspectiva de la ingeniería concurrente que toma en consideración en el diseño las crecientes limitaciones que comportan la escasez de energía y recursos naturales, los impactos ambientales y los requerimientos que se engloban bajo el concepto de factor humano (ergonomía, seguridad, inteligibilidad), aspectos todos ellos cada vez más sometidos a normativas y a legislaciones.

Diseño en el contexto de la gama de producto

Perspectiva de la ingeniería concurrente que inscribe el diseño y el desarrollo del producto o servicio en el contexto de la oferta de la empresa o del sector. Hay que tener presente la tendencia a desplazar la oferta de productos hacia una oferta más global de servicios cuya prestación requiere a menudo de nuevos y más sofisticados productos. Ello impulsa a muchas empresas a asociarse o a formar grupos para completar y mejorar su gama y coordinar la concepción y el desarrollo de sus productos.

Equipos pluridisciplinarios de decisión y asesoramiento

Desde la perspectiva de los recursos humanos, y dada la complejidad de las nuevas formas de diseño, la ingeniería concurrente ha fomentado la formación de equipos pluridisciplinarios con presencia de las voces más significativas (dirección, marketing, finanzas, diseño, fabricación, calidad, comercial, posventa, usuarios) para el asesoramiento, debate y toma de decisiones en los principales aspectos de los proyectos de innovación.

Gestor de proyecto y organización matricial

También desde la perspectiva de los recursos humanos y, dada la necesidad de una visión global y con continuidad del producto o servicio, se suele designar un gestor de proyecto que se responsabilice de la impulsión y gestión de todo el proceso de diseño y desarrollo del producto. Esta persona utiliza de forma transversal los recursos de distintos departamentos de la empresa (marketing, I+D, producción, prototipos y ensayos, comercial, postventa) en una organización de estructura matricial (los proyectos impulsan qué hacer y los departamentos ordenan cómo hacer).

Énfasis en la definición del producto y en el diseño conceptual

En relación al proceso de diseño, la integración de las perspectivas anteriores obliga a centrar la atención y los esfuerzos en las etapas de definición y diseño conceptual de los productos y servicios, y a elaborar en profundidad un principio de solución antes de pasar a las etapas siguientes (diseño de materialización y de detalle). Sin embargo, conviene avanzarse en alguna de estas etapas más concretas si sus conclusiones son determinantes en la evaluación de una alternativa conceptual.

Estructura modular y subproyectos

Los productos o servicios complejos se suelen subdividir en partes más simples (o módulos) en el marco de una estructura modular. Las tareas de diseño, desarrollo y fabricación de los módulos pueden organizarse en subproyectos que son realizadas por diversos equipos (propios, contratados, o suministradores). El establecimiento de la estructura modular requiere criterios y métodos para repartir las funciones y establecer las conexiones (o interfases) entre los módulos, así como técnicas para transmitir adecuadamente la información entre los diferentes equipos de diseño.

Herramientas basadas en la informática y las comunicaciones

Desde la perspectiva de los medios, el diseño y desarrollo incorporan numerosas herramientas asistidas por ordenador (CAx, *computer aided x*: CAD, CAE, CAM) que han reforzado las actividades de prototipado virtual y simulación, con el consiguiente ahorro en tiempo y en pruebas con prototipos físicos. También se abren nuevas posibilidades para la ingeniería concurrente gracias al establecimiento de bases de datos sobre los productos cada vez más integradas (modelización 3D aptas para simulaciones y cálculos, el uso de datos de diseño para simular y programar la fabricación, para actividades comerciales o de postventa) y de nuevas facilidades de información y comunicación (redes locales, Internet, otras técnicas CIM).

Prototipos y útiles rápidos

También, desde la perspectiva de las herramientas, últimamente se han desarrollado numerosas técnicas para facilitar la realización de prototipos en un tiempo más breve (y, generalmente, también a un coste más reducido). Ello invita a un uso más decidido de las actividades de evaluación y validación por medio de ensayos con prototipos físicos como comprobación última, lo que se traduce en asegurar la calidad de los productos y servicios. En este sentido, hay que destacar el reciente despliegue de técnicas para realizar prototipos y útiles rápidos destinados a piezas y componentes de materiales plásticos y también metálicos.

Las Secciones 1.3 y 1.4 tratan los dos principales conceptos sobre los que se basa la ingeniería concurrente: el concepto diacrónico de *ciclo de vida* y el concepto fundamentalmente sincrónico de la *gama* de producto.

Principales orientaciones de la ingeniería concurrente

A pesar de que las distintas perspectivas y metodologías de la ingeniería concurrente tienen por objeto concebir los productos y servicios de forma global en beneficio de los usuarios, lo cierto es que repercuten de distinta manera sobre los intereses de las empresas y de las colectividades.

En efecto, hay metodologías y puntos de vista que benefician a todos, como fabricar con más calidad y a menor precio, u obtener mejores prestaciones al mismo coste, ya que todos los aspectos considerados mejoran al mismo tiempo y aumenta la relación entre prestaciones y precio.

Sin embargo, también hay otras metodologías y puntos de vista que, aún colaborando decididamente en una concepción global de los productos y servicios, son el resultado de compromisos entre requerimientos contradictorios, muchos de ellos condicionados por el entorno y, en consecuencia, las empresas se resisten a incorporarlos sobretodo cuando pueden dar lugar a pérdidas de competitividad.

Las dos orientaciones descritas anteriormente pueden ser denominadas como:

A) *Ingeniería concurrente orientada al producto* (fabricación, costes, inversión, calidad, comercialización, apariencia)

B) *Ingeniería concurrente orientada al entorno* (ergonomía, seguridad, medioambiente, fin de vida)

Ingeniería concurrente orientada al producto

Esta primera orientación de la *ingeniería concurrente* se refiere a la integración de todos aquellos aspectos que pueden tener una incidencia positiva en el producto, especialmente en sus funciones y en la relación entre prestaciones y coste.

De forma muy directa inciden el:

- *Diseño para la función*
- *Diseño para la fabricación*

Pero también inciden otras perspectivas relacionadas con las finanzas, la producción y la comercialización como el:

- *Diseño para la calidad*
- *Política comercial y de marketing*
- *Política de compras y de subcontratación*

Los rasgos principales de la *ingeniería concurrente orientada al producto* son:

a) En primer lugar, debe asegurar que el producto o servicio responda a las necesidades manifestadas por los usuarios; por lo tanto, es fundamental la intervención del *departamento de marketing* en su definición.

b) En segundo lugar, debe tomar en consideración desde el inicio los procesos de fabricación y el equipo e inversión necesarios; por lo que es necesaria la intervención de la *ingeniería de fabricación* desde el inicio del proyecto.

a) Y, en tercer lugar, hay que asegurar la calidad del producto y la rentabilidad de los recursos para fabricarlo y comercializarlo, por lo que debe preverse la intervención del *departamento de calidad* en la definición y desarrollo del proyecto.

Ingeniería concurrente orientada al entorno

La sabiduría popular dice que, antes de un acuerdo, el vendedor está dispuesto a negociar aspectos del producto o servicio que ofrece pero que, una vez vendido, las incidencias que se deriven las asume el comprador. En consecuencia, también existe la percepción de que las empresas (cuyo objetivo es obtener un beneficio) evitan dedicar recursos a temas en los cuales después no deberán responsabilizarse.

La *ingeniería concurrente orientada al entorno* trata precisamente de aquellos aspectos relacionados con el entorno del producto que, a pesar de que con un diseño concurrente adecuado podrían mejorar o eliminarse, no hay incentivos suficientes para implementarlos pues, normalmente, sus efectos inciden fuera de la empresa y normalmente son soportados por los usuarios e indirectamente por la sociedad (consumos elevados, contaminaciones, fallos, falta de seguridad, problemática de fin de vida).

Es evidente que este es un esquema simplista ya que los buenos fabricantes no abandonan a sus clientes (garantías, servicios de postventa, mantenimiento), pero también es cierto que hay temas que aún están demasiado ausentes (poca seguridad, consumos excesivos, emisiones contaminantes, impactos de la eliminación)

Ejemplo 1.3
Catalizador en el sistema de escape de los automóviles

Sin catalizador en el sistema de escape de los gases del motor de los automóviles, la contaminación del aire de nuestras ciudades y de nuestro entorno va siendo cada vez más nociva para el medio ambiente.

Pero, ¿qué interés puede mostrar un constructor de automóviles para incorporar este dispositivo si conlleva inconvenientes para el fabricante y para el usuario?:

• Un coste no menospreciable incorporado al precio de venta.

• Una ligera disminución de la potencia.

• La obligación de cambiarlo después de cierto uso, también a un coste elevado.

Son unos costes suplementarios y unas desventajas competitivas que prácticamente ningún fabricante quiere asumir en solitario.

Sin embargo, si la administración obliga a adoptar este dispositivo (como es el caso de Europa), entonces todas las empresas vuelven a estar en las mismas condiciones de competencia e, incluso, muchas marcas hacen ostentación de llevar el catalizador como muestra de la sensibilidad de la compañía por el medioambiente.

La intervención de la administración

Afortunadamente, la sensibilización ciudadana sobre los temas del entorno es cada día más importante y ello conlleva buscar soluciones. Sin embargo, mientras exista la posibilidad de no adoptar soluciones costosas en beneficio del entorno y aún más, si sus efectos no son percibidos directamente por los usuarios, las empresas evitarán incorporarlos ya que les sitúa en un plano de competitividad desfavorable.

La única manera de resolver este tipo de problemas es que los poderes públicos y las administraciones, después de negociarlos, regulen estos temas para de esta manera obligar su cumplimiento a todos. Cuando esto sucede, las empresas suelen esgrimir estas mejoras respecto del entorno como reclamo comercial.

Las principales metodologías y puntos de vista que inciden en la *ingeniería concurrente orientada al entorno* son:

a) *Ergonomía*. Trata la relación entre el hombre y la máquina. Son técnicas ya desarrolladas desde hace más de cuatro décadas con una incidencia creciente en el diseño.

c) *Seguridad*. Estudia la manera de evitar el riesgo de daños personales o materiales. Las normativas europeas de seguridad en las máquinas hacen responsable al fabricante de las incidencias y accidentes imputables al diseño (a partir de 1995)

d) *Medioambiente*. Propugna el uso sostenible de materiales y energía tanto en la fabricación como en la utilización y la disminución de las emisiones contaminantes. Estos aspectos tienen regulaciones más o menos severas, especialmente en algunos sectores y su importancia en el diseño no hará más que aumentar.

e) *Eliminación o reciclaje*. Estudia la forma de reutilizar, reciclar o recuperar los materiales al fin de vida de los productos y todo indica que su incidencia en el diseño irá creciendo. La automoción y el embalaje marcan la pauta.

1.3 Ciclo de vida y recursos asociados

Conceptos y definiciones

Ciclo de vida (en inglés, *life-cycle*)

Es el conjunto de etapas que recorre una determinada entidad desde que inicia su existencia hasta que la termina y es aplicable a realidades muy diversas como personas, edificios, empresas u organizaciones. En el presente texto se analizan el *ciclo de vida de un producto* (o servicio) y el *ciclo de vida de un proyecto*, que a menu-do aparecen confundidos en la literatura técnica.

Ciclo de vida de un producto

Conjunto de etapas que recorre un producto (considerado como objeto individual) desde que es creado hasta su fin de vida. El ciclo de vida de un producto recorre unas primeras etapas en el seno de la organización empresarial que lo produce (definición, diseño y desarrollo, fabricación, embalaje, transporte) hasta su venta (o transferencia al usuario) y, después, recorre otras etapas posventa (o postransferencia) que corresponden al usuario (o usuarios) y, eventualmente, a la colectividad.

Ciclo de vida de un proyecto

Conjunto de etapas que recorre un proyecto (en este texto interesan aquellos que comportan la fabricación de productos o la prestación de servicios) desde que se inicia hasta que finaliza o es abandonado. Por lo tanto, las etapas del ciclo de vida de un proyecto se suelen recorrer en el seno de una empresa u organización e incluyen la evolución de la actividad o negocio (producción y ventas) hasta que ésta finaliza.

Coste (o *recursos*) *del ciclo de vida*

De manera análoga al concepto de ciclo de vida, se puede establecer el concepto de coste (o recursos) del ciclo de vida. Corresponde a la evaluación de los recursos implicados en el ciclo de vida de un producto (se suele hablar de costes) o de un proyecto (se suele hablar de inversiones, ingresos y gastos).

En el caso de los proyectos, con una organización y actividad empresarial detrás, se suele llevar la contabilidad de los ingresos y gastos, por lo que la evaluación de los recursos del ciclo de vida se puede conocer con un cierto rigor.

Sin embargo, en el caso de los productos, con la discontinuidad de la venta o transferencia entre el fabricante y el usuario y la falta de control contable en la que suele desarrollarse su utilización, hace que, en la mayor parte de las veces el coste del ciclo de vida de un producto sea desconocido.

Etapas del ciclo de vida de un producto

Más allá de las múltiples clasificaciones y matices que se puedan hacer sobre esta cuestión, en este texto se ha creído conveniente agrupar el ciclo de vida de un producto en las seis etapas siguientes:

1. *Decisión y definición*
2. *Diseño y desarrollo*
3. *Fabricación*
4. *Distribución y comercialización*
5. *Utilización y mantenimiento*
6. *Fin de vida*

A continuación se realiza una breve descripción de cada una de ellas a la vez que se señalan sus aspectos más relevantes.

Decisión y definición

La primera de las etapas del *ciclo de vida* de un producto corresponde a la decisión de crearlo y a la tarea de definirlo por medio de especificaciones.

El origen de un producto puede ser diverso (encargo de un cliente; rediseño de un producto existente propuesto por la dirección; detección de una nueva necesidad u oportunidad en el mercado por parte del departamento comercial).

La etapa de decisión y definición no es en absoluto trivial ni sencilla y, probablemente, es la que tiene luego consecuencias más importantes a lo largo de su vida:

a) El lanzamiento de un producto va asociado a invertir una determinada cantidad de recursos materiales, humanos y de tiempo. Antes de hacer la decisión, la empresa debe responderse preguntas como: ¿Hay suficientes clientes potenciales para cubrir los gastos de diseño y desarrollo?, ¿La empresa tiene capacidad para emprender el proyecto?, ¿Tiene al alcance ayudas exteriores?

b) La definición del producto es una etapa crucial del proceso de desarrollo y contiene en gran medida el acierto o desacierto que más adelante se irá manifestando durante el resto del ciclo de vida (¿satisface o no una necesidad del mercado?; ¿la definición hace el producto fácilmente fabricable y a bajo coste?; ¿presenta seguridad en su utilización?; ¿da lugar a consumos aceptables?).

Diseño y desarrollo

El *diseño* agrupa aquellas actividades que tienen por objeto la concepción de un producto adecuado a las especificaciones y al ciclo de vida previsto y su concreción en todas aquellas determinaciones que permitan su fabricación.

El desarrollo incluye, además del diseño, todas aquellas acciones destinadas a llevar el producto al mercado o a disposición del usuario (preparación de los procesos de fabricación, lanzamiento de la producción, preparación de la distribución, la comercialización y la postventa).

a) El diseño es el responsable en última instancia de que el producto tenga las funciones y prestaciones para las que ha sido concebido y su funcionamiento sea el adecuado durante todo el ciclo de vida.

b) La coordinación entre el diseño y las restantes tareas del desarrollo contiene los elementos para mejorar y hacer lo más rentable posible los procesos de fabricación y comercialización de la empresa, aspectos que en última instancia redundan favorablemente en el precio y la calidad del producto.

Fabricación

Son el conjunto de actividades destinadas a la realización efectiva del producto con unas condiciones aceptables de calidad, costes y tiempo. Entre estas actividades se encuentran las siguientes:

a) La preparación de los procesos productivos, la planificación y programación de la producción y la preparación del equipo y utillaje necesarios.

b) La fabricación de piezas y componentes, o su eventual subcontractación y el establecimiento de las correspondientes especificaciones técnicas y contratos.

c) El montaje de piezas, subconjuntos y conjuntos para formar un producto que responda a la funcionalidad.

d) El control de calidad, en la recepción de materiales y componentes, en los procesos de fabricación, de montaje o como garantía de la calidad global del producto. Eventualmente, realizar las inicializaciones y puestas a punto.

e) La expedición comprende la documentación (manual de instrucciones y de mantenimiento, garantías), el embalaje y la preparación para el transporte.

Distribución y comercialización

Etapa del ciclo de vida del producto que, a pesar de no aumentar su valor, tiene gran importancia para hacer efectivo su uso. Incluye las siguientes actividades:

a) El transporte y la distribución, actividades imprescindibles que a menudo añaden un valor no despreciable en el coste del producto

b) La comercialización incluye actividades como las acciones para dar a conocer el producto y convencer al cliente, el acuerdo sobre el precio (u otras modalidades: alquiler, *leasing*) y las condiciones sobre garantías, revisiones y mantenimiento.

Utilización y mantenimiento

La utilización es el ejercicio de la función para la cual ha sido diseñado el producto y, por lo tanto, es una etapa de una gran importancia en el contexto de su ciclo de vida. A menudo la utilización de un producto queda interrumpida por un fallo: las actividades de mantenimiento son las destinadas a mantener o reponer este uso. En esta etapa son importantes aspectos como:

a) Funciones y prestaciones adecuadas a la utilización efectiva. Espacios ocupados, especialmente durante la no utilización (electrodomésticos, automóvil).

b) Relación con el usuario; facilidad de comprensión de su uso (manual de instrucciones); seguridad en su uso; maniobrabilidad; buena presencia, buen tacto.

c) Consumos de materiales y energía moderados; costes derivados de los consumos; posibles efectos contaminantes; producción de residuos y su eliminación.

d) Necesidad de mantenimiento y de atenciones especiales; existencia de manual de mantenimiento; garantías.

e) Disponibilidad del producto; fallos en el funcionamiento; facilidad de detección y reparación; facilidad de suministros y recambios; existencia de talleres de reparación preparados.

Fin de vida

La última etapa de un producto es el fin de su vida útil y su eliminación, la cual puede presentar diversas formas que tienen consecuencias económicas y ambientales muy distintas, como se analizará más adelante (Sección 3.5): reutilización del producto; reciclado de materiales; recuperación de energía por medio de la combustión; vertido (en principio controlado).

Hasta entrado el siglo XX, la mayoría de los productos tenían un adecuado fin de vida por medio de reutilizaciones de los propios productos o de algunos de sus componentes, el reciclado de materiales o la combustión, mientras que la parte eliminada en vertederos era mínima.

Sin embargo, el incesante incremento de las producciones industriales y la introducción de nuevos materiales sin mercados de reciclaje bien establecidos (especialmente los plásticos y elastómeros) y la proliferación de componentes de alta complejidad donde la imbricación de materiales no permite su separación, han hecho que la eliminación de muchos productos a su fin de vida se haya transformado en un problema.

Es por ello que, en especial a remolque de la industria de la automoción y del embalaje, hayan surgido nuevas metodologías orientadas al diseño para el fin de vida.

Coste del ciclo de vida de un producto

Existe la tendencia a evaluar el coste de un producto por medio de su *precio de venta*. Ciertamente, el *precio de venta* de un producto (si no es objeto de especulación) incluye la suma de costes de las etapas anteriores de su *ciclo de vida*:

- Coste de *definición*
- Coste de *diseño y desarrollo*
- Coste de *fabricación*
- Coste de *distribución y comercialización*
- Además del beneficio industrial

Habitualmente, la empresa fabricante estudia estos costes de forma precisa ya que después los repercute en el *precio de venta* del producto. De su correcta evaluación depende en gran medida la rentabilidad de la actividad de la empresa.

Pero el coste *del ciclo de vida* incluye también los costes de las etapas posteriores:

- Coste de *utilización y mantenimiento*
  Recae sobre el usuario, normalmente durante un período de tiempo dilatado y en unas circunstancias en las que no suele llevarse la contabilidad. Se hace difícil responsabilizar al fabricante de un diseño que da lugar a un uso ineficiente.

- Coste del *fin de vida*
  Recae habitualmente sobre el usuario o la sociedad, en unas circunstancias en las que el producto ya no tiene valor de uso y, por lo tanto, no es fácil exigir responsabilidades ni al usuario ni al fabricante (caso de los vehículos abandonados en la calle).

La evaluación del coste *del ciclo de vida* de un producto muestra a menudo que los costes no incluidos en el *precio de venta* son superiores a éste. Así pues, en un contexto de consciencia creciente por la escasez de recursos materiales y de energía, la preocupación de los usuarios (en general, las empresas suelen llevar el control del coste del ciclo de vida de su equipamiento) por conocer los costes totales en que incurren en el momento de comprar un producto será cada vez mayor (las asociaciones de consumidores pueden tener un papel mediador muy importante en este tema) y los diseñadores deben incorporar esta consideración en sus actividades y actuar en consecuencia.

En el diagrama de la Figura 1.2 se observa que el diseño conceptual suele comprometer (a causa de decisiones tomadas) más de la mitad de la inversión necesaria mientras que realiza (o consume) una fracción muy pequeña. También se observa que el tiempo que transcurre entre el compromiso y la realización de una inversión es, en general, muy grande. Esto puede modificar la percepción de cómo repercute el diseño conceptual en el desarrollo de un producto.

Por otra parte, la tradicional falta de comunicación entre departamentos hace que producción y comercial comiencen a intervenir en los puntos *P* y *C*, respectivamente (Figura 1.2), cuando normalmente la mayoría de los costes ya han sido asignados. La *ingeniería concurrente* propugna que las voces de estos dos departamentos intervengan desde el inicio del proyecto (punto *I*).

Caso 1.1:
Evaluación del coste del ciclo de vida de un automóvil

El automóvil es un producto que, por sus múltiples incidencias sobre el entorno, ha obligado a hacer un importante esfuerzo de diseño concurrente que tenga en cuenta una parte cada vez más determinante del coste del *ciclo de vida*. A continuación se establece una evaluación genérica para un automóvil mediano:

Tabla 1. Coste del ciclo de vida de un automóvil

Precio de venta:	12.000 €
Impuestos de compra (IVA/matriculación):	4.000 €
Total precio de venta	16.000 €
Consumos (gasolina/neumáticos/mantenimientos) (10 años;15000 km/año;0,12 €/km)	18.000 €
Seguros + impuestos (10 años; 750 €/año)	7.500 €
Aparcamientos, peajes (10 años; 500 €/año)	5.000 €
Imprevistos (reparaciones/multas) (10 años; 600 €/año)	6.000 €
Total usuario	36.500 €
Costes derivados de la contaminación Asumidos por la sociedad (?)	2.000 €
Costes derivados del fin de vida Asumidos por la sociedad (?)	2.000 €
Total impactos sociales	4.000 €
Coste del ciclo de vida (350% del precio de venta)	56.500 €

La crisis de la energía de los años 1970 obligó a las industrias europeas y japonesas de automoción a realizar un importante esfuerzo para conseguir disminuir los consumos de combustible. Últimamente también se han eliminado costes de mantenimiento (mayor fiabilidad, sistemas de autodiagnóstico), han disminuido los impactos ambientales de la combustión y se han mejorado las posibilidades de reciclaje del fin de vida.

Sin embargo, restan otras numerosas posibilidades para disminuir los costes del ciclo de vida del automóvil, muchas de ellas externas a los fabricantes, como son: limitación de la velocidad máxima (la resistencia al aire a una velocidad de 180 km/h es 2,25 veces superior que a 120 km/h); evitar paradas (semáforos, retenciones de circulación); o formas de uso compartido que rentabilicen la inversión.

Caso 1.2:
Balance energético de una bañadora de chocolate

Algunos fabricantes de chocolate usan una máquina, llamada *bañadora*, que tiene por objeto depositar una capa de chocolate sobre galletas o productos análogos.

Su funcionamiento básico es el siguiente: el producto a bañar es transportado por una malla sin fin que se mueve encima de un gran cubo con calefacción que contiene chocolate líquido; por medio de una bomba y unos conductos, también calentados, se conduce el chocolate líquido hacia un dispositivo situado sobre la malla y lo reparte uniformemente sobre el producto el cual, más adelante, es sometido a varias acciones (vibración, soplado) para controlar la cantidad de chocolate depositada.

En un nuevo diseño de la máquina se estudiaron los costes de dos alternativas: mantener el cubo caliente durante las horas de inactividad laboral o vaciar el chocolate del cubo al depósito de reserva (opción que requería ciertas operaciones de limpieza al iniciar cada nueva jornada laboral). La evaluación de costes fue favorable a mantener el chocolate en el cubo, alternativa que se adoptó; las consecuencias en relación al diseño consistieron en la simplificación del sistema de válvulas y en la optimización del aislante térmico del conjunto de la máquina.

Etapas del ciclo de vida de un proyecto y recursos asociados

No hay que confundir el *ciclo de vida de un producto* con el *ciclo de vida de un proyecto*. El primero incide fundamentalmente en las actividades de diseño mientras que el segundo incide en las actividades de producción y comercialización.

En el primer caso, el objeto considerado es un producto individual que después de participar en las etapas de definición y diseño (colectivas) se fabrica y comercializa. A partir de la venta, el producto individual continua su ciclo fuera de la empresa, primero de la mano del usuario (uso y mantenimiento) para finalmente acabar bajo la responsabilidad de la colectividad (reciclaje, recuperación, vertido).

En el segundo caso, el objeto considerado es el producto colectivo (el conjunto de unidades que se fabrican) y su ciclo de vida empieza con las mismas etapas que un producto individual (definición y diseño), para después recorrer otras etapas relacionadas con la gestión de la fabricación y la comercialización hasta la retirada del producto del mercado, todas ellas de la mano de la empresa.

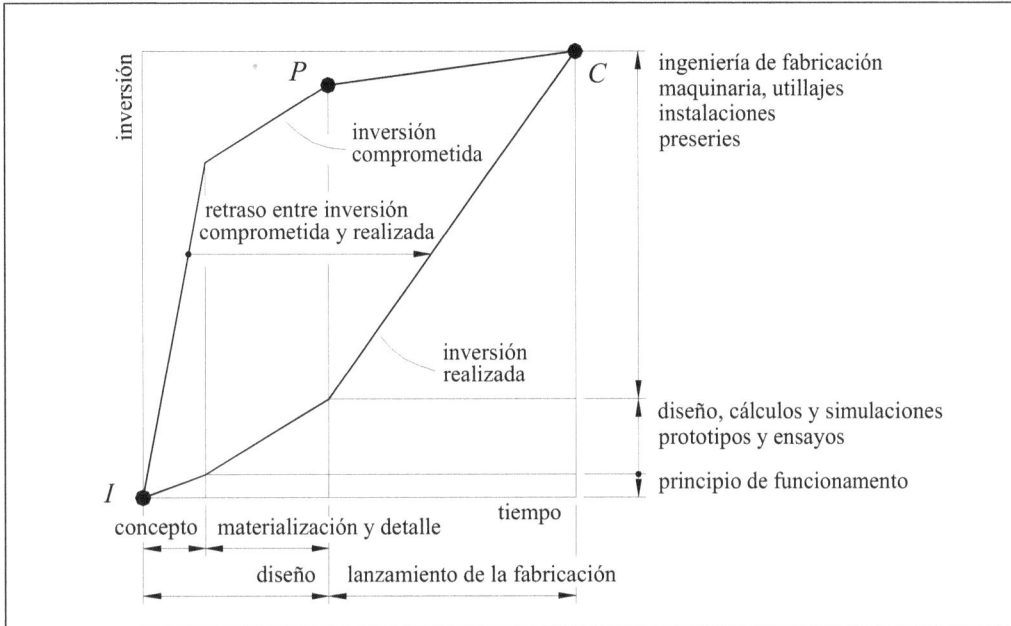

Figura 1.2 Relación entre la inversión comprometida y la inversión realizada a lo largo de las etapas del desarrollo de un producto

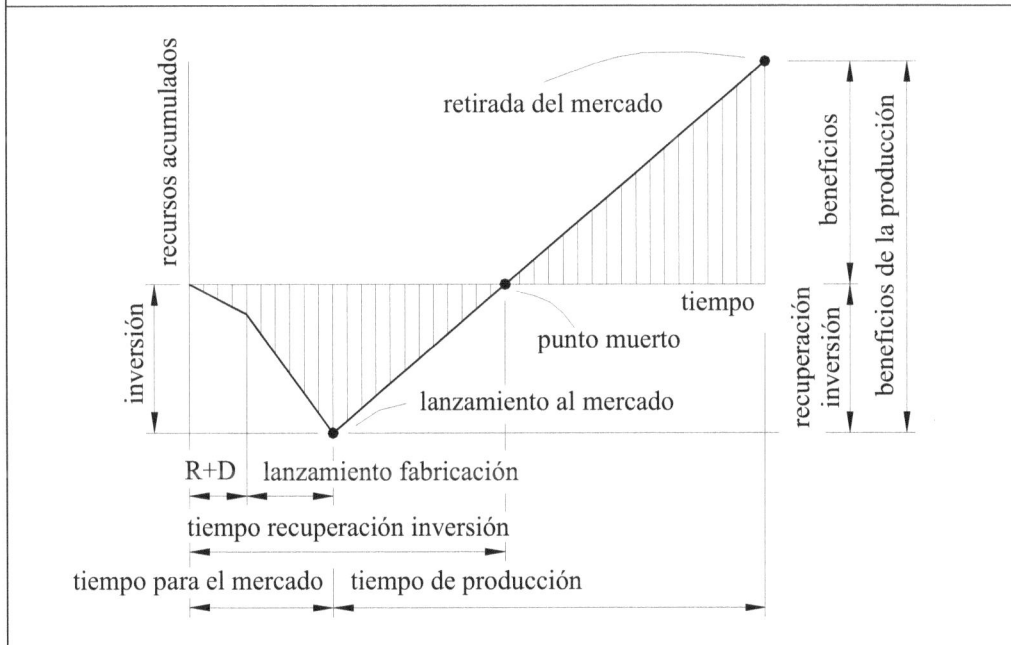

Figura 1.3 Evolución típica de los recursos en el ciclo de vida de un proyecto. Puntos determinantes: lanzamiento al mercado; punto muerto; retirada del mercado

Etapas del ciclo de vida de un proyecto

El ciclo de vida de un proyecto va desde el momento de la decisión de iniciarlo hasta el momento en que el producto deja de fabricarse (en algunos casos, como en el proyecto de un automóvil, hasta que se termina el periodo de garantía de recambios) y las etapas podrían ser las que se describen a continuación:

1. *Decisión y definición*
2. *Diseño y desarrollo*
3. *Preparación de la fabricación y la comercialización*
4. *Introducción del producto en el mercado*
5. *Estabilización de la producción y las ventas*
6. *Bajada de las ventas y retirada del producto del mercado*
(7. *Eventualmente, periodo de garantía de recambios*)

Recursos del ciclo de vida de un proyecto

El análisis de la evolución de los *recursos del ciclo de vida de un proyecto* constituye una herramienta muy importante para determinar su viabilidad económica.

Hay que tener en cuenta que hasta el lanzamiento del producto en el mercado, la empresa debe soportar una inversión que puede llegar a ser muy importante, especialmente para fabricaciones de grandes series. Para rentabilizar el proyecto, los beneficios acumulados de las ventas hasta la retirada del producto del mercado deben ser suficientes para superar la inversión realizada. La Figura 1.3 invita a los siguientes comentarios:

a) Conviene no estrangular las actividades de diseño, ya que comportan unos costes relativamente bajos en relación con la inversión total y, por otro lado, son la garantía de un diseño del producto adecuado y de calidad.

b) Las inversiones en desarrollo pueden ser muy variables, en función de los medios de producción adoptados. En general, una mayor inversión redunda posteriormente en un menor coste por unidad de producto, pero el riesgo que se asume es mucho más elevado.

c) En el lanzamiento de nuevos productos (con diseño original) en los que se desconoce la reacción del mercado, un camino a seguir puede ser empezar con una versión del producto fabricada con medios económicos (inversiones moderadas) para, en caso de reacción favorable del mercado, reconsiderar el diseño y adoptar medios de fabricación de mayor productividad (pero también de inversión más elevada).

Ejemplo: Empezar fundiendo una pieza de aluminio con molde de arena (coste unitario relativamente elevado), después usar una coquilla por gravedad (coste unitario inferior y coste de utillaje superior) y finalmente, por inyección (pieza mucho más barata pero coste de utillaje de 40 a 100 veces superior al primero).

1.4 Gama de producto

Concepto de gama de producto

En general, un determinado producto o servicio raramente actúa de forma aislada, sino que suele formar parte de un conjunto de productos o servicios que presentan ciertas semejanzas y/o que interaccionan entre ellos a diversos niveles. Este conjunto de productos toman el nombre de *gama* (en inglés, *range*).

Implícitamente, el concepto de gama casi siempre está presente en las primeras decisiones sobre la creación de los productos y servicios, pero hay muy poco escrito sobre ello (excepto en lo que se refiere al escalonamiento) y es interesante intentar trazar un marco conceptual.

Se define la *gama* como aquel conjunto de productos que inciden en un mismo mercado y/o que se fabrican en un mismo contexto productivo y que a su vez contemplan una o más de las tres dimensiones siguientes:

1. *Tipología*
2. *Escalonamiento*
3. *Opciones*

Tipología

Son los distintos tipos de producto (con arquitectura y/o funciones distintas) que actúan de forma coordinada en un mismo mercado y que a menudo se fabrican en un mismo contexto productivo.

Ejemplo 1.4
Tipologías de gama de máquinas en lavanderías industriales

En las lavanderías industriales de pequeña y mediana instalación hay diversos tipos de máquinas (lavadoras-centrifugadoras, secadoras, planchadoras) que suelen venderse conjuntamente formando instalaciones completas. Así pues, su concepción, diseño, fabricación y comercialización debe realizarse de forma coordinada teniendo en cuenta las interrelaciones comerciales y de uso (Figura 1.4).

En las lavanderías industriales de grandes instalaciones, existe una tipología de máquinas diferente (túnel de lavado, prensa, secadoras, calandra, plegadora) que también se suelen vender y utilizar conjuntamente. Por lo tanto, también su concepción, diseño, fabricación y comercialización deben realizarse de forma coordinada.

Sin embargo, son mercados diferentes por lo que constituyen dos tipologías de gama distintas (Figura 1.5).

Escalonamiento

En muchos sectores industriales, una determinada tipología de producto se fabrica en varias dimensiones. El conjunto de productos de un determinado tipo pero de distintos tamaños toma el nombre de escalonamiento.

Ejemplo 1.5
Escalonamiento de gama de lavadoras
Retomando el ejemplo de la lavandería industrial, una empresa puede fabricar un escalonamiento de 6 lavadoras-centrifugadoras de dimensiones de: 7, 12, 22, 40, 55 y 110 kg (caso de la gama de lavadoras flotantes de alta velocidad de Girbau S.A.)

Opciones

Es una tercera dimensión de la gama de producto que tiene que ver con las diferentes opciones y prestaciones adicionales que puede ofrecer un determinado producto (un tipo de producto de una determinada dimensión).

Ejemplo 1.6
Opciones de gama de una lavadora

En el ejemplo de una lavadora-centrifugadora las variantes podrían ser sobre el programador (manual, automático, número de programas), la posibilidad de calentamiento del agua por vapor, el reciclaje de agua.

Condiciones o servicios de entorno

Sin formar parte propiamente de la gama, hay otros aspectos (denominados *condiciones o servicios de entorno*) que tienen una gran transcendencia en la definición, diseño y desarrollo del producto y de su gama.

Ejemplo 1.7
Condiciones y servicios de entorno de una lavandería industrial

Siguiendo con el ejemplo de una lavandería industrial, las condiciones y servicios de entorno podrían ser: la dureza del agua, condiciones admisibles en las aguas residuales, el suministro eléctrico (monofásico, trifásico, 50 Hz, 60 Hz, potencia, eventuales bajadas de tensión), las condiciones de las estructuras de apoyo (cargas, absorción de las vibraciones creadas por el centrifugado).

Las definiciones relacionadas con la gama y las condiciones de entorno pueden parecer una simple descripción de los productos de un determinado sector; sin embargo, constituyen la base para establecer criterios de gran importancia en la determinación de la gama de productos a fabricar y comercializar, y para establecer su estructura o arquitectura modular.

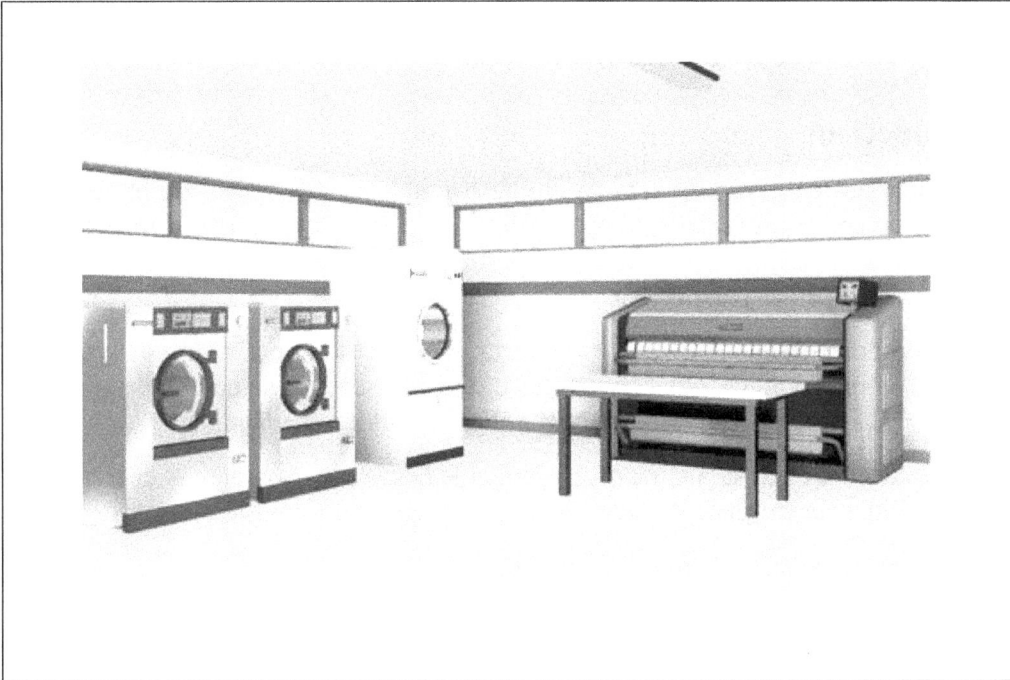

Figura 1.4 Tipología de gama de máquinas para lavandería de pequeña y mediana instalación: lavadoras-centrifugadoras, secadoras, planchadoras.

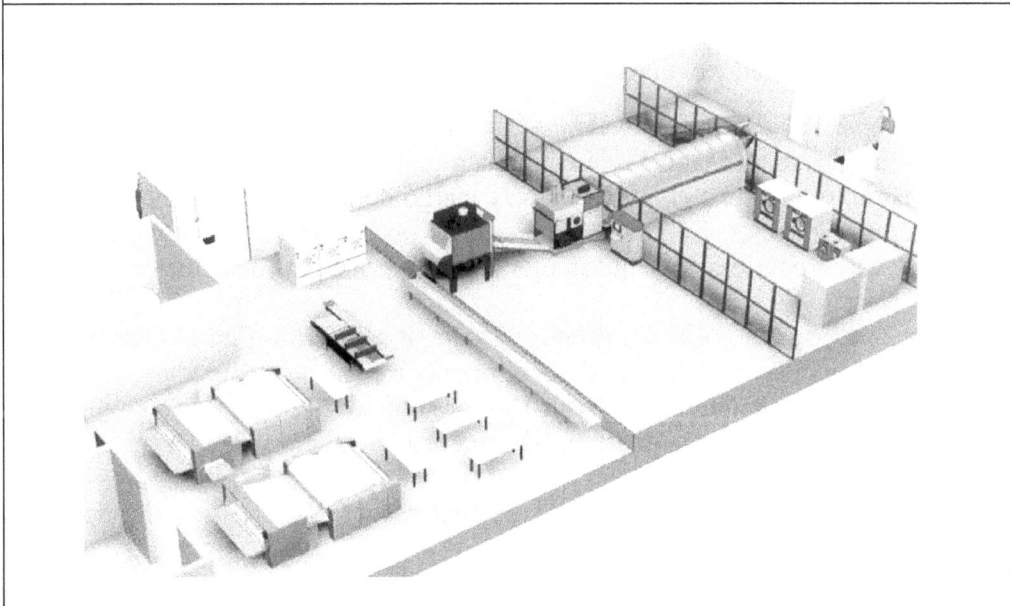

Figura 1.5 Tipología de gama de máquinas para lavandería de gran instalación: túnel de lavado, prensa, secadoras grandes, calandras y plegadoras.

1.5 Producto, empresa y mercado

Introducción

Las relaciones entre el producto, la empresa y el mercado, junto con el grado de innovación en los productos y procesos de fabricación, hacen que los proyectos de ingeniería de diseño y desarrollo sean realidades complejas que puedan ser observadas desde distintas perspectivas.

Cada uno de los puntos de vista caracteriza un aspecto del proyecto y la multiplicidad de combinaciones que resultan hace que el diseñador se halle ante situaciones muy diferentes a las que debe saber entender, valorar y adaptarse.

En esta sección interesa analizar los productos desde diversos puntos de vista que tienen incidencia en las actividades de diseño, y que son:

- Origen del producto y tipos de fabricación
- Grado de innovación en el producto
- Grado de innovación en el proceso
- Relación con el mercado

Origen del producto y tipos de fabricación

Uno de los aspectos que más influye en los trabajos de diseño y desarrollo de un producto son su origen y el tipo de fabricación:

Sistema o máquina única o fabricada en pocas unidades
Suele ser un sistema o máquina de mediana o gran complejidad (generalmente un bien de equipo) que tiene el origen en un encargo definido por un conjunto de especificaciones iniciales. En general, la venta se produce en un contexto competitivo entre varias empresas que hacen ofertas sobre principios de solución, plazos y precios.
Hay que optimizar el coste del diseño ya que su repercusión en el conjunto del proyecto es muy elevada. Ante la duda se opta por elementos sobredimensionados (ya que cualquier retoque es muy caro) y por soluciones probadas (componentes de mercado). El proyecto requiere una buena programación y el sistema de fabricación es básicamente manual.
Ejemplo: Tren de laminación; Sistema de manipulación y clasificación de cajas para una aplicación específica.

Productos fabricados en pequeñas y medianas series
Muchos productos y bienes de equipo son fabricados en series comprendidas entre 50 y 5000 unidades por año y suelen comprender un cierto número de variantes.

Figura 1.6 Producto fabricado en pequeña serie: *Módulo de andén de geometría variable*: módulo y banco de ensayo (F. Generalitat de Catalunya S.A.)

Figura 1.7 Producto fabricado en grandes series: *actuador de válvula*; prototipo funcional obtenido con técnicas de prototipado rápido (Airtècnics S.L.)

En principio, la empresa realiza una oferta al mercado en base a una definición del producto y al establecimiento de la especificación antes de iniciar las ventas y con independencia de clientes concretos, pero no es raro que se negocien determinados aspectos con clientes importantes. El diseño y desarrollo del producto, cuyo coste ya no es tan crítico puesto que se repercute en un mayor número de unidades, puede permitir una optimización y la validación de las soluciones en base a prototipos y ensayos. La producción puede ejecutarse en series cortas y la automatización debe ser forzosamente limitada.

Ejemplo: Pinza de robot de soldadura por puntos; Módulo de andén de geometría variable (Ferrocarrils de la Generalitat de Catalunya S.A; ver Figura 1.6).

Productos fabricados en grandes series
En este caso, la definición del producto y el establecimiento de las especificaciones se producen de forma totalmente desligada de la venta a los futuros compradores y, por ello, deben de ser determinadas por medio de técnicas de marketing. El diseño debe ser muy cuidado y contemplar equilibradamente todos los puntos de vista del producto, ya que cualquier error o falta de calidad tiene consecuencias económicas de grandes dimensiones. La existencia de variantes es contemplada por el fabricante pero, fuera de las propuestas, no se negocian con el comprador. Aún estando condicionada por el acierto en las etapas de definición y concepción del producto, hay acciones de marketing que facilitan la comercialización (política de precios, facilidades financieras, garantías, servicios posventa).

Ejemplo: Productos de consumo: una nevera, un automóvil; también productos industriales: una cerradura, un actuador de válvula (Airtècnics S.L.; ver Figura 1.7).

Grado de innovación del producto

Según el grado de innovación del producto que determina en gran medida el proceso de diseño y desarrollo, se pueden distinguir los siguientes casos:

Diseño original
Implica la elaboración de un principio de funcionamiento original para el producto o para un subconjunto, tanto si éste realiza una función nueva como una función similar. Los diseños originales se caracterizan por el hecho de que no se dispone de precedentes que sirvan de guía y, en consecuencia, conllevan una tarea laboriosa e imaginativa en las etapas de definición del producto y de diseño conceptual.

Ejemplo: Máquina universal de clasificar monedas. El enunciado exigía clasificar cualquier tipo de moneda independientemente del material, forma y dimensiones. Existen precedentes sobre la forma de detección de las monedas pero los principios de clasificación conocidos se basan en sistemas mecánicos (y por ello, no universales al depender de la forma y dimensiones). Se tuvo que idear un transporte de monedas de acción positiva por medio de un nuevo concepto de cadena formada por eslabones accionados por fricción y que se empujan mutuamente unas a otras (sistema patentado; Ibersélex S.A., Figura 1.8).

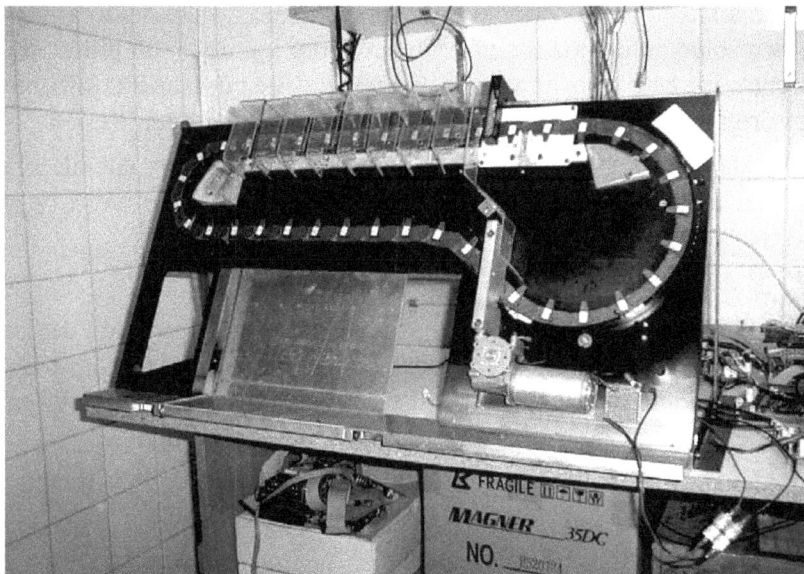

Figura 1.8 Diseño original: *Máquina universal de clasificar monedas*; prototipo funcional (Ibersélex S.A.)

Figura 1.9 Diseño de adaptación: *Unidad monooperada de recogida de basura de carga lateral*; modelización 3D (Ros Roca S.A.)

Diseño de adaptación

Implica la adaptación de un principio de funcionamiento conocido a una función distinta o la resolución de una función conocida por medio de un principio de solución diferente. En este tipo de diseño, en general es necesaria la elaboración de soluciones originales para algunos de los elementos o subconjuntos.

Ejemplo: Unidad monooperada de recogida de basura de carga lateral. Se propuso diseñar el elevador de contenedores en base a una nueva cinemática y un motor hidráulico rotativo (Ros Roca S.A., ver Figura 1.9).

Diseño de variante

Tan solo implica la variación de las dimensiones o de la disposición de determinados elementos o subconjuntos, sin que existan cambios en el principio de funcionamiento ni de la función. La etapa de diseño conceptual es mínima, mientras que el peso recae en las etapas de diseño de materialización y de detalle.

Ejemplo: Nueva lavadora-centrifugadora de alta velocidad de 40 kg para completar la gama existente de 7, 12, 22, 55 y 110 kg (Girbau S.A.)

Grado de innovación en los procesos

Los productos maduros operan en un mercado fuertemente competitivo donde los elementos clave suelen ser el aumento de la productividad y la mejora de la calidad, a través de los procesos de fabricación y de la maquinaria y utillaje. La innovación en la producción se aprecia en tres áreas principales:

Nuevas formas de gestión

Las nuevas formas de organización (grupos de diseño pluridisciplinarios, estructura matricial, organización por líneas de producto), de gestión (designación de un gestor de proyecto) y metodológicas (implantación de sistemas de calidad) inducen algunas de las mejoras de productividad más espectaculares. En general, estas nuevas formas de gestión se apoyan en herramientas informáticas que proporcionan la máxima eficacia en la gestión (sistemas CAD/CAE y CAD/CAM; PDM, o gestión de datos de los productos; técnicas CIM de gestión integrada de la fabricación; y, últimamente, ingeniería colaborativa basada en Internet).

Nuevos procesos de fabricación

Hay nuevos procesos (corte por láser y por agua, técnica MIM, hidroconformado, proyección térmica) u otros ya más conocidos (electroerosión, corte fino, sinterizado, microfusión, coextrusión, soldadura por ultrasonidos, termoconformado, punzonado con CN) que pueden impulsar saltos importantes de productividad y de calidad si se aplican con conocimiento de causa y con imaginación.

Ejemplo: un proceso de fabricación más preciso puede evitar dispositivos de referencia en el montaje o de regulación en el producto.

Automatización de la producción

De la mano de las nuevas tecnologías basadas en la informática y las comunicaciones (control numérico, robots industriales, almacenes automatizados, logística) se está consiguiendo una constante mejora de los procesos de conformación, montaje e inspección automatizados, con los consiguientes ahorros de mano de obra.

Relación con el mercado

No todos los productos inciden de la misma forma en el mercado ni siguen la misma dinámica. En este apartado se comentan los siguientes casos:

Nuevo mercado

Productos que se dirigen a una necesidad no cubierta por el mercado o no manifestada hasta el momento. El lanzamiento de un producto para un nuevo mercado comporta un gran riesgo y hay que estudiar muy bien la forma de hacerlo. Sin embargo, si el producto irrumpe con fuerza, los beneficios de la empresa pueden ser muy elevados, ya que no existe competencia. En general las producciones son inicialmente pequeñas si bien crecen muy rápido hasta que se agotan los compradores potenciales o entran en el mercado nuevas empresas. A pesar de que no siempre es así, muchos de los productos que cubren un mercado nuevo incorporan innovaciones tecnológicas.

Ejemplo: las cámaras fotográficas digitales han abierto un nuevo mercado especialmente dirigido a sectores de profesionales que requieren de forma rápida imágenes de calidad aceptable y sean fácilmente tratables por sistemas informáticos.

Mercado de ampliación

Productos que cubren un mercado existente en fase de extensión a nuevos compradores. Generalmente, a los productos que se dirigen a una ampliación de mercado se les incorporan nuevas prestaciones y/o disminuciones de precios para incentivar la adquisición por nuevos compradores.

Ejemplo: Teléfonos móviles con nuevas funciones de comunicación han ampliado el mercado hacia el sector de los jóvenes.

Mercado maduro

Productos que satisfacen una necesidad ya cubierta del mercado en régimen de fuerte competencia y precios muy ajustados.
En general, son productos de elevada calidad y precios muy ajustados, basados en tecnologías maduras, que compiten en gran medida gracias a la introducción de innovaciones en las tecnologías y procesos de fabricación y en su gestión.

Ejemplo: El automóvil, la nevera, el televisor (compiten en precio y calidad)

Cabe decir que los conceptos expuestos en relación al mercado tienen carácter dinámico, y lo que hoy es un mercado nuevo, dentro de poco será de ampliación y más tarde un mercado maduro. Las empresas deben saber situarse en este contexto dinámico y aprovechar las oportunidades en función de sus capacidades.

1.6 Fuentes de información y antecedentes

Introducción

Un aspecto clave para el correcto desarrollo de un producto es disponer de una información adecuada y suficiente. Por ejemplo, dedicar esfuerzos a un proyecto sin haber hecho una búsqueda de patentes o sin haber analizado los productos de la competencia constituye un gran riesgo y, en el mejor de los casos, una pérdida de tiempo y recursos. Dado que normalmente parte de la información necesaria no existe o no está disponible, las empresas deben impulsar activamente la creación y la actualización de una base de información que apoye sus actividades y proyectos.

La información en una empresa, tanto si procede de entornos industriales y del mercado como de ámbitos científicos y tecnológicos, presenta dos vertientes distintas: por un lado, existe la búsqueda genérica de información que incide en su estrategia general; y, por otro, la búsqueda de la *información específica* necesaria para el desarrollo de un determinado proyecto. El tratamiento sistemático de la información, especialmente la estratégica, toma el nombre de *vigilancia del entorno*.

Hasta no hace mucho, la información se obtenía básicamente en soporte papel (libros, revistas, catálogos) y de actividades presenciales (visitas a clientes e instalaciones, productos de la competencia, visitas a ferias).

Sin quitar valor a estos medios tradicionales, hoy día *Internet* está siendo el medio más ágil para obtener información, no tan solo por la facilidad de conexión a un gran número de *bases de datos* (artículos de revistas, tesis doctorales, trabajos de investigación, archivos de patentes) y *webs comerciales* (información de empresas, catálogos de productos, listas de precios, consultas) sino también por las herramientas cada día más potentes para la búsqueda metódica de información.

Durante el proceso de diseño de un producto las fuentes de información y los contenidos más útiles en la generación de alternativas y la toma de decisiones, son:

Fuentes de información

- Bibliografía: textos de referencia; revistas especializadas; comunicaciones a congresos; patentes; catálogos; manuales de instrucciones y de mantenimiento.
- Estudios de mercado (existentes o encargados por la empresa): tendencias de la demanda; evaluaciones de los clientes; incidencias y reparaciones.
- Ferias y visitas: observación de novedades; visitas a clientes; comentarios y reacciones sobre puntos fuertes y puntos débiles de los productos.
- Productos de la competencia: análisis de soluciones; deducción de materiales y procesos de fabricación; obtención de datos datos sobre funcionamiento y sobre materiales a partir de ensayos.

Contenidos de las informaciones

• Mercado: volumen de ventas, precios y tendencias
• Competencia: productos que ofrece y prestaciones
• Tecnologías: evolución de las tecnologías usadas en el sector
• Procesos: evolución de los procesos usados en el sector
• Legales: reglamentos y normas aplicables al sector; limitaciones por patentes
• Costes: de la propia empresa y de la competencia; (materiales y mano de obra)

Comentarios sobre la información en relación al proceso de diseño

Las fuentes genéricas (textos, artículos) suelen tratar aspectos básicos sin profundizar en la aplicación, mientras que las informaciones específicas sobre productos (catálogos, propaganda) suelen explicar lo que se supone que tiene un valor comercial.

Las patentes (más abundantes de lo que uno piensa) proporcionan dos tipos de información útil: por un lado, explican con detalle el objeto patentado y, por otro, ofrecen la referencia legal de lo que está protegido. Sin embargo, una patente no es garantía de aplicabilidad, ya que las buenas ideas las sanciona el uso y el mercado.

Hay que relativizar las soluciones adoptadas por la competencia, ya que responden a sus puntos fuertes y débiles (capacidad del equipo de diseño; materiales y procesos de fabricación disponibles, requerimientos de su mercado local).

Debido a que la búsqueda en fuentes externas (bases de datos, webs, documentos comerciales) raramente proporciona la información clara, precisa y completa que se requiere, hay que construir la información a partir de acciones directas (estudios de mercado, análisis de productos) y de acciones indirectas (detección de indicios, establecimiento de hipótesis, reconstrucción de escenarios de la competencia).

Algunas de las bases de datos que se encuentran en Internet

Artículos	Dirección	Ámbito
Citeseer	http://citeseer.nj.nec.com	Artículos a texto completo
First	http://www.inist.fr	Sumarios de revistas
CBUC	http://www.cbuc.es	Sumarios de revistas
British Library	http://blpc.bl.uk	Artículos de revistas
UPC-bases de datos	http://bibliotecnica.upc.es/bdades	Resúmenes de artículos
Library of Congress	http://lcweb.loc.gov/z3950	Sumarios de revistas
SIGLE	http://www.cas.org/online/dbss/sigless.html	Literatura gris
REBIUN	http://www.uma.es/rebiun	Sumarios de revistas
Patentes	Dirección	Ámbito
USA Patentes	http://www.uspto.gov/	Patentes USA
USA Patentes Texto Completo	http://www.uspto.gov/patft/	Patentes USA a texto completo
European Patent Office	http://www.european-patent-office.org/	Base de datos de patentes europeas
Espacenet	http://es.espacenet.com/	Oficina española de marcas y patentes

Análisis de productos de la competencia (o benchmarking)

Una de las actividades más interesantes al iniciar un nuevo proyecto es el análisis de los productos de la competencia líderes en el mercado, ya que sus soluciones contienen (de forma implícita) informaciones concretas de gran valor.

La metodología para el análisis de productos de la competencia (o *benchmarking*) comprende, entre otras, las siguientes actividades:

1. *Ponerlo en marcha y estudiar su funcionamiento*
   Este primer paso proporciona informaciones sobre su usabilidad (¿es o no fácil de manejar? ¿las instrucciones son claras?), y su comportamiento (¿cumple adecuadamente su función ? cumple con las prestaciones enunciadas ?)

2. *Desmontarlo y analizar sus soluciones*
   El desmontaje, que hay que hacer ordenadamente y anotando las incidencias, aporta informaciones importantes sobre los principios de funcionamiento, las soluciones constructivas y los componentes de mercado adoptados, así como también permite hacer las primeras deducciones sobre los materiales y procesos utilizados en la fabricación de piezas y componentes

3. *Simular o hacer pruebas del conjunto o de algunos de sus componentes*
   Se pueden obtener informaciones complementarias a partir de someter al producto (o a algunas de sus partes) a simulación con herramientas informáticas o mediante pruebas y ensayos en el laboratorio. De esta manera se puede precisar, entre otros, la composición, propiedades y estados de algunos materiales o la durabilidad de determinados componentes.

El análisis de los productos de la competencia, que sigue el ciclo básico de la investigación experimental (ver Sección 2.4) busca explicaciones a los hechos y soluciones observadas teniendo presente de que, en general, no se fabrica nada que no tenga un motivo. Hay que reconstruir el proceso de diseño de la competencia a la luz del ciclo de vida de su producto y de su gama (perspectiva concurrente).

Ejemplo 1.8
Benchmarking para lavadoras-centrifugadoras

Del proceso de análisis de una lavadora-centrifugadora de la competencia se obtienen numerosas informaciones de interés, de las cuales se dan algunos ejemplos:

a) La velocidad de centrifugación es ligeramente inferior a la enunciada (970 en lugar de 1000 min^{-1}; puede dar argumentos al departamento comercial)

b) El soporte del bombo tiene forma de estrella de tres brazos y es de aluminio (da indicios de su viabilidad en lo que se refiere a la resistencia a las solicitaciones y a la corrosión, aspectos sobre los cuales se tenía dudas).

c) Se observa que los soportes de suspensión tienen un agujero no utilizado. Después de diversas suposiciones, se deduce que este agujero de más permite que el soporte no tenga mano (los soportes derecho e izquierdo son iguales).

d) Durante un ensayo con cargas severas se observa que el sistema de control detecta el exceso de carga y no permite la centrifugación. Queda por descubrir el principio de funcionamiento por el cual detecta la sobrecarga.

Vigilancia del entorno

La *vigilancia del entorno*, también conocida con el término más restrictivo de *vigilancia tecnológica*, es una actividad estratégica de la empresa orientada a la competitividad y que tiene por objeto mantener una ventana abierta al desarrollo humano, social y tecnológico del entorno para detectar aquellos cambios y discontinuidades en la percepción de las personas, la transformación de los mercados y la evolución de las tecnologías que puedan tener incidencia en las actividades de la empresa así como en los productos y servicios que produce.

Si bien las empresas están atentas a su mercado, las enormes posibilidades de información de hoy día hacen que a menudo sólo se utilicen cuando es imprescindible y, entonces, es ya demasiado tarde. La *vigilancia del entorno* propugna unas herramientas y procedimientos específicos tanto para mantener el estado de alerta, como para utilizar eficazmente la información en las decisiones de la empresa, especialmente en aquellas de carácter estratégico (introducción de nuevas tecnologías, reordenación de la gama de productos, introducción en nuevos mercados o cambio de orientación del negocio).

Algunos de los métodos utilizados por la *vigilancia del entorno*, son:

A nivel de estrategia de empresa:
- *Grupo de prospectiva tecnológica* (grupo interno para obtener y analizar información estratégica)
- *Grupos de creatividad* (técnicos de la empresa y expertos de universidades)
- *Comités asesores externos* (formados por expertos de universidades y centros tecnológicos)
- *Servicios de información especializados* (servicios externos para obtener información especializada)

A nivel general de la empresa
- *Servicio de documentación* (servicio interno de búsqueda de información)
- *Estudios de mercado* (para detectar necesidades y preferencias del mercado)
- *Redes de tecnólogos* (contactos con universidades y centros tecnológicos)

A nivel de desarrollo de producto:
- *Talleres con clientes* (discutir con clientes ideas sobre nuevos productos)
- *Análisis de patentes* (seguimiento y análisis de nuevas patentes)
- *Benchmarking* (análisis de productos de la competencia)

Ejemplo 1.9
Opciones para un fabricante de cámaras fotográficas convencionales

Si un fabricante de cámaras fotográficas convencionales (imagen sobre cliché), con una posición sólida en el mercado, no está atento a la aparición de las nuevas cámaras digitales, las ventas pueden caer de golpe en pocos años (el tiempo en que las cámaras digitales bajen de precio). La empresa puede seguir diversas estrategias:

a) *Prepararse para competir en la nueva tecnología*
   Esta opción siendo la más arriesgada es la que tiene más futuro. Sin embargo requiere que la empresa tome decisiones estratégicas como adquirir la nueva tecnología (eventual colaboración con universidades y centros tecnológicos), adapte el equipo humano a la nueva tecnología (formación, nuevas contrataciones), transforme los sistemas productivos (nuevos procesos, nuevo equipo) y establezca nuevas formas comerciales (adaptación al nuevo perfil de los usuarios, nuevos canales de venta, asociación con una empresa informática).

b) *Buscar un nicho en el mercado de la fotografía convencional*
   Por ejemplo, identificar un mercado de cámaras fotográficas convencionales de calidad para sectores artísticos o artesanales de la fotografía. Esta opción no evita la vigilancia sobre mercados alternativos ni el seguimiento de la evolución de la fotografía digital, ya que ésta puede acabar incidiendo en los sectores tradicionales, aunque sea para el posterior tratamiento de la imagen.

c) *Incorporarse a un grupo más grande*
   Ésta es una opción razonable para aquellas empresas que han llegado tarde o que ni su estructura ni su dimensión les permite abordar este cambio.

d) *Prepararse para abandonar el negocio*
   Suele ser el caso de empresas poco dinámicas y con plantillas de edad avanzada.

Ejemplo 1.10
Vigilancia del entorno para un fabricante de cosechadoras de caña de azúcar

En una empresa de estas características, la vigilancia del entorno significa estar atento a informaciones como las siguientes:

*   ¿Cuáles son las tendencias cuantitativas y cualitativas en el consumo de azúcar en los diferentes países y en las diferentes culturas?
*   ¿Cómo evoluciona y dónde la producción de azúcar de caña y de remolacha?
*   ¿Evolucionan las técnicas de cultivo de la caña de azúcar?
*   ¿Qué innovaciones introduce la competencia en estas máquinas o en productos análogos (otras cosechadoras, maquinaria de obras públicas)?
*   ¿Qué mejoras ofrecen los suministradores de componentes?
*   ¿Cómo evolucionan las normas y directivas que afectan estas máquinas? ¿Cómo estar presente en los Comités de Normalización?

1.7 Simulación, ensayo y evaluación

Simulación

Simular es representar el funcionamiento de un sistema por medio de otro que se comporta de forma análoga. Hoy día, la mayor parte de simulaciones en el diseño de productos se basan en modelos y cálculos informáticos (*simulación virtual*, predicen el comportamiento de los sistemas antes de su realización física). Los recientes desarrollos en las tecnologías de la información y las comunicaciones proporcionan herramientas muy potentes en este campo, cuya capacidad y velocidad son decisivas en la mejora de la modelización y la simulación de los productos.

Les herramientas de simulación virtual (o *sistemas CAE*, ingeniería asistida por ordenador) cada más son más complejas y alcanzan un número creciente de campos de la ingeniería a la vez que tienden a considerar simultaneamente distintos aspectos del diseño, por lo que es previsible que su evolución sea uno de los principales impulsores de la innovación en el diseño durante los próximos años.

Entre las principales herramientas de simulación virtual en la ingeniería de diseño, han adquirido una gran popularidad y aceptación los sistemas de *visualización y animación*, especialmente útiles en el diseño industrial (formas y aspecto, antes de materializar el producto) y los sistemas de *análisis por elementos finitos* (o *FEA*) útiles para simular el comportamiento y estimar la vida de piezas y conjuntos (antes del ensayo). Últimamente se están generalizado los sistemas de *simulación mecánica* (integran animación y cálculo) y los sistemas de *realidad virtual* que están llamados a convertirse e herramientas de gran potencialidad. También hay que destacar las *simulaciones específicas* que cada usuario se construye para modelizar y simular aspectos básicos del problema.

Simulaciones específicas

En aplicaciones concretas, y en base al buen conocimiento que las empresas suelen tener de sus productos, son muy útiles las simulaciones numéricas que relacionan los principales parámetros de un sistema (valores de la especificación, determinación de potencias y consumos, cálculos de resistencia y deformación de elementos críticos, estimación de la vida o evaluación de costes). Para estas simulaciones, que suelen constituir unas magníficas harramientas de diseño en las etapas de elaboración de alternativas conceptuales, en general basta una simple hoja de cálculo.

Caso 1.4
Simulación específica de dispositivo para controlar la fuerza entre dos rodillos

En una aplicación determinada había que regular la distancia entre dos rodillos entre 0 y 0,5 mm manteniendo la fuerza en unos 250 N con una variación admitida pequeña. Se pensó en una solución basada en la actuación de 4 muelles para lo que se disponía de espacios relativamente limitados en diámetro y longitud.

En base a una hoja de cálculo, y como herramienta de apoyo al diseño, se creó un pequeño programa específico de simulación donde están presentes todos los parámetros del entorno del problema. A continuación se muestra la exploración de las variaciones de la tolerancia de fuerza entre los rodillos en los resultados (longitudes del muelle, tensiones de trabajo, control del pandeo por esbeltez).

Simulación de dispositivo para apretar dos rodillos

parámetros de entrada								
Campo de regulación de la separación de rodillos	$\Delta\delta$		mm	0,5	0,5	0,5	0,5	0,5
Fuerza entre los rodillos	F		N	250	250	250	250	250
Tolerancia de la fuerza entre los rodillos	ΔF		N	4	5	6	7	8
Número de muelles	N		(--)	4	4	4	4	4
Módulo de rigidez material del muelle (AISI 301)	G		MPa	75000	75000	75000	75000	75000
parámetros de diseño								
Espesor alambre del muelle	d		mm	1,25	1,25	1,25	1,25	1,25
Diámetro espira del muelle	D		mm	10	10	10	10	10
Factor de esveltez del muelle (según extremos)	ν		(--)	0,50	0,50	0,50	0,50	0,50
resultados								
Rigidez del muelle	K	$\Delta F/(4\cdot\Delta\delta)$	N/mm	2,00	2,50	3,00	3,50	4,00
Longitud precompresión inicial del muelle	δ	$F\cdot\Delta\delta/\Delta F$	mm	31,25	25,00	20,83	17,86	15,63
Relación de enrollamiento	C	D/d	(--)	8,0	8,0	8,0	8,0	8,0
Número de espiras útiles	N	$d^4\cdot E/(8\cdot D^3\cdot K)$	(--)	11,4	9,2	7,6	6,5	5,7
Tensión cortante material muelle	τ	$8\cdot D\cdot((F+\Delta F)/4)/(\pi\cdot d^3)$	MPa	828	831	834	838	841
Longitud de bloque del muelle	Lb	$(N+2)\cdot d$	mm	16,8	13,9	12,0	10,7	9,7
Longitud inicial del muelle (margen 20%)	Lo	$Lb+(\delta+\Delta\delta)\cdot1,2$	mm	54,9	42,0	35,5	30,9	27,4
Longitud final del muelle	Lf	$Lo-\delta$	mm	23,7	17,0	14,7	13,0	11,8
Deformación unitaria máxima del muelle		$(\delta+\Delta\delta)/Lo$	(--)	0,58	0,61	0,60	0,59	0,59
Esbeltez dell muelle		$\nu\cdot Lo/D$	(--)	2,75	2,10	1,78	1,54	1,37

Visualización, animación y realidad virtual

Las herramientas de *visualización* (o de *rendering*) permiten, en base a modelos de CAD tridimensionales, crear imágenes fotorealistas de productos y escenarios que incorporan efectos como puntos de vista, focos de luz, creación de sombras, texturas de las superficies, transparencias, reflejos de la luz y la aplicación de rótulos.

Muchas de ellas también incluyen sistemas de *animación* (cinemática) para simular aspectos como movimientos en el funcionamiento habitual del producto, secuencias de montaje/desmontaje, interacción entre componentes, y explosionados.

Los sistemas de *realidad virtual* constituyen las herramientas más evolucionadas en el campo de la visualización y animación y están destinadas a tener un gran desarrollo en el futuro. Como rasgo destacado cabe señalar que el observador puede interaccionar con objetos simulados que percibe en escenarios tridimensionales.

Método de los elementos finitos

Herramientas de simulación que, a partir de una descomposición en elementos sencillos (o *elementos finitos*), permite aplicar diversas leyes físicas (mecánica, fluidos, calor, electromagnetismo) a sistemas de formas geométricas complejas y arbitrarias.

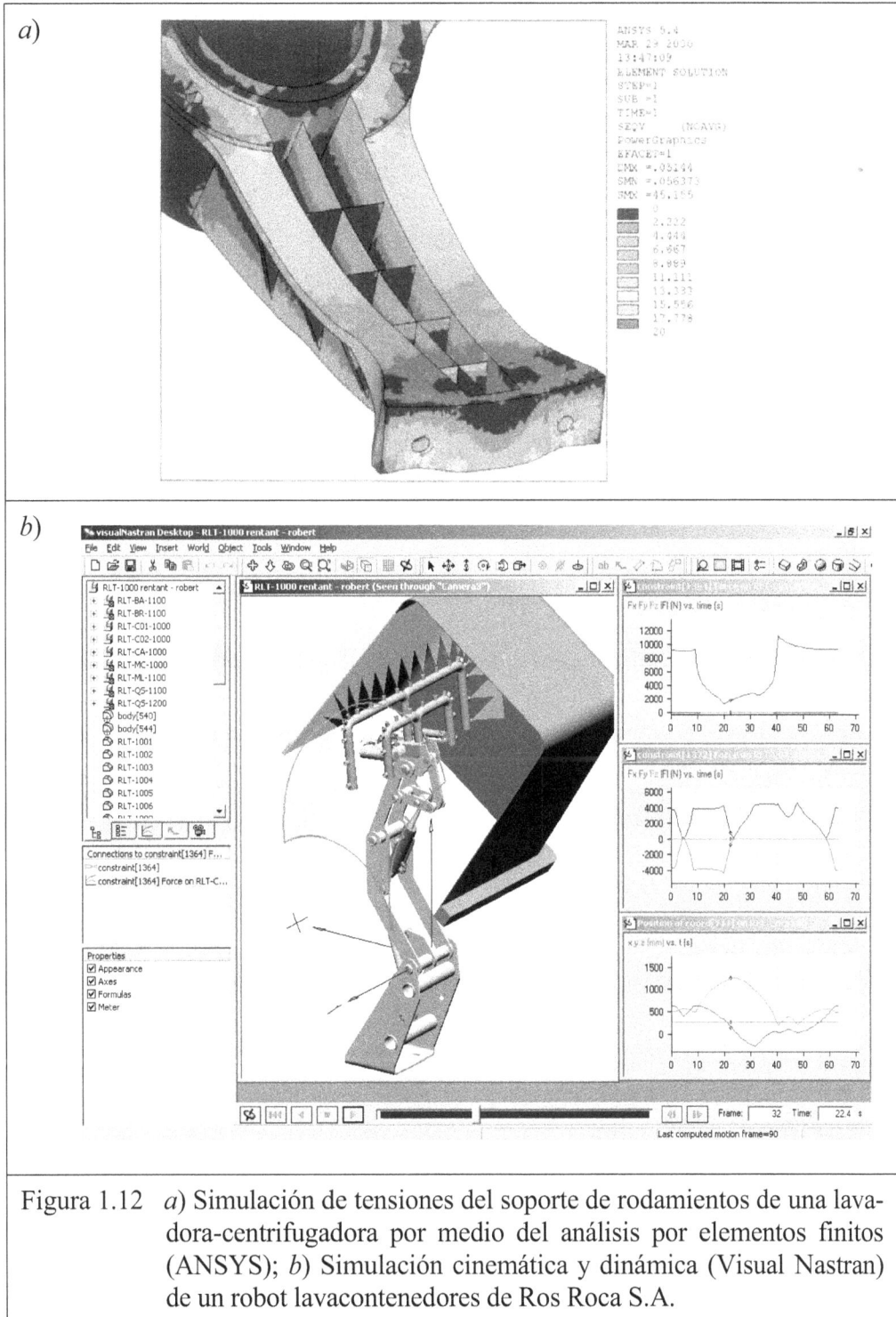

Figura 1.12   *a*) Simulación de tensiones del soporte de rodamientos de una lavadora-centrifugadora por medio del análisis por elementos finitos
(ANSYS); *b*) Simulación cinemática y dinámica (Visual Nastran)
de un robot lavacontenedores de Ros Roca S.A.

Su aplicación más habitual es el análisis de tensiones y deformaciones en sistemas elásticos, pero cada día son más frecuentes otras aplicaciones como las deformaciones plásticas en el choque y en la conformación de piezas, el comportamiento de los fluidos, el llenado de moldes de plástico, el flujo del calor, el estudio de las dilaciones térmicas, los campos eléctrico y magnético, así como la consideración simultáneas de dos o más de estos fenómenos (tensiones de origen térmico, piezo-electricidad).

Caso 1.4

Simulación y ensayo del soporte de rodamientos de una lavadora-centrifugadora

La Figura 1.12*a* muestra el resultado del análisis por elementos finitos de las tensiones en el soporte de rodamientos de una lavadora-centrifugadora sometida a las cargas más críticas durante el centrifugado. Esta pieza fue fabricada y ensayada en una máquina y las medidas extensiométricas de los ensayos se compararon con los resultados de la simulación. El ciclo de simulación, ensayo, medida y correlación de resultados ha permitido establecer criterios para optimitzar componentes análogos en máquinas futuras (trabajos realizados en Girbau S.A.).

Simulación dinámica

Consiste en la simulación dinámica de prototipos virtuales en tres dimensiones que incluyen mecanismos y sistemas mecánicos móviles formados por diversos miembros y elementos específicos para simular los enlaces, los motores y receptores y otros dispositivos como las correas.

Estos sistemas CAE permiten obtener, entre otros, la evolución de las posiciones, velocidades, aceleraciones, fuerzas, momentos, energía y potencia durante el ciclo de trabajo del sistema (ver la Figura 1.12*b*), así como eventuales colisiones entre los miembros del conjunto estudiado. Cada vez será más habitual la integración con el cálculo por elementos finitos de los elementos del mecanismo más solicitados. También pueden incluir otras utilidades como el cálculo de fatiga.

Simulación y diseño

Las *simulaciones virtuales* tienen un triple objetivo durante el diseño: *a*) Comprobar que las soluciones generadas están de acuerdo con los principios de la ciencia y de la técnica; *b*) Prever los efectos deseados; *c*) Optimizar las soluciones.

Sin embargo, dada la complejidad de la realidad, las simulaciones parten de modelos necesariamente simplificados. Por ejemplo, se pueden evaluar tensiones y deformaciones, pero difícilmente se podrá tener en cuenta la influencia de aspectos como la corrosión de los materiales a lo largo del tiempo o las variaciones debidas al comportamiento humano o al entorno. Así pues, las herramientas de simulación proporcionan una aproximación a la solución, pero no siempre es recomendable tomar sus resultados (al menos de forma exclusiva) como base para la validación final del producto.

Prototipaje y ensayo

El ensayo con prototipos físicos tiene dos ventajas respecto a la simulación virtual:

a) Reproduce con más fidelidad el comportamiento real del futuro producto

b) Pone de manifiesto circunstancias y modos de funcionamiento difíciles de imaginar en un contexto de simulación virtual.

Por lo tanto, antes de validar un producto e iniciar su producción en serie, conviene realizar ensayos con prototipos físicos que, más allá de confirmar o no los resultados de la simulación, pueden hacer aparecer fenómenos (ruido, atascos, calentamientos, desgastes) o usos (manipulaciones, sobresfuerzos, golpes) no previstos.

El inconveniente es que previamente hay que construir los prototipos y preparar el banco de ensayo y la instrumentación aspectos que suelen consumir grandes recursos económicos y de tiempo. Sin embargo, la tentación de eludir esta etapa puede acarrear más adelante graves consecuencias cuando el producto esté en el mercado. Sólo si se dispone de una buena correlación entre el comportamiento del producto en el mercado y los resultados de la simulación, pueden aceptarse estos resultados (siempre con prudencia) como base para la evaluación final del producto.

Sistemas más ágiles para fabricar prototipos y útiles

La realización de muchos prototipos (algunos de los metálicos y la mayoría de los basados en polímeros) conlleva la construcción previa de útiles específicos (modelos, moldes, matrices) de elevado coste y tiempo de fabricación que a menudo deben rehacerse debido a modificaciones derivadas de los resultados de los ensayos.

Eso se debe en gran medida a las diferencias de características y de comportamiento que presentan los componentes fabricados con procesos y útiles de producción (forja, fundición, extrusión, inyección, termoconformado) respecto a los prototipos realizados con medios artesanos (mecanizado, encolado, soldadura). Estas diferencias, especialmente acusadas en los componentes plásticos y de elastómero (estabilidad dimensional, alabeo, resistencia mecánica, comportamiento térmico, condiciones de deslizamiento, texturas superficiales, transparencias, detalles constructivos) dificultan las decisiones ya que el riesgo de las inversiones es muy elevado.

Para resolver esta dificultad, se viene trabajando en varias tecnologías para la fabricación de *prototipos rápidos* en la etapa de desarrollo y de *útiles rápidos* en la etapa de industrialización. La principal ventaja de estos sistemas es que permiten obtener prototipos y series pequeñas de piezas casi idénticas al modelo de CAD 3D en un tiempo muy corto y con una relación calidad/precio favorable.

El principal inconveniente de los prototipos rápidos está en que no siempre reproducen todas las características de las futuras piezas de serie (resistencia mecánica, transparencia, propiedades superficiales), mientras que la principal limitación de los útiles rápidos es que sólo permiten fabricar un número limitado de piezas antes de deteriorarse. Sin embargo, permiten validar diversos aspectos del diseño (estética, dimensiones y montaje; en ciertos casos, resistencia mecánica) y de la fabricación (partición, facilidad de moldeo), de manera que se acortan los tiempos, disminuye el riesgo en las inversiones y en definitiva, fomentan la innovación en los productos.

Prototipos rápidos (en inglés, *rapid prototyping*)

Son técnicas que permiten convertir un modelo virtual de CAD 3D directamente en un prototipo físico. A diferencia de otros procesos que eliminan material (mecanizado a alta velocidad, electroerosión), los sistemas de prototipaje rápido se basan en la superposición de capas finas de material que componen la forma de la pieza y la geometría del modelo virtual traducida a formato STL proporciona las sucesivas secciones. Una de las grandes ventajas de estos sistemas es la simplicidad del proceso en una sola operación, en contra de la multiplicidad de herramientas y operaciones que requieren los procesos de prototipaje convencionales. Los sistemas de prototipaje rápido más habituales son:

SLA, estereolitografía

Las capas se forman por polimerización de una resina líquida fotosensible (epoxi o acrílica) debido a la incidencia de un rayo láser que recorre cada sección (Figura 1.13*a*; carcasa de la Figura 1.9). Reproducen fielmente las formas y detalles y, a pesar de que inicialmente las propiedades divergían mucho de las de los materiales definitivos (resistencia mecánica baja, frágiles, propiedades deslizantes pobres), últimamente se están dando importantes mejoras en las propiedades mecánicas.

SLS (selective laser sintering), sinterizado

Proceso muy versátil en lo que se refiere a materiales (PA, PS, elastómero, cobrepoliamida, acero inoxidable infiltrado con bronce). Las capas se forman por fusión (o sinterizado) de la superficie del material gracias a la acción de un rayo láser que recorre las sucesivas secciones. Los prototipos son funcionales (admiten el ensayo) y la producción de series reducidas de piezas pequeñas empieza a ser económica. El sinterizado con metal permite construir útiles rápidos.

FDM (fused deposition modelling), extrusión

Las sucesivas capas se forman por la extrusión de material fundido sobre la superficie y requiere de un acabado. Permite realizar prototipos funcionales (Figura 1.13*b*) con materiales definitivos (PC, PSU, ABS) pero el proceso es costoso debido al tiempo que comporta el desplazamiento físico del cabezal de extrusión. Si se resuelve este inconveniente, puede ser una alternativa muy interesante en el futuro.

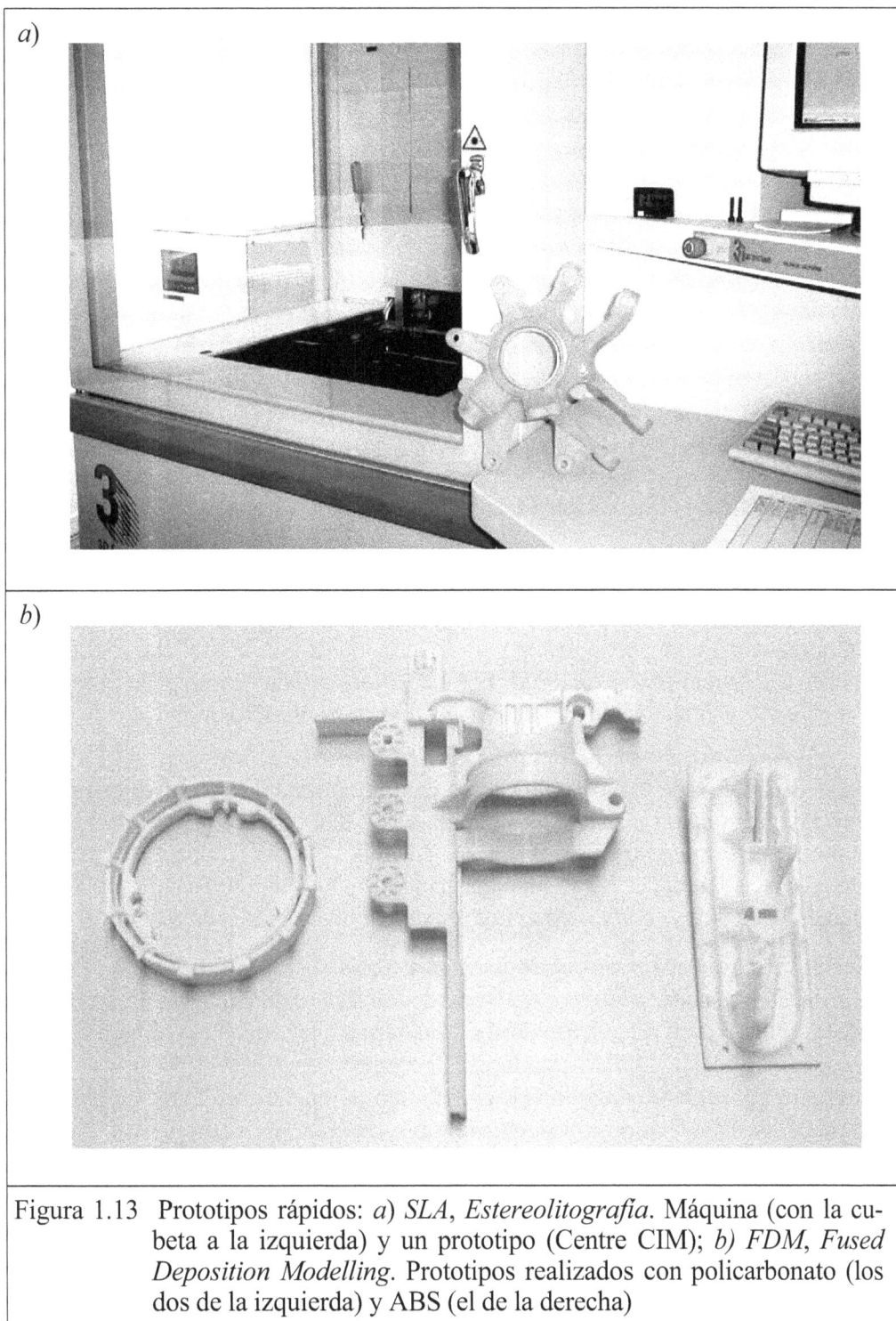

a)

b)

Figura 1.13 Prototipos rápidos: *a) SLA, Estereolitografía.* Máquina (con la cu-
beta a la izquierda) y un prototipo (Centre CIM); *b) FDM, Fused
Deposition Modelling.* Prototipos realizados con policarbonato (los
dos de la izquierda) y ABS (el de la derecha)

Útiles rápidos (en inglés, *rapid tooling*)

La electroerosión, el mecanizado por láser o el mecanizado a alta velocidad han dado lugar a mejoras muy considerables en la fabricación de útiles convencionales. Sin embargo, la fabricación de *útiles rápidos* (o los insertos con las improntas del punzón y de la cavidad de los moldes y matrices) se basan en la aportación de material, de forma análoga a los prototipos rápidos. Los principales sistemas son:

RTV (*room temperature vulcanization*), *colada al vacío con molde de silicona*
Proceso de obtención de piezas de resina de poliuretano a partir de un modelo por medio de la colada al vacío en un molde de silicona. Para crear el molde se recubre un modelo prototipo (pieza existente, u obtenida por prototipaje rápido) con silicona que, una vez curada, se parte y da lugar a la cavidad del molde (Figura 1.14*a*). La rápida degradación del molde tan sólo permite obtener un número limitado de piezas (de 10 a 40), pero el sistema ofrece una gran versatilidad en las características de las piezas funcionales obtenidas (desde elastómero hasta componentes reforzados) y en sus dimensiones (desde piezas pequeñas hasta piezas grandes).

Deposición electroquímica de níquel y cobre
Proceso que consiste en recubrir por electrodeposición un modelo de estereolitografía con níquel o cobre, fijar el conjunto a un portamoldes y llenar de un material de refuerzo de bajo punto de fusión para finalmente extraer el modelo. El CENTRE CIM utiliza el sistema *Coproin-mold* (Figura 1.14*b*), basado en una patente española, que permite fabricar entre 500 y 2000 piezas con el plástico definitivo.

SLS (*selective laser sintering*), *sinterizado con poliamida-cobre*
Proceso de sinterizado análogo al descrito en el prototipaje rápido pero que utiliza polvos de material compuesto de poliamida-cobre (sin proceso posterior al horno) para obtener las improntas del punzón y cavidad del molde. Se pueden fabricar un número muy limitado de piezas funcionales (100 a 200) de dimensiones reducidas con unas condiciones de inyección muy cercanas a las de fabricación definitiva.

SLS (*selective laser sintering*), *sinterizado directo con acero*
Se inicia con el sinterizado por láser de un acero inoxidable y polímero como ligante y continúa con un proceso posterior al horno que elimina el polímero e infiltra bronce por acción capilar. Los moldes permiten hacer hasta 25000 inyectadas con material plástico y cerca de 100 con aluminio, magnesio o cinc. La principal limitación del sistema están en las reducidas dimensiones de los moldes.

DMLS (*direct metal laser sintering*), *sinterizado con acero*
Proceso análogo al SLS que se distingue por el hecho de que el material usado en los polvos que constituyen las distintas capas da lugar a una baja contracción y a una elevada densidad, por lo que no requiere infiltrante y simplifica el proceso. Permite fabricar series de hasta unes 50000 piezas con el material definitvo.

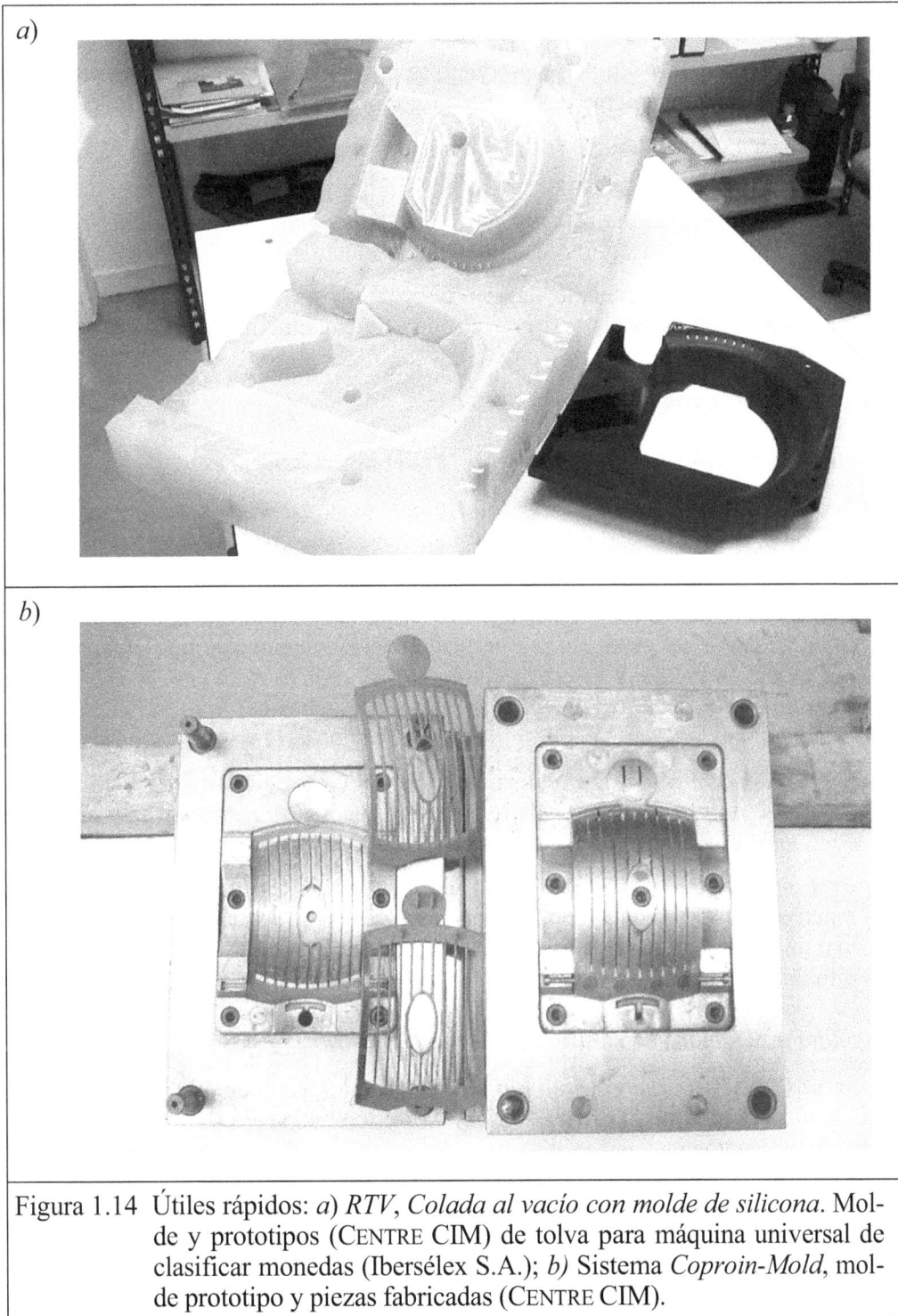

a)

b)

Figura 1.14 Útiles rápidos: *a) RTV, Colada al vacío con molde de silicona*. Molde y prototipos (CENTRE CIM) de tolva para máquina universal de
clasificar monedas (Ibersélex S.A.); *b)* Sistema *Coproin-Mold*, molde prototipo y piezas fabricadas (CENTRE CIM).

Funciones de distintos tipos de prototipos y pruebas

En el proceso de desarrollo de un producto se pueden distinguir tres situaciones en las que puede ser conveniente desarrollar prototipos y realizar pruebas:

a) En la etapa conceptual: prototipos *preliminares y pruebas preliminares*, destinadas a confirmar la viabilidad de principios de funcionamiento.

b) En la etapa de materialización: *prototipos funcionales* y *pruebas de durabilidad*, destinadas a asegurar la calidad del producto.

c) En la etapa de lanzamiento de la producción: *preseries* y *pruebas de fabricabilidad,* destinadas a confirmar el buen funcionamiento de los procesos de fabricación.

A continuación se amplían estos conceptos.

Validar el principio de funcionamiento. Pruebas preliminares

Los productos que incluyen un *diseño original*, o un *diseño de adaptación,* deben validar los principios de solución en la etapa del *diseño conceptual* a través de alguno de los siguientes métodos:

a) *Cualitativos.* Se realizan normalmente por un equipo pluridisciplinario, en base al diseño de un producto y a partir de consideraciones de tipo cualitativo o por medio de métodos de estimación como el *análisis de valor* (VA), o el *desarrollo de la función de calidad* (QFD). En muchos casos es suficiente para evaluar y validar las soluciones.

b) *Simulaciones virtuales.* Se realiza sobre modelos virtuales del producto, forzosamente simplificados, y pueden aportar evaluaciones cuantitativas y criterios de mucha utilidad en la decisión de validar o no las soluciones.

c) *Prototipos y pruebas preliminares.* Se realizan sobre prototipos físicos y permiten comprobar las hipótesis sobre determinados principios de funcionamiento o nuevos procesos de fabricación, a la vez que ponen de manifiesto aspectos difíciles de prever o de simular por los métodos anteriores.

Prototipo preliminar

Los *prototipos* y las *pruebas preliminares* son, en cierta manera, un último recurso cuando los métodos cualitativos o de simulación no disipan determinadas dudas y se producen puntos muertos en el proyecto o cuando el desconocimiento de determinados parámetros paraliza las decisiones. Llegado el caso, como más pronto se realicen, mejor. Las principales ventajas de los *prototipos* y *pruebas preliminares* son las siguientes:

a) Evitan avanzar en una solución donde permanecen dudas sobre su viabilidad *b)* Viceversa, dan solidez a los principios de solución probados

c) Permiten detectar problemas no previstos desde etapas iniciales del diseño

d) Permiten ajustar parámetros de diseño (dimensiones, pesos, velocidades).

Caso 1.5

Prototipo preliminar de una arrancadora de hierbas

El proyecto final de carrera de un alumno de la ETSEIB partía de este enunciado:

"La mala hierba crece muy rápidamente entre las hileras de frutales (les quita fuerza y dificulta la cosecha). Para eliminarlas, el uso de un motocultor dañaría las raíces de los frutales y una segadora dejaría las raíces de las malas hierbas; se propone desarrollar una máquina que arranque las malas hierbas enteras atrapándolas entre dos bandas móviles (Figura 1.11)."

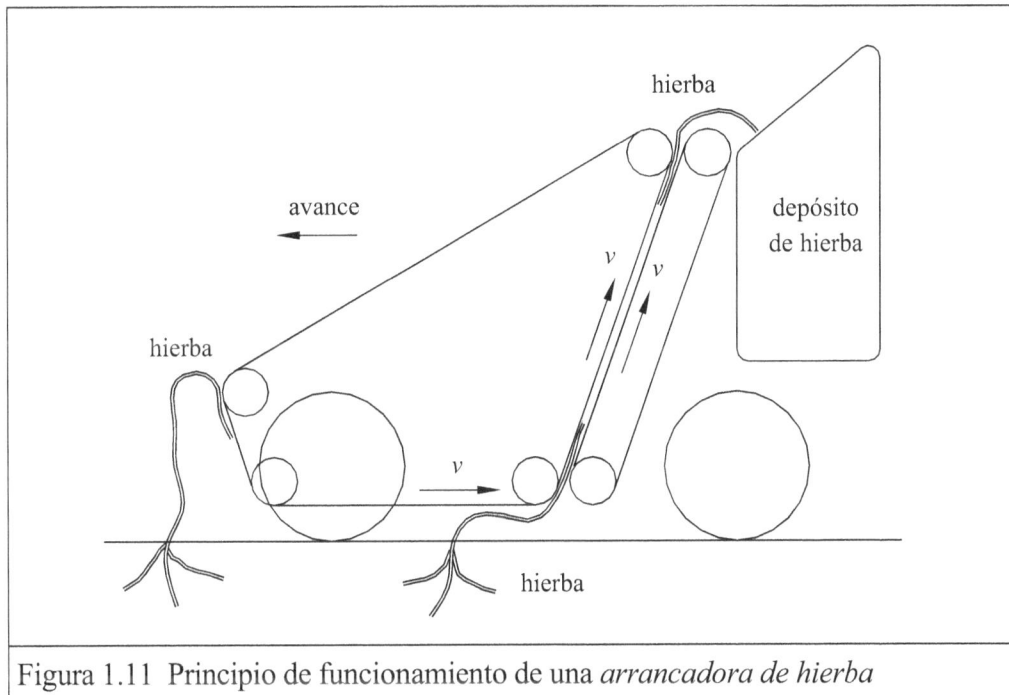

Figura 1.11 Principio de funcionamiento de una *arrancadora de hierba*

La idea, en principio, parece factible pero no hay ninguna garantía de que funcione. El director del proyecto sugiere hacer un *prototipo preliminar* y unas *pruebas preliminares*. El alumno construye el prototipo a partir de un motor de motocicleta y de componentes de desguace y realiza unas pruebas en el huerto de su padre. El prototipo consigue arrancar las raíces de las malas hierbas en más de un 70% de los casos; el proyecto continuó y la máquina fue patentada.

Asegurar la fiabilidad. Ensayos de durabilidad

Una vez establecido el diseño de materialización de un componente, de un sub-grupo o de una máquina completa, hay que realizar un *prototipo funcional* y los correspondientes *ensayos de durabilidad* que se relacionan con el deterioro que sufre el producto y sus componentes a lo largo de su funcionamiento.

La *fiabilidad* es la aptitud de un sistema o componente para funcionar correctamente durante un tiempo predeterminado. Asegurar la fiabilidad es uno de los requisitos más importantes del *diseño para la calidad* y es fruto de la aplicación de tecnologías de ensayo bien establecidas. Algunos de los ensayos *de durabilidad* más usuales son:

a) Ensayos de fatiga. Se aplican ciclos repetidos de cargas de trabajo sobre determinados componentes o sobre el producto y se comprueba que resisten a la fatiga durante un tiempo suficiente (avance de la fisura o rotura).

b) Ensayos de desgaste. Se aplican ciclos repetidos de movimientos o de circulaciones de fluidos sobre determinados componentes o sobre el producto y se comprueba que el desgaste de los diferentes elementos (especialmente los contactos en los enlaces o las conducciones) sean aceptables.

c) Ensayos de corrosión. Se someten determinados componentes o el producto entero a ambientes corrosivos (humedad, atmósferas oxidantes u otras atmósferas) y se analizan los efectos de la corrosión con el tiempo.

d) Ensayos de maniobras. Se establecen secuencias repetidas de maniobras sobre determinados componentes (especialmente sobre los dispositivos electrónicos) o sobre el producto y se comprueba que mantengan el correcto funcionamiento durante el número de ciclos previsto.

Dificultades de los ensayos de durabilidad

Hay dos tipos de dificultades inherentes a los *ensayos de durabilidad*:

1. *Condiciones de ensayo.* Es difícil de conocer y reproducir en el ensayo las condiciones reales de funcionamiento y de utilización (usos no previstos, influencia de variables del entorno). La simulación de estas condiciones en el laboratorio constituye uno de los puntos más críticos de los *ensayos de durabilidad* por lo que parte de ellos suele realizarse en condiciones operativas.

2. *Aceleración del ensayo.* Muchos de los productos tienen vidas de 5, 10, 15 o más años, y es evidente que no se puede disponer de este tiempo para realizar los *ensayos de durabilidad*, por lo que hay que aplicar técnicas para acelerarlos (eliminación de ciclos que no producen daño, como en el método *rain-flow*; o, la aplicación de condiciones más severas que las reales, como en la corrosión en *cámara salina*) y establecer criterios para interpretar los resultados.

Las técnicas de ensayo acaban constituyendo parte del *know-how* de las empresas y suelen fijarse por medio de la redacción de procedimientos. En casos donde hay relaciones de subcontractación, se establecen acuerdos sobre cargas de referencia, procedimientos, dispositivos, tiempos y condiciones ambientales por medio de un *protocolo de ensayos*.

Función estratégica de los ensayos de durabilidad

La realización de *ensayos de durabilidad* de un sistema y sus componentes durante la fase de desarrollo es la garantía para obtener una elevada *fiabilidad* del producto, uno de los aspectos principales de la calidad.

Los ensayos de durabilidad suelen consumir una parte importante de los recursos y tiempos del desarrollo de un producto y, por lo tanto, puede haber la tentación de eludirlos. Algunas empresas, apremiadas por las urgencias de la comercialización pueden cometer el error de no hacer ensayos antes de lanzar el producto al mercado. Este hecho suele comportar consecuencias graves:

a) *Pérdida de prestigio*. Una falta de fiabilidad grave (ruptura de elementos, desgastes prematuros, corrosión de piezas vitales) produce una pérdida de prestigio del producto y de la empresa difíciles de recuperar. En todo caso, la empresa debe asumir la responsabilidad y reparar los daños sin coste para el usuario.

b) *Correcciones en casa del usuario*. Las reparaciones en casa del usuario, además de resaltar los defectos del producto, conllevan dificultades logísticas importantes en relación con los útiles y materiales y costes elevados de desplazamiento.

c) *Multiplicación de variantes*. Un diseño no contrastado con *ensayos de durabilidad* suele desencadenar una lluvia de modificaciones posteriores (variantes de un mismo recambio, diferentes procedimientos de montaje) que tienen una repercusión muy negativa en la gestión general de la empresa.

Asegurar la fabricabilidad. Preseries

Los productos fabricados en grandes series (automóviles, electrodomésticos, ciertos componentes industriales) que suelen pertenecer a mercados maduros, además de responder a su función y de asegurar su calidad, también deben ser fabricados de forma fiable y poco costosa. En estos casos, se establece una tercera clase de prototipos (las *preseries*) y de pruebas cuyo *banco de ensayo* es la propia línea de fabricación y que tienen por misión asegurar la *fabricabilidad*.

Hay diversos aspectos a tener en cuenta en el lanzamiento de las preseries:

a) *Inicio de la preserie*
Las preseries se orientan a asegurar la fabricabilidad, por lo que todos los aspectos básicos de funcionalidad y de fiabilidad deben de estar ya resueltos.

b) *Dimensión de la preserie*

Conviene no lanzar preseries de excesivo tamaño, ya que cualquier modificación afecta a un gran número de unidades; pero tampoco deben ser demasiado
cortas ya que deben confirmarse tendencias. Una solución es fabricar la preserie de forma secuencial, analizando cada unidad antes de iniciar la siguiente.

c) *Homologaciones y variantes*

Las preseries son el instrumento ideal para gestionar las homologaciones y
evaluar el despliegue de variantes previas a la producción.

Caso 1.6
Prototipos y preseries en el lanzamiento de un nuevo modelo de NISSAN

A continuación se describe un ejemplo del proceso de desarrollo de un nuevo vehículo con la función que tienen los distintos prototipos y preseries. NISSAN establece 5 fases, correspondiendo las 3 primeras al *diseño* y, las 2 últimas, a la *industrialización,* con una duración total de 32 meses:

Diseño	Fase 1.	Concepto	(Lote 0 Preliminar)
	Fase 2.	Planificación	(Lote 1 Desarrollo)
	Fase 3.	Pruebas del diseño	(Lote 2 Confirmación)
Industrialización	Fase 4.	Serie de pruebas de ingeniería (A)	
	Fase 5.	Serie de pruebas de producción (B-C)	

Al final de cada etapa se establecen reuniones de *revisión del diseño*, con la presencia de personas de todos los departamentos afectados, y se decide seguir con la
fase siguiente o, eventualmente, cancelar el proyecto.

Fase 1. Concepto (Lote 0 Preliminar)

Abarca el período entre los meses 32 y 25 antes del inicio de la producción y el
objetivo es comprobar si el desarrollo preliminar ha sido correcto, lo que se ve-
rifica al final del Lote 1 (uno o dos vehículos).
Actividades:
Se establecen unas reuniones entre los departamentos de diseño y de fabricación para poner en común experiencias de diseño y de fabricación anteriores.
Se analizan los datos de calidad respecto a la producción y se tienen en cuenta
las quejas o deseos manifestados sobre productos fabricados con anterioridad.
Se solicita a los suministradores propuestas tecnológicas que incorporen mejoras en las prestaciones o costes del vehículo.
Se construye un modelo a escala natural y se presenta al departamento comercial. Después de la validación, se dibuja la carrocería en el CAD.
Paralelamente, se desarrollan los planos preliminares de las principales partes
del vehículo (motor, estructura del chasis, suspensiones, dirección).

Lote 0 (preliminar). Se montan 1 ó 2 prototipos a partir de un vehículo modificado (la carrocería no es la definitiva) y se hacen *tests* de mercado y ensayos en pista; se revisa la Fase 1, a fin de autorizar la construcción del Lote 1.

Fase 2. Planificación (Lote 1 Desarrollo)

Abarca el período entre los meses 25 y 17,5 antes del inicio de la producción. Su objetivo es evaluar las prestaciones y funciones del vehículo montado para verificar el diseño de sus partes y sistemas (*Lote 1*: unos 25 vehículos).

Actividades:

El departamento de control del proyecto planifica y controla el diseño. El departamento de ingeniería prepara la documentación de base para la relación con los proveedores (especificaciones para la aceptación de piezas y componentes). Los vehículos son montados por personal de fabricación con los mismos métodos que seguirá la producción normal. El montaje dura unos 3,5 meses.

Se realizan varias pruebas, entre ellas de carretera (3 meses) con el objeto de verificar las prestaciones y la calidad de los diferentes componentes.

Se presta atención a pinturas, tapicerías, acabados interiores. Se actualizan los objetivos de calidad, coste y plazos, que se discuten con los suministradores.

Se solicitan modificaciones de las especificaciones y se establece la correspondiente negociación con los suministradores (calidades y precios).

Después de los ensayos se solicitan las modificaciones al departamento de diseño y a los suministradores con el objeto de aprobar los planos que serán la base para la fabricación del Lote 2 de confirmación.

Fase 3. Prueba de diseño (Lote 2 Confirmación)

Abarca el período entre los meses 17,5 y 9,75 antes del inicio de la producción. El objetivo es finalizar la etapa de desarrollo estableciendo medidas para solucionar los defectos identificados en el Lote 1, para así proceder posteriormente a las pruebas *de ingeniería*. (*Lote 1*: unos 60 vehículos).

Actividades:

Se evalúan las soluciones a los problemas identificados en el Lote 1 mediante la utilización de vehículos reales. Se da por finalizada la etapa de desarrollo.

El departamento de ingeniería monta en las instalaciones de prototipos los 60 vehículos del Lote 2 adaptados a los distintos mercados de destinación final, teniendo en cuenta las legislaciones específicas de los diferentes países.

Se pasan demandas a los proveedores para que preparen el inicio de la producción (especialmente la preparación de los útiles definitivos).

Se establecen los procedimientos para aprobar las piezas de la carrocería fabricadas con las matrices (del 60 al 70 % de la inversión del proyecto). Se fabrica un Lote específico para probar la carrocería y las modificaciones pasan al Lote

2. Las modificaciones se comunican a los suministradores para que entreguen las piezas para la serie de pruebas de ingeniería.

Después de la evaluación del Lote 2 se realizan las modificaciones finales que fijan las especificaciones definitivas para la serie de pruebas de producción B.

Fase 4. Preserie de pruebas de ingeniería (A)

Su objetivo es montar diversos vehículos en la planta de producción con las piezas y útiles de fabricación para ajustar y corregir las variaciones que se produzcan en la fabricación y montaje. Se fabrican los vehículos para la homologación. Preserie: 15 vehículos fabricados secuencialmente + vehículos para la homologación.

Actividades:

Se crea un grupo de control (marketing, ingeniería de diseño, ingeniería de producción, calidad, control de producción, y compras) dirigido por un miembro del departamento de coordinación de proyectos, a fin de asegurar el éxito de la industrialización. Tiene por objeto dar soluciones a los problemas que aparezcan en estas fases.

Preserie A: Primera fabricación en planta con los útiles de producción para detectar variaciones en la producción en serie y corregir los planos y útiles.

Se fabrican secuencialmente unos 15 vehículos lo que dura 1½ meses (el objetivo es mejorar el proceso y no la rapidez). Antes de cada nuevo vehículo, se revisan los procesos y tiempos para proceder a ajustes o modificaciones.

Se fabrican vehículos con las especificaciones correspondientes para la homologación en los distintos países en función de sus legislaciones.

El departamento de fabricación define los puestos de trabajo, las longitudes de las líneas y elabora las hojas de proceso con los correspondientes tiempos.

La realimentación obtenida en esta fase autoriza el lanzamiento de las *preseries de pruebas de producción B y C*.

Fase 5. Series de pruebas de Producción (B-C)

Su objetivo es montar en la planta de producción un número suficiente de vehículos de los distintos modelos usando piezas definitivas de los suministradores y ajustar los últimos detalles relacionados con la comercialización.

Preserie B: Se fabrican en planta unos 250 vehículos según modelos, colores y países de destino. Se envían a los concesionarios con un compromiso de confidencialidad durante 6 meses, que permite planificar la introducción del modelo en la red así como satisfacer algunas sugerencias en la nueva preserie.

Preserie C: Se fabrica una nueva preserie (de cifra no determinada) en la planta donde se introducen las últimas modificaciones. La finalización de la preserie C fija el *Inicio de la Producción*.

Preseries B y C: También tienen por objetivo que los operarios de planta progresen en su curva de aprendizaje y adaptación.

Métodos de evaluación de soluciones

En las diferentes etapas del proceso de diseño, después de cada despliegue de alternativas, corresponde hacer una evaluación de las mismas que sirva de base para la posterior toma de decisiones. Estas evaluaciones en general no se centran sobre un determinado elemento, sino que se deben ponderar distintos aspectos del sistema en base a criterios que a menudo implican juicios de valor.

Para tomar una decisión siempre deben estar presentes los dos elementos siguientes:

a) *Alternativas*. Como mínimo debe de disponerse de dos alternativas (lo más adecuado es entre 3 y 6) cuyas características deben ser diferentes.

b) *Criterios*. Hay que establecer los criterios en base a los cuales las alternativas deberán ser evaluadas, así como también la ponderación relativa entre ellas.

Dado que en todas las soluciones de ingeniería intervienen múltiples aspectos que hay que considerar de forma global, en todos los métodos de evaluación aparece el problema de la ponderación de criterios. Existen numerosos métodos de evaluación que pueden agruparse en:

1. *Métodos ordinales*. El evaluador clasifica por orden las diferentes soluciones alternativas para cada criterio. El inconveniente de estos métodos consiste en la dificultad de integrar los resultados de los distintos criterios en una evaluación global, ya que no es sensible a las ponderaciones de los criterios.

2. *Métodos cardinales*. El evaluador debe cuantificar sus juicios en relación a la efectividad de las alternativas y a la importancia de los criterios. Estos métodos facilitan la integración de las evaluaciones parciales en un resultado global, pero a menudo la cuantificación puede resultar arbitraria, especialmente en las etapas iniciales de diseño.

Método ordinal corregido de criterios ponderados

La mayor parte de las veces, para decidir entre diversas soluciones (especialmente en la etapa de diseño conceptual) basta conocer el orden de preferencia de su evaluación global. Es por ello que se recomienda el *método ordinal corregido de criterios ponderados* que, sin la necesidad de evaluar los parámetros de cada propiedad y sin tener que estimar numéricamente el peso de cada criterio, permite obtener resultados globales suficientemente significativos.

Se basa en unas tablas donde cada criterio (o solución, para un determinado criterio) se confronta con los restantes criterios (o soluciones) y se asignan los valores siguientes:

1   Si el criterio (o solución) de las filas es superior (o mejor; >) que el de las columnas

0,5   Si el criterio (o solución) de las filas es equivalente (=) al de las columnas

0   Si el criterio (o solución) de las filas es inferior (o peor; <) que el de las columnas

Luego, para cada criterio (o solución), se suman los valores asignados en relación a los restantes criterios (o soluciones) al que se le añade una unidad (para evitar que el criterio o solución menos favorable tenga una valoración nula); después, en otra columna se calculan los valores ponderados para cada criterio (o solución).

Finalmente, la evaluación total para cada solución resulta de la suma de productos de los pesos específicos de cada solución por el peso específico del respectivo criterio (Caso 1.7).

Caso 1.7
Banco transportable para el rodaje de motocicletas de competición
Este ejemplo procede del proyecto final de carrera del ingeniero Xavier Nadal Ferré que presentó en el año 1994.
Se trataba de diseñar un banco transportable para simular el rodaje y calentamiento de las motocicletas de competición previo a la carrera, con independencia de la presencia del piloto.
La evaluación que se presenta a continuación se refiere a las soluciones alternativas establecidas en la fase conceptual. En este diseño se buscaba un banco que simulase correctamente los efectos de la inercia y la resistencia del aire.

Entre los principios de solución generados durante el diseño conceptual, unos simulan la inercia y la resistencia al aire con dispositivos independientes mientras que, otros, simulan todas las resistencias con un único dispositivo, siendo el control el encargado de adaptarlo a cada situación:

- Solución A: *Volante de inercia y circuito oleohidráulico*
- Solución B: *Volante de inercia y freno aerodinámico*
- Solución C: *Freno de corrientes parásitas*
- Solución D: *Freno hidráulico*
- Solución E: *Generador de corriente y resistencias de disipación de energía.*

Los criterios de valoración que se consideraron más determinantes fueron:

a)   *Bajo peso*, ya que la máquina debe ser transportable y debe de poder ser manejada por 1 o 2 personas, a veces en espacios muy reducidos
b)   *Alta fiabilidad*, ya que su funcionamiento se enmarca en la competición donde cualquier fallo constituye un contratiempo muy serio
c)   *Posibilidad de regulación del freno*, para adaptar las características del banco a diferentes motocicletas

d) *Precio moderado*, ya que es un aparato prescindible que tan solo será adquirido por un equipo de competición si la relación utilidad/precio es aceptable.

A partir de estos datos iniciales se procede a través de los siguientes pasos:

1. *Evaluación del peso específico de cada criterio*

peso	>	*regulación*	>	*mantenimiento*	=	*precio*

Criterio	*peso*	*regulaci.*	*manten.*	*precio*	Σ+1	pondera.
peso		1	1	1	4	0,400
regulación	0		1	1	3	0,300
mantenimiento	0	0		0,5	1,5	0,150
precio	0	0	0,5		1,5	0,150
				suma	10	1

Evaluación de los pesos específicos de las distintas soluciones para cada criterio:

2. *Evaluación del peso específico del criterio **peso***

solución B	>	*solución A*	=	*solución C*	>	*solución D*	>	*solución E*

Peso	*soluc. A*	*soluc. B*	*soluc. C*	*soluc. D*	*soluc. E*	Σ+1	pondera.
solución A		0	0,5	1	1	3,5	0,233
solución B	1		1	1	1	5	0,333
solución C	0,5	0		1	1	3,5	0,233
solución D	0	0	0		1	2	0,133
solución E	0	0	0	0		1	0,066
					suma	15	1

3. *Evaluación del peso específico del criterio **regulación***

solución C	=	*solución D*	>	*solución C*	>	*solución D*	=	*solución E*

Regulac.	*soluc. A*	*soluc. B*	*soluc. C*	*soluc. D*	*soluc. E*	Σ+1	pondera.
solución A		0,5	0	0	0	1,5	0,100
solución B	0,5		0	0	0	1,5	0,100
solución C	1	1		0,5	1	4,5	0,300
solución D	1	1	0,5		1	4,5	0,300
solución E	1	1	0	0		3	0,200
					suma	15	1

4. *Evaluación del peso específico del criterio* **mantenimiento**

solución B   >   solución C   =   solución A   =   solución D   >   solución E

Mantenim.	soluc. A	soluc. B	soluc. C	soluc. D	soluc. E	Σ+1	pondera.
solución A		0	0	0,5	1	2,5	0,166
solución B	1		1	1	1	5	0,333
solución C	1	0		1	1	4	0,266
solución D	0,5	0	0		1	2,5	0,166
solución E	0	0	0	0		1	0,066
					suma	15	1

5. *Evaluación del peso específico del criterio* **precio**

solución B   =   solución A   >   solución C   =   solución D   >   solución E

Precio	soluc. A	soluc. B	soluc. C	soluc. D	soluc. E	Σ+1	pondera.
solución A		0,5	1	1	1	4,5	0,300
solución B	0,5		1	1	1	4,5	0,300
solución C	0	0		0,5	1	2,5	0,166
solución D	0	0	0,5		1	2,5	0,166
solución E	0	0	0	0		1	0,066
					suma	15	1

Y el cálculo de la tabla de conclusiones:

6. *Tabla de conclusiones*

Conclusion.	peso	regulac.	menten.	precio	Σ	prioridad
solución A	0,233·0,40	0,10·0,30	0,166·0,15	0,300·0,15	0,1933	3=4
solución B	0,333·0,40	0,10·0,30	0,333·0,15	0,300·0,15	0,2583	1
solución C	0,233·0,40	0,30·0,30	0,266·0,15	0,166·0,15	0,2483	2
solución D	0,133·0,40	0,30·0,30	0,166·0,15	0,166·0,15	0,1933	3=4
solución E	0,066·0,40	0,20·0,30	0,066·0,15	0,066·0,15	0,1067	5

La solución B es la mejor situada, a poca distancia de la solución C. Siguen las soluciones A y D (igualadas), mientras que la solución E queda a mucha distancia.

Para completar la comparación entre las soluciones B y C, se puede variar la relación en el orden de algún criterio (o solución) en el que haya alguna duda y contrastar los nuevos valores obtenidos. Por ejemplo, dando la misma ponderación al criterio peso para las soluciones A y B, se obtienen estos nuevos resultados: Solución A: 0,2317; Solución B: 0,2617. Ahora los valores se han invertido.

1.8 Organización y equipo humano

Modificaciones en la organización interna

La organización tradicional de las empresas en departamentos por funciones y con una dirección jerárquica es adecuada para promover la profesionalidad y la eficiencia de las actuaciones pero no asegura la eficacia del producto en el mercado.

La implantación de la ingeniería concurrente, con la necesidad de fomentar una visión y una gestión globales de los proyectos, ha acabado afectando las formas de organización de las empresas que la adoptan. Aparecen dos elementos organizativos nuevos: el *equipo pluridisciplinario de diseño*, y el *gestor de proyecto* (en inglés, *project manager*). El primero asegura una orientación colegiada y plural del proyecto mientras que, el segundo, asegura su gestión global e integrada.

Equipo pluridisciplinario de diseño
Está formado por un número reducido de miembros (suelen ser de 3 a 8), generalmente de buena cualificación profesional y elevada responsabilidad funcional, de dentro o de fuera de la empresa, que responden a diferentes puntos de vista en relación al proyecto (las diferentes voces). Sus misiones colectivas son las de debatir, asesorar, y colaborar en la toma de decisiones en relación al proyecto. Las reuniones son escasas (ya que los costes son elevados), pero requieren una buena preparación.

Gestor de proyecto
Es un técnico gestor orientado al producto y al mercado, que tiene la responsabilidad de impulsar y coordinar el día a día del proyecto en todos sus aspectos, de principio a fin, facilitando el flujo de información y asegurando el cumplimiento de los objetivos y plazos señalados. Generalmente responde ante el gerente de la empresa o del responsable de I+D y entre sus misiones figuran las de procurar los medios materiales y humanos necesarios, tanto de dentro de la empresa (diferentes departamentos y servicios) como de fuera (empresas suministradoras, ingenierías, colaboraciones con universidades y centros tecnológicos), así como la de coordinarse con el equipo pluridisciplinario de diseño.

Como consecuencia de la introducción de estas nuevas figuras en las empresas, se están perfilando dos nuevas formas de organización que articulan fundamentalmente la situación del gestor de proyecto dentro de la estructura de funciones de la empresa: la *organización matricial* y la *organización por proyectos*.

A continuación se describen y se evalúan las ventajas e inconvenientes del sistema tradicional y de los sistemas alternativos propugnados por el enfoque concurrente:

Sistema tradicional:
organización por funciones
Esta organización pone el énfasis en los departamentos por funciones (financiero, marketing, diseño, producción, comercial, posventa) y en la toma de decisiones jerárquica.

Los proyectos avanzan de forma lineal y la responsabilidad pasa por diferentes departamentos sin coordinación previa: diseño crea un producto en función de los requerimientos; producción se responsabiliza de fabricarlo (y de hacerlo fabricable); comercial se esfuerza por colocar el producto en el mercado y finalmente posventa intenta resolver las incidencias derivadas de su uso.

Esto puede generar importantes desajustes: Por ejemplo, producción puede encontrarse con que debe rehacer parte de un diseño para hacerlo fabricable pero, a la vez, puede desnaturalizar su funcionalidad. Esta forma de proceder es conocida como *comunicarse por encima de la pared* (Figura 1.12)

Sistema mixto:
organización matricial
Sistema mixto que mantiene la organización tradicional por funciones y responsabilidades jerárquicas (el eje de *cómo hacer las cosas*), donde se le superpone una organización por proyectos (o líneas de proyecto) con un *gestor de proyecto* al frente (el eje de *qué hay que hacer*). Los técnicos que intervienen en los trabajos dependen de los directores de los departamentos en los aspectos profesionales y del gestor de proyecto, para la consecución de objetivos y el cumplimiento de plazos. Los gestores del proyecto se apoyan y asesoran en un equipo de diseño pluridisciplinario y responden ante un director de proyectos de innovación.

A pesar de que la gestión resulta más compleja y la doble dependencia obliga a resolver y a superar muchos conflictos, puede ser una forma de mantener las ventajas profesionales de la división por funciones y, a la vez, introducir el principio de la gestión por proyectos que requiere la ingeniería concurrente.

Sistema concurrente
Organización por líneas de productos
Esta alternativa da un paso más y el peso de la organización recae en divisiones de la empresa (como si fueran pequeñas unidades de negocio en su seno), cada una de las cuales se responsabiliza globalmente de una línea de producto y goza de una gran libertad de acción. El responsable de la división hace las funciones del *gestor de proyecto y* dirige un equipo que suele caracterizarse por la motivación y el entusiasmo. Puede asesorarse en un equipo de diseño pluridisciplinario y responde ante la dirección. Esta estructura funciona de forma satisfactoria mientras no sea excesivamente grande.

Una versión más radical de este modelo consiste en organizar cada división como una empresa independiente. Puede ser adecuado para el desarrollo de proyectos de riesgo muy elevado o proyectos de gran envergadura y complejidad.

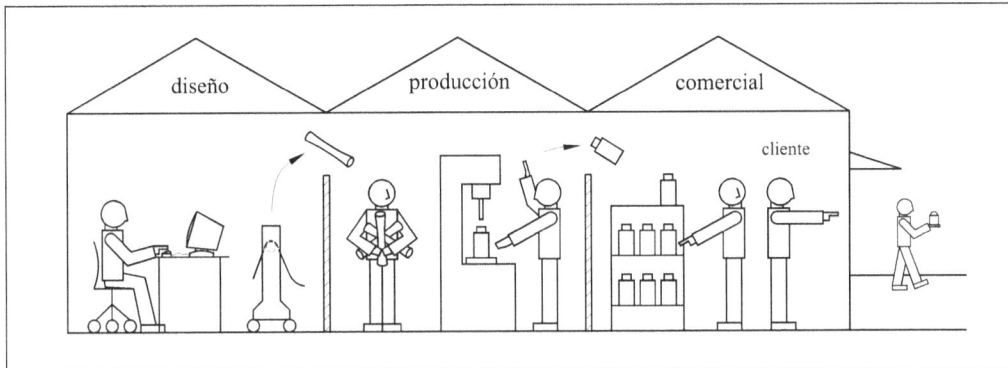

Figura 1.12 Una consecuencia de la organización tradicional por funciones: *comunicarse por encima de la pared*

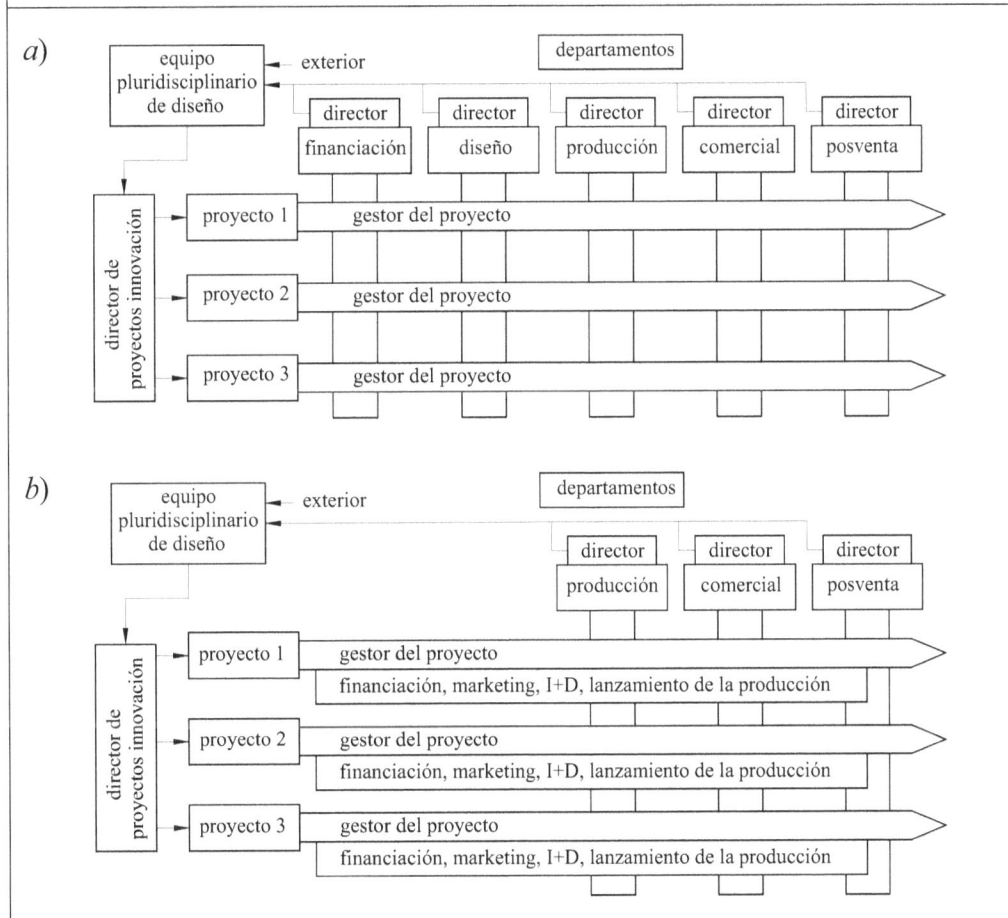

Figura 1.13 Sistemas de organización propugnados por un enfoque concurrente: *a*) Organización matricial; *b*) Organización por líneas de producto

Modificaciones en las relaciones exteriores

Hace unas décadas, las grandes industrias se apoyaban en procesos integrales en los que se fabricaba la mayor parte las piezas y componentes de sus productos. Progresivamente, estos procesos fueron incorporando componentes de mercado y subcontratando la fabricación de determinadas piezas específicas de tal forma que hoy día, muchas industrias con producto propio centran sus actividades en el diseño, el montaje y la comercialización. En este contexto, los precios y los plazos priman en las relaciones exteriores.

Sin embargo, la ingeniería concurrente (desarrollada durante las dos últimas décadas) avanza un paso más y no tan sólo contrata la fabricación de piezas y componentes sino que recurre a los suministradores para compartir (o delegar) parte de sus desarrollos tecnológicos.

Consolidados los mercados de componentes y de subcontratación, en el marco de la ingeniería concurrente aparecen otros mercados probablemente aún con más capacidad de transformación como los servicios a las industrias y los mercados de tecnologías cubiertos por asesorías, agentes de patentes, ingenierías, centros tecnológicos y universidades, entre otros. La industria de la automoción, pionera en muchos aspectos, ha dado un gran impulso a estas tendencias y en estos momentos se habla de *ingeniería colaborativa* donde, además de los precios y los plazos, se incorporan otros aspectos relacionados con el servicio, la calidad y el entorno.

Las nuevas tecnologías de la información y de la comunicación, cuyo paradigma es Internet, están dando un impulso definitivo para dejar el anterior sistema productivo jerárquico (autosuficiente) y entrar en un nuevo sistema productivo en red (todos necesitamos de todos) en cuyo nuevo marco hay que saber moverse y donde probablemente van a sacar más partido las pequeñas empresas que se organicen en red (o en grupo) que las multinacionales.

Así, pues, las relaciones exteriores de las empresas dejan de ser la excepción para convertirse en la regla y por lo tanto, los aspectos tecnológicos y organizativos relacionados con la ingeniería colaborativa pasan a ser elementos inprescindibles de las actividades de las empresas y de forma muy especial, de los procesos de diseño y desarrollo de los productos y servicios. Entre estos aspectos se pueden citar:

- La estructuración modular de los productos
- La especificación y el diseño conceptual
- Los equipos multidisciplinarios y los gestores de proyectos
- La contratación de servicios y de tecnología
- Las herramientas de modelización y simulación
- La controles de calidad y los ensayos
- Las base de datos compartidas

En varias partes del texto se incide sobre estos conceptos.

2 Estructuración del diseño

2.1   Metodología de las ciencias y de las tecnologías

Introducción

Una gran parte de los productos y servicios más innovadores que se han desarrollado recientemente están fuertemente relacionados con investigaciones científicas. Por ello, muchas personas suelen considerar que estos productos y servicios no son más que una aplicación práctica de los conocimiento científicos y suele olvidar que la mayoría de los nuevos descubrimientos de la ciencia han requerido importantes desarrollos tecnológicos en aparatos y procesos sofisticados para llevar a buen término los trabajos de experimentación.

No se trata de dilucidar cuáles de las dos son más importantes, si las ciencias o las tecnologías, ya que ambas se complementan y se necesitan y hoy día, serían impensables las unas sin las otras. Sin embargo, se ha producido una confusión generalizada en relación a las metodologías de las ciencias y de las tecnologías por lo que la observación hecha al inicio de este apartado no es baladí.

En efecto, el mayor predicamento de las ciencias en los medios de comunicación, en los ámbitos académicos y en los centros de formación tanto científicos como tecnológicos, ha llevado a pensar que la metodología de la investigación experimental (de larga tradición) cubre tanto las actividades científicas como los desarrollos en la ingeniería.

Estas circunstancias han hecho que, hasta tiempos muy recientes, se haya prestado muy poca atención a las metodologías propias de la tecnologías y de forma destacada dentro de ellas, las de diseño. Sin embargo, desde hace poco más de dos décadas, cada vez es más abundante la literatura sobre las bases y los conceptos de la metodología para las actividades tecnológicas y de diseño.

Experimentación y diseño

Los humanos vivimos en dos mundos que están en continua interacción: el mundo material (de fuera, exterior) de objetos tangibles y hechos observables y el mundo mental (de dentro, interior) de conocimientos, pensamientos, opiniones, sensaciones, deseos y voluntades.

Esta interacción puede tener dos sentidos: *a*) Un proceso básicamente dirigido de *fuera-a-dentro* que procura obtener imágenes o representaciones mentales del mundo físico (*adquisición de conocimiento*; la investigación experimental, base metodológica de las ciencias, es una de sus formas sistematizadas); *b*) Otro proceso básicamente dirigido de *dentro-a-fuera* que, a partir de construcciones mentales (ideas, deseos, voluntades) tiene por objeto producir cambios en el mundo físico (*acción*; las tecnologías y en concreto el diseño, son también una de sus formas sistematizadas).

Además de los procesos descritos, existen dos procesos más que no entran directamente en los objetivos de este trabajo: *c*) Un proceso de *dentro-a-dentro* en el dominio de la mente (*razonamiento puro*; matemáticas, lógica); *d*) Y, otro proceso de *fuera-a-fuera* en el dominio físico (*transformación autónoma de la naturaleza*), donde no interviene la mente humana (ver Figura 2.1)

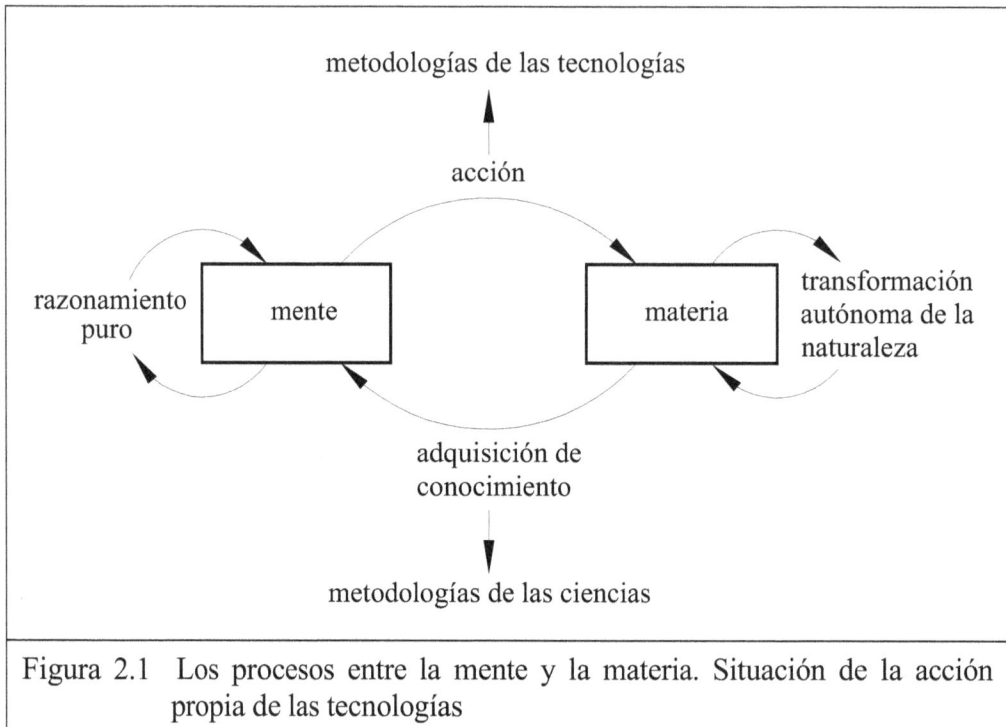

Figura 2.1 Los procesos entre la mente y la materia. Situación de la acción propia de las tecnologías

Las diferencias entre los objetivos de las ciencias experimentales y de las tecnologías hacen que también sean diferentes las metodologías que apoyan sus actividades. Así pues, los sistemas tecnológicos no son el resultado de investigaciones experimentales (aunque se basen en ellas), sino de la aplicación metódica de unas actividades con entidad propia que se inscriben en el *proceso de diseño* y que forman parte del objetivo del presente texto.

Más allá del distinto sentido de la interacción entre mente y realidad, los procesos básicos de la investigación experimental y del diseño responden a una misma estructura organizada en pasos con características análogas y que se denominan:

- *Ciclo básico de investigación experimental*
- *Ciclo básico de diseño*

En este mismo capítulo (Sección 2.2) se analiza con detalle el ciclo básico de diseño para más adelante, establecer una análisis comparativo entre el ciclo básico de diseño y el ciclo básico de investigación experimental.

Metodología y métodos

Se entiende por *metodología* el estudio del conjunto de *métodos* que utiliza una determinada rama del pensamiento o de la actividad humana. A continuación se define el concepto de método y se establece la división entre *métodos algorítmicos* y *métodos heurísticos* de interés para la materia tratada en este texto.

Método
Es una forma de proceder específica y ordenada para llegar a un determinado fin. Sus principales características son: *a*) Es un procedimiento racional; *b*) Es un procedimiento general, aplicable a cualquier caso particular; *c*) Es observable y reproducible por cualquier persona. Los métodos se pueden clasificar en:

Métodos algorítmicos
Basados en algoritmos, o sea, un conjunto no ambiguo de reglas que deben ejecutarse en el orden prescrito y que tienen por objeto conseguir un resultado claramente descrito. Son propios de las investigaciones experimentales.

Métodos heurísticos
Métodos exploratorios para el planteamiento y resolución de problemas en los que se avanza en las soluciones por medio de la evaluación de los progresos realizados. Por ello, se definen fuera del marco de referencia de la investigación experimental y no garantizan necesariamente un resultado. Son propios del diseño.

En general, las reglas o métodos que no pueden ser formulados por medio de algoritmos, son heurísticas.

Metodologías de diseño

Los artesanos concebían al mismo tiempo aquello que construían. Sin embargo, con el aumento de los volúmenes de producción y de la complejidad de los productos y procesos productivos, las tareas de creación (o de diseño) fueron requiriendo una atención y unos conocimientos técnicos cada vez más especializados de manera que el sistema productivo las fue separando, en el tiempo y en el espacio, de las actividades de fabricación.

Las actividades de *diseño* (separadas de las de producción) consisten, pues, en transformar unas necesidades o una idea, en una propuesta de producto y expresarlo en una forma que pueda ser materializado. Hay que destacar que el resultado del diseño no se deduce de forma unívoca de las premisas o funciones que debe cumplir y que, normalmente, existe una multiplicidad de buenas soluciones.

Las actividades de *desarrollo* (que incluyen las de diseño), también previas al lanzamiento del producto, tienen por objeto preparar el entorno productivo para hacer posible su fabricación y comercialización. La viabilidad de un producto, además de basarse en una buena idea y un buen diseño, depende de que disponga de un volumen suficiente de potenciales clientes o usuarios que permitan financiar las actividades de desarrollo.

Como se ha dicho en el Capítulo 1, las actividades del diseño han ido en aumento durante los últimos años asumiendo nuevas funciones de coordinación y responsabilizándose de una parte cada vez mayor de las tareas de ingeniería. Así pues, la reflexión sobre las metodologías de diseño toma una nueva dimensión estratégica, en especial cuando se destinan a sus tareas (y, sobretodo, se comprometen en su desarrollo) recursos humanos, materiales y de tiempo cada vez más mayores.

A continuación se definen los conceptos de *producto*, *diseño*, *desarrollo* y *metodología de diseño* para más adelante describir los distintos niveles de estructuración de los procesos de diseño y desarrollo.

Definiciones y conceptos

Producto
Es un resultado de la actividad del hombre (en el contexto de esta obra, un objeto, aparato, máquina o sistema; en otros contextos, también un material o un servicio) concebido y realizado para satisfacer alguna de sus necesidades.

Diseño
Conjunto de actividades destinadas a concebir y definir un producto en todas las determinaciones necesarias para su posterior realización y utilización. El resultado final se expresa por medio de documentos, entre los cuales hay dibujos técnicos.

Desarrollo

Conjunto de actividades destinadas a articular un negocio o servicio a la colectividad alrededor de un nuevo producto. Además de su diseño, el desarrollo de un producto incluye el planeamiento, la organización y la ejecución de las actividades financieras, productivas y comerciales necesarias para su lanzamiento o su puesta en servicio.

Metodología de diseño

Es el estudio de los métodos que tienen aplicación a las actividades de diseño y que responden a dos cuestiones principales: *a*) ¿Qué hacer? Son las *metodologías descriptivas de diseño* que intentan poner de manifiesto los métodos utilizados en el diseño a través de observar lo que hacen los diseñadores; *b*) ¿Cómo hacer? Son las *metodologías prescriptivas de diseño* que, a partir de opiniones basadas en un análisis descriptivo, recomiendan la aplicación de ciertos métodos para determinados problemas, así como también construye nuevos métodos cuando los que se dispone no son satisfactorios.

Niveles de estructuración de los procesos de diseño y desarrollo

La literatura especializada distingue tres tipos de modelos, cada uno de los cuales se aplica sobre un determinado ámbito y aporta una visión específica sobre una dimensión diferente de las actividades relacionadas con el diseño:

Modelo del Ciclo básico de diseño

Forma específica del método general de resolución de problemas orientado a la resolución del problema de diseño. Es un ciclo fundamental que se puede aplicar de forma iterativa a distintas etapas (iniciales, intermedias o finales) del proceso de diseño. Existe una excelente descripción del ciclo básico de diseño en la obra de Roozenburg & Eekels [Roo, 1991].

Modelo de etapas del proceso de diseño

Este modelo comprende tan solo el diseño del producto y establece las etapas del problema a resolver y la secuencia más recomendable para llevarlas a término. Fundamentalmente se establecen las etapas de especificación, diseño conceptual, diseño de materialización y diseño de detalle. Esta aproximación la adoptan, entre otros, Pahl & Beitz [Pah, 1984], French [Fre, 1985] y la norma de los ingenieros alemanes VDI 2221.

Modelo de etapas del proceso de desarrollo

Este modelo comprende tanto el diseño del producto como la planificación de las actividades de producción y comercialización hasta el inicio de su fabricación e incluye etapas como el estudio de mercado, la planificación estratégica, el diseño del producto y del proceso, la fabricación de los medios de producción y el lanzamiento de la fabricación y la comercialización. Esta aproximación ha sido adoptada, entre otros, por Archer [Arc, 1971].

2.2 Ciclo básico de diseño

Método de resolución de problemas

Existe un problema cuando alguien quiere lograr unos objetivos y los medios para conseguirlo no son obvios de forma inmediata. En general, los problemas son abiertos y se dispone de una gran libertad en la elección de los medios a utilizar y una gran diversidad en los caminos a recorrer. La resolución de problemas es el método por el cual estos medios y caminos se buscan intencionadamente y en donde es importante el procedimiento de prueba-error.

En todas las variantes de resolución de problemas se pueden reconocer las siguientes actividades: examen–suposición–expectativa–comprobación–resolución. El ciclo empieza con el examen de la situación sobre la que se opera, continúa con el establecimiento de suposiciones sobre las acciones que pueden resolver el problema basándose en el aprendizaje de ciclos anteriores para extraer las expectativas que se derivan de ellas, después confronta estas expectativas con el problema examinado y finalmente considera el resultado del proceso a efectos de resolver su continuación.

Algunas de las características de los métodos de resolución de problemas son:

- Las soluciones generadas son tentativas para, más adelante, evaluar sus efectos y tomar medidas correctivas

- Las soluciones no suelen hacerse realidad antes de completar el ciclo de resolución sino que, normalmente, los procesos se articulan en el dominio mental

- La búsqueda de la solución se realiza normalmente en forma de espiral convergente, o sea, con sucesivas interacciones del ciclo básico que proporcionan soluciones del problema cada vez mejores.

Ciclo básico de diseño

El *ciclo básico de diseño* es una forma particular del método de resolución de problemas cuyas actividades se dirigen desde los objetivos (las *funciones*) hacia los medios (el *diseño*). El ciclo básico de diseño utiliza una terminología propia con contenidos específicos en varios de sus pasos:

Análisis
El primer paso parte del enunciado del *problema* y, en base al *análisis* de las funciones técnicas, sociales, económicas, psicológicas o ambientales del producto o servicio, las formula en *especificaciones* (ver Sección 2.4) que deben guiar los pasos siguientes y constituirán los criterios para evaluar las soluciones futuras.

Las actividades que lleva a término el diseñador (o equipo de diseño) para formarse una idea del problema (el análisis) son esenciales en el proceso de diseño. Deben orientarse a determinar sus posibilidades y límites y a depurar las especificaciones para que, en lo posible, formen un sistema suficiente y no redundante.

Síntesis

El segundo paso consiste en la generación de una o más propuestas de solución (*diseños iniciales*, aún no simulados ni evaluados) a partir de la combinación de distintos elementos, ideas y filosofías de diseño (*síntesis*) para formar conjuntos que funcionen como un todo y que respondan adecuadamente a las *especificaciones*.
Aunque la síntesis (donde la creatividad humana es decisiva) abre las posibilidades de generación de alternativas y aumenta las perspectivas de solución, el ciclo básico de diseño constituye una unidad que tan sólo ofrece todos sus frutos si las actividades creativas están bien articuladas y apoyadas en el resto de actividades del ciclo (análisis, simulación, evaluación y decisión).

Simulación

El tercer paso consiste en obtener los *comportamientos* de los *diseños iniciales*.
Dado que estos diseños iniciales suelen estar definidos por unos modelos (estructura funcional, principios de funcionamiento, planos de definición) no siempre adecuados para estudiar sus comportamientos, la *simulación* se convierte en una actividad compleja que comprende dos semipasos diferenciados y varios caminos posibles a recorrer:
El primer semipaso consiste en establecer modelos adecuados de los diseños iniciales (*prototipos* virtuales o físicos) representativos de uno o más de sus aspectos mientras que el segundo semipaso consiste en obtener el comportamiento de estos prototipos (*simulación* propiamente dicha) por medio de la deducción o del ensayo.
Algunos de los caminos posibles a recorrer son: *a*) La realización de prototipos virtuales (habitualmente con modelos informáticos) y la obtención de sus comportamientos (normalmente con herramientas informáticas de asistencia); *b*) La construcción de prototipos físicos (totales o parciales, detallados o simplificados) y la obtención de sus comportamientos mediante ensayos; *c*) Para ciertos aspectos relacionados con los juicios de valor (por ejemplo, la estética u otras percepciones), la simulación de los diseños iniciales puede basarse en encuestas de opinión o en experiencias cualificadas.

Evaluación

Consiste en establecer la utilidad, la eficacia, la calidad y la aceptación de las soluciones candidatas (*valor de los diseños*) en base a contrastar los comportamientos de los prototipos de los diseños iniciales obtenidos por simulación, ensayo u opinión, con las *especificaciones* establecidas anteriormente.
En el ciclo básico de diseño, más allá de contrastar el comportamiento real con el deseado, la evaluación debe ponderar el comportamiento global de distintos aspectos de los diseños candidatos a efectos de su comparación y posterior selección.

Decisión

Una vez evaluados los comportamientos de las soluciones candidatas (*valor de los diseños*) hay que determinar la alternativa a seguir (*decisión*):

a) Elegir un diseño inicial (se convierte en *diseño aceptado*, origen de la etapa siguiente del proceso de diseño, o de la fabricación); *b*) Establecer una nueva iteración en una de las etapas anteriores (normalmente el análisis del problema o la síntesis de soluciones) con la incorporación de determinadas propuestas de mejora; *c*) En casos extremos (resultados muy desfavorables y falta de nuevas perspectivas) abandonar el diseño.

Comparación entre los ciclos básicos de diseño y de investigación experimental

Los dos ciclos básicos corresponden a casos particulares de la metodología de *resolución de problemas*, por lo que su estructura es la misma a pesar de que las acciones concretas en cada uno de sus pasos diverjan en su contenido.

Dos problemas distintos

Los dos se inician con un problema (una necesidad, un desconocimiento) que exige un cambio para que la situación sea más satisfactoria.

El problema de partida del diseño es que determinados hechos y situaciones de la realidad no satisfacen nuestras necesidades, valores o preferencias. El objetivo del ciclo básico de diseño es, pues, a través de una acción y de unos medios técnicos, crear unas condiciones materiales que se ajusten más a nuestros requerimientos. La acción va del dominio mental en el área de los juicios de valor al dominio material.

El problema de partida de la investigación experimental es el conocimiento insuficiente para explicar determinados hechos empíricos. El objetivo del ciclo básico de investigación experimental es establecer *hipótesis* que proporcionen predicciones más ajustadas a los hechos. La adquisición de conocimiento va del dominio material al dominio mental en el área del razonamiento sobre los hechos.

Análisis frente a observación

En el ciclo básico de diseño, el *análisis* se basa en juicios de valor inherentes a la formulación del problema y se dirige a establecer los criterios para crear un producto o un servicio en un mundo posible pero a la vez más deseable.

En el ciclo básico de investigación experimental la *observación* parte siempre del dominio material y, asistida o no por instrumentos y pruebas, establece de la forma más objetiva posible (reproducible por cualquier persona) los hechos observados.

Síntesis frente a inducción

La *síntesis* es el paso del ciclo básico de diseño en que se construyen soluciones al problema (generalmente más de una) de carácter global, o sea que abarcan todos sus aspectos significativos. La síntesis se produce antes de (se avanza a) la realidad física y la pauta de razonamiento es innoductiva (de lo general a lo general; propia de las tecnologías y del diseño [Roo, 1995]).

La *inducción* es el paso del ciclo básico de investigación experimental por medio del cual una diversidad de observaciones referidas a un determinado aspecto de la realidad (caída de los cuerpos, conducción del calor, fuerzas electromagnéticas) son agrupadas y resumidas en una ley general. La inducción presupone y va detrás de la realidad y, como su nombre indica, su pauta de razonamiento es inductiva.

Simulación frente a deducción

Partiendo de una construcción en el dominio mental (*diseño inicial*, en el ciclo básico de diseño; *hipótesis*, en el ciclo básico de investigación experimental), este paso realiza unas acciones distintas en los dos ciclos (*simulación* y *deducción*) con unos efectos que tampoco coinciden (*comportamiento* y *predicciones*).

En el ciclo básico de diseño, la *simulación* tiene por objeto establecer el *comportamiento* de los *diseños iniciales* mientras que, en el ciclo básico de investigación experimental, la *deducción* explora las *predicciones*, distintas de los hechos inicialmente observados a que conducen las *hipótesis* elaboradas en la etapa anterior.

Dado que no suele disponerse de modelos adecuados de los *diseños iniciales*, antes de la *simulación* hay que crear prototipos virtuales o físicos. El *comportamiento* de los prototipos virtuales se obtiene por deducción (análoga a la de las predicciones en el ciclo básico de investigación experimental), a menudo con la ayuda de herramientas informáticas, mientras que el *comportamiento* de los prototipos físicos se obtiene por medio de ensayos análogos a las pruebas del ciclo básico de investigación experimental (sin embargo, en este último caso su objetivo es establecer el grado de *concordancia* entre las *predicciones* de las *hipótesis* y los *hechos* observados). Para determinados aspectos cualitativos, la *simulación* también puede basarse en juicios de valor de usuarios o de expertos.

Evaluación frente a pruebas

En el ciclo básico de diseño, este paso tiene por objeto comprobar el grado de concordancia entre el *comportamiento* obtenido por simulación o ensayo del diseño inicial y las *especificaciones* establecidas al inicio del ciclo. La actividad tiene lugar en el dominio mental y en el área de los juicios de valor.

Como se ha avanzado en el paso anterior, en el ciclo básico de investigación experimental se realizan *pruebas* para comprobar el grado de concordancia entre *predicciones* basadas en las hipótesis y los *hechos* observados. La actividad tiene lugar en el dominio de la realidad material.

Decisión frente a validación

Este último paso de los ciclos básicos puede desembocar en distintas, salidas en función de los resultados del paso anterior.

En el ciclo básico de diseño estas salidas son: *a*) La aceptación de una determinada solución después de ponderar diversas alternativas y escoger una de ellas; *b*) La retroacción (o nueva iteración) para mejorar una determinada solución o para generar nuevas alternativas; *c*) La suspensión o el abandono del proyecto.

En el ciclo de investigación experimental, si las pruebas muestran mejor concordancia entre las predicciones y los hechos experimentales que con las teorías e hipótesis anteriores, se valida la nueva teoría que pasa a aumentar el conocimiento; en caso contrario, se procede a una nueva iteración o se abandona la investigación.

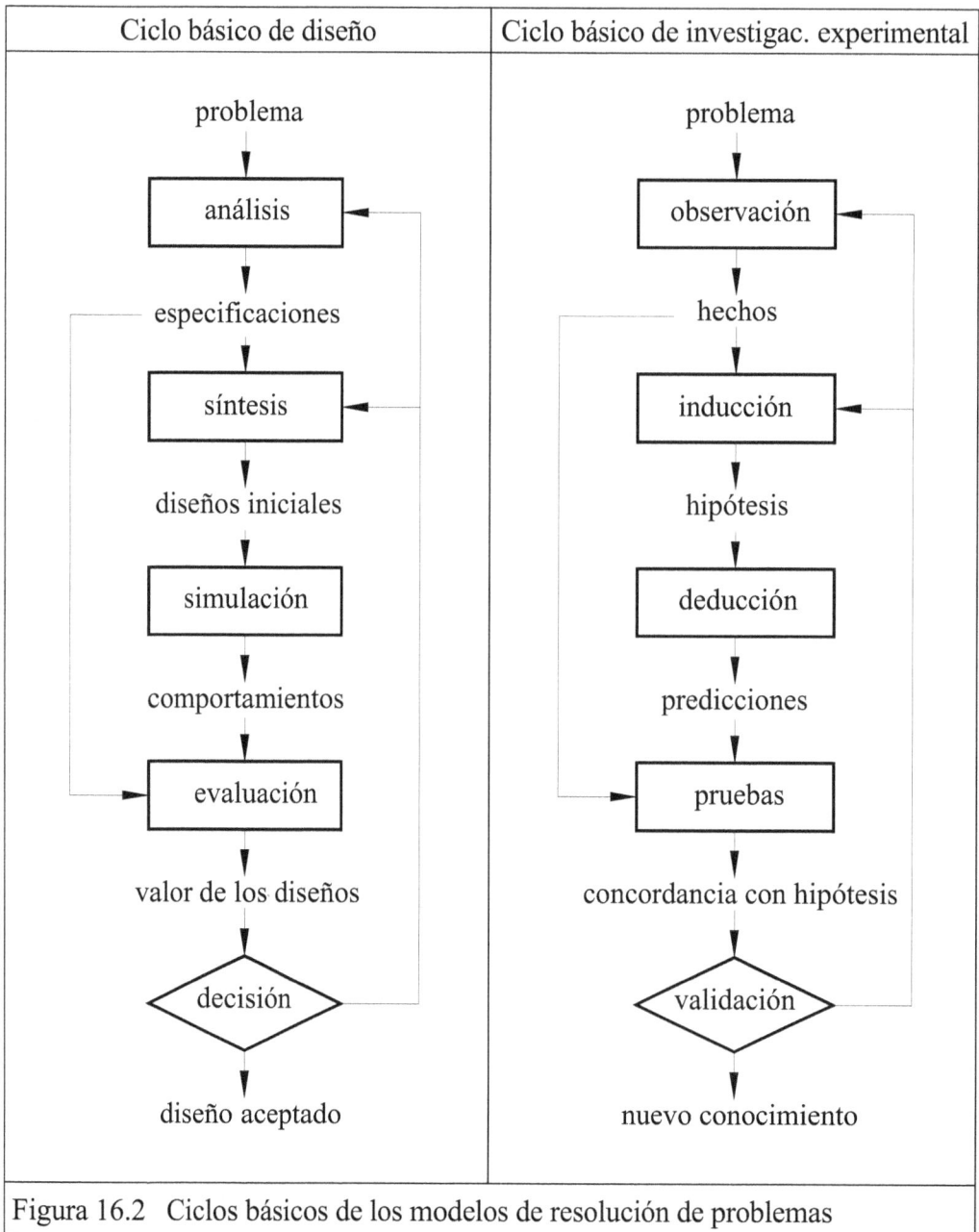

Figura 16.2   Ciclos básicos de los modelos de resolución de problemas

Ciclo básico de diseño	Ciclo básico de invest. experimental
Carácter • Se propone transformar el mundo (estructuras reales) • La tecnología juega el papel principal y la ciencia un papel instrumental • El ciclo de diseño tiene lugar esencialmente en el dominio mental; ciertas simulaciones entran en el dominio material • En el ciclo de diseño se propone la construcción de posibles mundos aún no reales	*Carácter* • Se propone el conocimiento del mundo (estructuras mentales) • La ciencia juega el papel principal y la tecnología un papel instrumental • El ciclo de investigación experimental tiene lugar necesariamente en los dominios mental y material • El ciclo de investig. experimental se dirige a establecer imágenes del mundo real
Problema práctico • La realidad no siempre está de acuerdo con nuestros valores y preferencias; por lo tanto, queremos transformar la realidad • El problema se sitúa en el área de los juicios de valor en el dominio mental	*Problema teórico* • La realidad no está de acuerdo con la teoría; luego, hay que ajustar la teoría • El problema se sitúa en el área de la exposición de hechos en el dominio mental
Análisis • Por medio de razonamiento • Por medio de valores	*Observación* • Por medio de observación y medidas • Tan objetivo como sea posible
Síntesis • Pauta de razonamiento: innoducción • Orientado a la globalidad • A priori de la realidad considerada	*Inducción* • Pauta de razonamiento: inducción • Orientado a un solo aspecto • A posteriori de la realidad considerada
Simulación • Comprende dos pasos: *a*) Crear el modelo de simulación; *b*) Obtener el comportamiento basado en el modelo • Puede basarse (o no) en experimentos con modelos físicos • El resultado es una predicción condicional • El resultado atañe al comportamiento o al proceso en su globalidad	*Deducción* • Se puede realizar inmediatamente después de los resultados de la fase de inducción • Tiene lugar en el dominio mental • El resultado es una predicción categórica • El resultado atañe a un solo aspecto
Evaluación • Compara el diseño con las especificaciones • Dirigida hacia valores • Tiene lugar en el dominio mental	*Pruebas* • Compara la predicción con los hechos • Dirigida hacia la veracidad • Tiene lugar en el dominio de la realidad material
Decisión • Si es positiva, se pasa a la realización • El problema se sitúa en el área de los juicios de valor en el dominio mental	*Evaluación* • Si es positiva, se llega al final del proceso • El resultado aumenta el conocimiento en el dominio mental

2.3 Proceso de diseño y proceso de desarrollo

Introducción

El ciclo básico de diseño es una unidad fundamental que se aplica de forma iterativa a lo largo de todo el proceso de diseño en una secuencia en forma de espiral convergente donde cada vez las soluciones obtenidas se aproximan más a los objetivos y requerimientos del enunciado del problema.

Sin embargo, debido a su carácter general y abstracto, no ofrece el suficiente alcance para establecer una metodología de diseño, por lo que conviene estructurar el proceso de diseño en grupos de actividades relacionadas que conduzcan a ciertos estadios de desarrollo.

El modelo de etapas del proceso de diseño se basa en la idea que el diseño puede expresarse en cuatro niveles de definición que determinan los resultados de cada una de les etapas sucesivas:

Etapa 1: Definición del producto   *Resultados*: Especificación
Etapa 2: Diseño conceptual   *Resultados*: Principios de solución, estructura funcional, estructura modular
Etapa 3: Diseño de materialización   *Resultados*: Planos de conjunto
Etapa 4: Diseño de detalle   *Resultados*: Planos de pieza, documentos de fabricación

La Figura 2.3 reproduce el esquema de etapas del proceso de diseño dado por la norma alemana VDI 2221. En los apartados siguientes se realiza una breve descripción y caracterización de cada una de estas etapas para, más adelante (Secciones 2.4, 2.5, 2.6 y 2.7), tratar con mayor amplitud cómo establecer la especificación y cómo generar el concepto, cómo materializar la solución y cómo documentar la fabricación.

Definición del producto

Esta es una etapa fundamental del proceso de diseño que parte del enunciado inicial del producto y establece aquellas acciones destinadas a definirlo de forma completa y precisa. En general, el enunciado inicial hace referencia a una idea o a determinados aspectos sobre el producto, pero no tiene el nivel de concreción suficiente para permitir iniciar los trabajos de diseño con garantías de acierto.

Este apartado tiene el objetivo de establecer un conjunto de determinaciones completa y suficiente que se organizan en forma de *documento de especificación* (ver Sección 2.5).

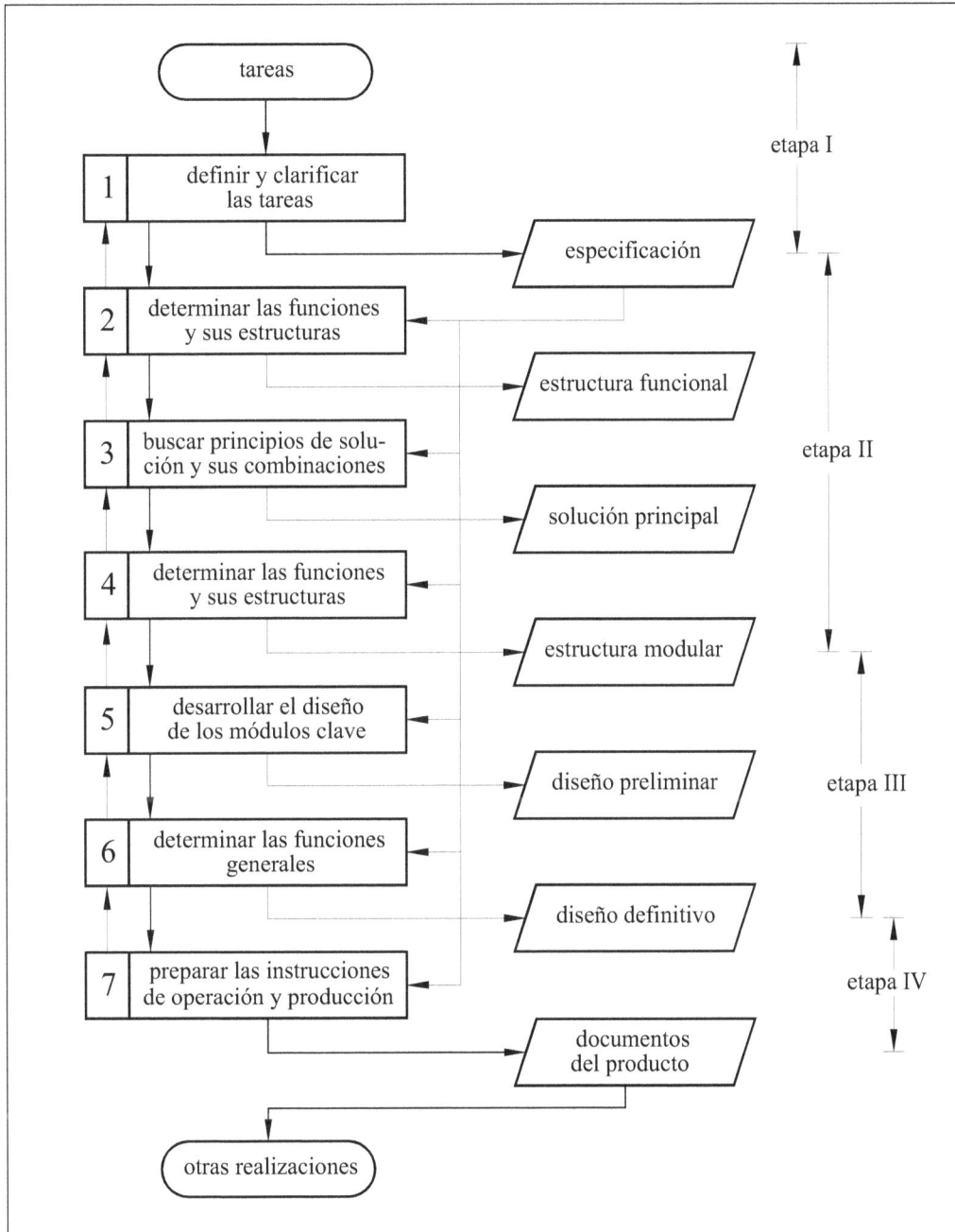

Figura 2.3 Etapas del proceso de diseño según la norma alemana VDI 2221. Presenta el interés, frente a otras propuesta [Pah, 1984], [Fre, 1985], de que aparece explícitamente una etapa de división del producto en módulos realizables.

El establecimiento de la especificación permite al equipo de diseño recorrer las posibilidades y límites del problema. En esta etapa fundamental para el desarrollo posterior del proyecto hay que informarse y documentarse sobre aspectos como:

- Modos de operación principales, ocasionales y accidentales del producto (funcionamiento habitual, transporte, reparación, incidencias y accidentes).
- Entorno donde opera (atmósfera húmeda, seca, corrosiva; incidencia o no de la luz solar; espacio interior y/o exterior; lugar para guardarlo)
- Servicios de entorno (dónde y cómo va a alimentarse; infraestructuras que requiere; cómo se mantiene y quién lo repara)
- Aspectos de fabricación (series de fabricación y período de producción; inversiones a qué está dispuesta la empresa; fabricación propia o subcontratación)
- Aspectos comerciales (precio de venta; apariencia del producto; variantes que deben ofrecerse; posibilidad de ampliaciones)
- Aspectos legales (política a seguir respecto a patentes; normas sobre los productos; directivas y reglamentos sobre seguridad y medio ambiente)
- Política general de la empresa (situación de los productos de la empresa en el mercado; grado de innovación de los productos)

Diseño conceptual

Esta etapa del proceso de diseño parte de la especificación del producto, origina diversas alternativas de principio de solución y, después de evaluarlas, elige la más conveniente. El resultado, dado como principio de solución evaluado y validado, no tiene una forma de presentación aceptada de forma general (en muchos casos, esta etapa se cumple cuando el responsable del proyecto o el grupo de diseño da el visto bueno a un determinado principio de solución; lamentablemente, no suele generarse más documentación que el acta de la reunión). El diseño conceptual está muy directamente relacionado con la especificación y, a menudo, se debe renegociar algún requerimiento ya que las soluciones resultan demasiado complejas, costosas, pesadas o voluminosas; en algunos casos aparecen nuevas posibilidades.

La etapa conceptual es en general la más innovadora y sus soluciones suelen llevar el germen de todo el desarrollo posterior. Por lo tanto, debe promoverse un ambiente propicio a la creatividad entre los miembros del equipo de diseño pero, al mismo tiempo, debe fomentarse un sentido crítico y riguroso en la evaluación de las soluciones (necesariamente poco definidas en esta etapa del diseño) ya que, cualquier omisión, olvido o error de concepto ocasiona más adelante dificultades importantes en el proyecto. Para fundamentar la evaluación suelen ser útiles ciertas simulaciones virtuales y determinados prototipos preliminares que permiten eliminar dudas y avanzar por caminos contrastados (ver Secciones 1.7 y 2.4).

En sistemas de elevada complejidad, a partir de la estructura funcional y de otras consideraciones, es interesante definir una estructura modular del producto como herramienta fundamental para gestionar los procesos de diseño y de desarrollo.

Las actividades de diseño conceptual son las que obtienen más beneficios de los equipos de diseño pluridisciplinarios y de las decisiones compartidas. El gestor del proyecto, además de participar en las tareas colectivas, tiene también la tarea de preparar las reuniones y de obtener o generar la información.

Diseño de materialización

Una vez elegido un principio de solución, debe materializarse el producto por medio de un conjunto organizado de piezas, componentes, enlaces, uniones y otros elementos que se harán realidad a través de los materiales, las formas, las dimensiones, los acabados superficiales y otras determinaciones. El resultado de esta etapa se da en forma de los planos de conjunto del producto o sistema que muestran como se articulan las diferentes partes para formar el conjunto montado, donde las piezas y elementos corresponden a la versión final materializada (o sea, con las formas y dimensiones reales).

El diseño de materialización también desarrolla soluciones alternativas sobre soluciones constructivas (soporte de chapa doblada o embutida; de acero o de aluminio; integra diferentes funciones o las reparte entre diversas piezas) para, después de evaluarlas, escoger una. Es bueno acompañar los planos de conjunto de una memoria anexa con los aspectos más relevantes de los trabajos (soluciones adoptadas y descartadas, con los motivos), hipótesis de partida, cálculos y simulaciones, así como referencias de los prototipos y ensayos realizados con los resultados. De no hacerse así, las modificaciones posteriores pueden significar rehacer parte del proyecto, aún más si las personas implicadas ya no trabajan en la empresa.

Los trabajos en esta etapa son los que más se acercan a las actividades tradicionales de los departamentos de diseño. En ellas, profesionales que dominan las nuevas técnicas de modelización y simulación (CAD/CAE) así como las de prototipaje y ensayo, desarrollan las piezas, elementos y conjuntos que compondrán el producto. Estas actividades son típicamente iterativas y se dirigen hacia la optimización (en función de los recursos humanos, materiales y de tiempo disponibles). En las fases de simulación y evaluación de las soluciones, conviene desarrollar prototipos funcionales y realizar ensayos de durabilidad (ver Secciones 1.7 y 2.6).

Diseño de detalle

Última etapa del proceso de diseño que, partiendo de la definición proporcionada por los planos de conjunto y la memoria anexa, tiene por objeto el despliegue de todos los documentos necesarios para la fabricación del producto. Los resultados del diseño de detalle son los planos de las piezas y conjuntos específicos, la documentación de los componentes de mercado incorporados y la relación de piezas y conjuntos (o módulos), todos ellos con su denominación, número de referencia, número de piezas, material y otras especificaciones técnicas (sobre acabados, procesos, ensayos de recepción) o de gestión (normas de aplicación, suministradores, contratistas).

Se puede argumentar que la realización de prototipos funcionales obliga ya al despliegue de planos de detalle en la etapa anterior. Pero, incluso en este caso, habrá que incorporar en el diseño definitivo los cambios y modificaciones derivados del ensayo.

El diseño de detalle no debe limitarse al despliegue del diseño de materialización, sino que tiene funciones propias como la comprobación de las funciones y la depuración de las soluciones para simplificar, eliminar o refundir elementos (diseño DFMA de última hora). A menudo, las buenas soluciones se originan en etapas anteriores, pero su articulación efectiva suele tener lugar durante el diseño de detalle.

Normalmente se producen muchas interacciones entre las etapas de diseño de materialización y de diseño de detalle, lo que no representa ningún problema añadido ya que las personas que suelen desarrollarlas son las mismas. Si bien es cierto que la partición del diseño en estas dos etapas es más de orden conceptual que práctico, hay que señalar que es improductivo realizar según que tareas de diseño de detalle antes de validar un producto con las pruebas de durabilidad,.

Modelo de etapas del proceso de desarrollo

Este tipo de modelo (adoptado, entre otros, por Archer [Arc, 1971]) comprende tanto el diseño del producto como la planificación de las actividades de producción y comercialización concebidas como un todo y también establece las etapas y secuencias a realizar. El desarrollo global de un producto requiere la dedicación de importantes recursos humanos (diversos profesionales de elevada calificación laboral) y materiales (realización de estudios de mercado, de prototipos y ensayos, la adquisición de equipamiento y utillaje para la fabricación), y recursos para el lanzamiento comercial del producto.

En los límites del proceso de diseño, determinados aspectos como las demandas de los usuarios, o consideraciones financieras, comerciales y de fabricación aparecen tan solo como especificaciones externas que hay que cumplir (o negociar), mientras que en la perspectiva del proceso de desarrollo completo estos aspectos pasan a formar parte de las variables para la mejora global de la solución. Es recomendable proceder de forma concéntrica, o sea, haciendo avanzar simultáneamente las fases de desarrollo y de diseño, de manera que en cada nueva aproximación disminuya el riesgo de fallo.

Hay que tener presente que no todos los productos que se desarrollan tienen el éxito esperado en el mercado, por lo que el riesgo que se corre es elevado. Una buena planificación y ejecución del proceso de desarrollo, con la división en subproyectos y el establecimiento de etapas y procedimientos de validación, delimita en gran medida estos riesgos y aporta elementos para la toma de decisiones sobre medidas a adoptar en relación a las desviaciones en las prestaciones, los costes o los plazos e, incluso llegado el caso, sobre el abandono del proyecto.

Propuesta de proceso de desarrollo de un proyecto (según Archer)

Planificación estratégica	**1. Formular una política** 1.1 Establecer objetivos estratégicos 1.2 Hacer un esbozo de calendario, presupuesto y líneas maestras para la innovación
Búsqueda (orientada al producto, mercado, materiales y a fabricación)	**2. Búsqueda preliminar** 2.1 Seleccionar una invención, un descubrimiento, un principio científico, una idea de producto o una tecnología de base 2.2 Identificar una necesidad, un mercado nuevo, un deseo de los usuarios, un producto defectuoso u otro valor 2.3 Establecer el estado de la técnica (bibliográfico y en el mercado) 2.4 Preparar un esbozo de especificación (especificación 1) 2.5 Identificar posibles áreas con problemas críticos
	3. Estudio de viabilidad 3.1 Establecer la viabilidad técnica (cálculos básicos) 3.2 Establecer la viabilidad económica (análisis económico) 3.3 Resolver los problemas críticos (invenciones) 3.4 Esbozar una solución global (esquema de diseño 1) 3.5 Estimar el trabajo de las fases 4 y 5 y la probabilidad de éxito (análisis del riesgo)
Diseño	**4. Desarrollo del diseño** 4.1 Completar y cuantificar la especificación (especificac. 2) 4.2 Desarrollar el diseño hasta el detalle (diseño 2) 4.3 Predecir comportamiento técnico y el coste del producto 4.4 Preparar la documentación del diseño 4.5 Realizar experimentos de evaluación del diseño técnico y pruebas con usuarios
	5. Desarrollo de prototipos 5.1 Construir maquetas y prototipos (prototipos 1) 5.2 Realizar ensayos de laboratorio con prototipos 5.3 Evaluar el comportamiento técnico 5.4 Realizar pruebas de usuarios con prototipos (pruebas 1) 5.5 Evaluar el comportamiento durante el uso
	6. Estudio de mercado 6.1 Evaluar de nuevo el mercado a la luz de las pruebas 6.2 Evaluar de nuevo los costes 6.3 Evaluar la relación entre fabricación y comercialización 6.4 Revisar los objetivos básicos (planificación estratégica) y el desarrollo del presupuesto 6.5 Revisar la especificación (especificación 3)

Desarrollo	**7. Desarrollo de la producción** 7.1 Desarrollar un diseño para la producción (diseño 3) 7.2 Preparar la documentación para la fabricación 7.3 Diseñar prueba técnicas, de usuario y de mercado 7.4 Construir prototipos de preproducción (prototipos 2) 7.5 Hacer pruebas técnicas, de usuario y de mercado (pruebas 2) 7.6 Evaluar el resultado de las pruebas y modificar el diseño
	8. Planificación de la producción 8.1 Preparar la planificación de la producción 8.2 Preparar la planificación de la comercialización 8.3 Diseñar el embalaje, el material de promoción y el manual de instrucciones 8.4 Diseñar las herramientas y los útiles
Inicio de la fabricación y comercialización	**9. Fabricación de útiles y preparación de la producción** 9.1 Construir las herramientas y útiles 9.2 Fabricar una preserie con los útiles (prototipos 3) 9.3 Hacer pruebas con los productos de preserie (pruebas 3) 9.4 Realizar los materiales de promoción y otros 9.5 Instalar los equipos de comercialización 9.6 Instalar los equipos de control de la producción
Producción	**10. Producción y ventas** 10.1 Iniciar el despliegue comercial 10.2 Iniciar la producción y las ventas 10.3 Recopilar la información del mercado, los usuarios, las reparaciones y el mantenimiento 10.4 Hacer recomendaciones para una segunda generación del producto (etapas de la 2 a la 4) 10.5 Hacer recomendaciones sobre investigaciones (etapas 1 y 2)

La simple lectura de esta propuesta de programa para el proceso de desarrollo de un proyecto pone de manifiesto, por un lado, la complejidad de la gestión de este proceso y el grado de involucración que exige al conjunto de la empresa y, por otro lado, el interés de que el diseño de los productos se articulen en un proceso de desarrollo que los sostiene y los arropa.

Aunque podría parecer lo contrario, el situar el diseño de un producto en el marco de su proyecto completo proporciona nuevas libertades para la concepción y el desarrollo ya que aspectos que de otra forma serían considerados como datos externos al propio proceso de diseño (las especificaciones, los medios de producción, las reacciones de los clientes) pasan ahora a un plano de igualdad, en cierta medida, como nuevas variables del diseño.

2.4 Establecer la especificación

Introducción

La decisión de desarrollar un producto parte de la *manifestación de una necesidad* o del *reconocimiento de una oportunidad* que puede tener numerosos orígenes comprendidos entre los dos casos extremos siguientes:

a) La petición explícita de un cliente (producto por encargo, máquina especial)
b) Un estudio de mercado del fabricante (nueva oferta, rediseño de un producto)

A partir de la manifestación de una necesidad o del reconocimiento de una oportunidad (ya sea por encargo o por consideraciones de mercado), hay que establecer la *definición del producto*, etapa fundamental para su desarrollo posterior.

Las deficiencias en la etapa inicial de *definición del producto* llevan a menudo al desenfoque de su solución, dedicando esfuerzos a aspectos secundarios a la vez que se desatienden aspectos fundamentales. No es raro que una mala *definición del producto* conduzca al fracaso global de un proyecto.

La *definición del producto* se establece a través de la *especificación* que constituye la guía y referencia para el su diseño y desarrollo. Uno de los métodos que han demostrado mayor eficacia en esta actividad es el *desarrollo de la función de calidad, QFD* (ver Sección 3.4).

No hay que sacralizar la especificación, ya que si es excesivamente ambiciosa o restrictiva puede repercutir en un incremento no justificado del coste del producto, en un aumento de la dificultad de fabricación o en la reducción de la robustez de su funcionamiento. En estos casos, es más razonable reconsiderar la especificación que no forzar su cumplimiento, estableciendo un proceso iterativo entre la definición del producto y su diseño conceptual: la especificación actúa como propuesta mientras que el diseño conceptual confirma o no su viabilidad.

Especificación del producto

La *especificación del producto* es la manifestación explícita del conjunto de determinaciones, características o prestaciones que debe guiar su diseño y desarrollo. Cabe distinguir entre dos tipos de especificaciones:

Requerimiento (*R*, o *especificación necesaria*)
Es toda especificación sin la cual la máquina pierde su objetivo.

Deseo (*D*, o *especificación conveniente*)
Es toda especificación que, sin ser estrictamente necesaria para el objetivo de la máquina, mejoraría determinados aspectos de ella.

Lista de referencia de especificaciones (*checklist*)

La *especificación* para la *definición del producto* puede ser muy larga y minuciosa o muy corta, según la conveniencia en cada caso. Es conveniente que la especificación establezca los requerimientos y deseos pero que evite la descripción de formas constructivas que constituyen tan solo una de sus posibles soluciones.

Ejemplo 16.1 (ver más adelante). Si en la especificación de una pequeña grapadora manual se establecen una dimensiones máximas de la base, se obliga a una determinada solución constructiva con base, cuando esta puede ser una de las libertades de diseño.

Al establecer la especificación para la *definición del producto* conviene disponer de una *lista de referencia de especificaciones* que permita recorrer de forma metódica distintos conceptos relacionados con las funciones, características, prestaciones y condiciones del entorno del producto. Corresponde a las personas implicadas en el diseño del producto fijar si una determinada especificación es un *requerimiento* o un *deseo*.

Modelo de documento de especificación

Como referencia inicial del proceso de diseño conviene organizar las *especificaciones* de un proyecto en un documento breve denominado *documento de especificación* (o, simplemente, *especificación*) con el máximo de información útil. A continuación se presenta un modelo que, además de un encabezado con la empresa fabricante (eventualmente, la empresa cliente), la denominación del producto y las fechas de inicio y última revisión, contiene las siguientes determinaciones:

Concepto: Facilita la agrupación de las *especificaciones* (funciones, movimientos, fuerzas) de manera que sean fácilmente localizables.

Fecha: Determina la fecha (o reunión) en la que se acordó una *especificación*. Conviene ordenarlas por fechas cada vez más recientes.

Propone: Mantiene constancia, por medio de signos, de quien propuso cada una de las *especificaciones* (el cliente, un departamento de la empresa fabricante). Si hay que reconsiderar una especificación o recabar información adicional sobre una de ellas, conviene localizar rápidamente con quién hay que tratar el tema.

Tipo: Indica si una *especificación* es un requerimiento (*R*) o un *deseo* (*D*); también indica si se trata de una *modificación de requerimiento o de deseo* (*MR, MD*), o de un *nuevo requerimiento o deseo* (*NR, ND*).

Descripción: Explicación breve y concisa de la *especificación* desde el punto de vista de los requerimientos y deseos del usuario del producto. Hay que evitar las descripciones que incluyan soluciones concretas.

Lista de referencia de especificaciones	
Conceptos	Determinaciones
Función	Descripción de las funciones principales, ocasionales y accidentales del producto (si es necesario, con esquemas)
Dimensiones	Espacios, volúmenes, masas, longitudes, anchuras, alturas, diámetros; número y disposición de elementos
Movimientos	Tipos de movimiento; desplazamientos, secuencias y tiempos; trayectorias, velocidades y aceleraciones
Fuerzas	Magnitud, dirección y sentido de fuerzas y momentos; variación en el tiempo; desequilibrios y deformaciones admisibles
Energía	Accionamientos mecánico y otros conversores de energía: alimentación y control; transmisiones; potencia y rendimiento
Materiales	Flujo, transporte y transformación de materiales; limitaciones o preferencias sobre su uso; condicionantes de mercado
Señales y control	Señales de entrada y salida; sensores y actuadores; funciones del sistema de control
Fabricación y montaje	Volumen previsto de producción y cadencia en el tiempo; limitaciones o preferencias en procesos y equipamiento; variantes en el producto y flexibilidad en la fabricación
Transporte y distribución	Embalaje y transporte: dimensiones, masas, orientación, golpes; instalación, montaje y puesta a punto
Vida útil y mantenim.	Vida prevista; fiabilidad y mantenibilidad; tipo de mantenimiento e intervalos de servicio; criterios sobre recambios
Costes y plazos	Costes de desarrollo y preparación de utillaje; plazos de desarrollo y tiempo para el mercado
Seguridad y ergonomía	Sistemas y dispositivos de seguridad; relación con el usuario: operación, inteligibilidad, confort y aspecto
Impacto ambiental	Consumos de energía y materiales; limitaciones al impacto ambiental en la fabricación, utilización y fin de vida
Aspectos legales	Cumplimiento de normativas (función de los usos y mercados); evitar la colisión con patentes

Modelo de documento de especificación

Empresa:			Producto:		Fecha inicial: última revisión:	
					Página 1/n	
Especificaciones						
Concepto	Fecha	Propone	R/D	Descripción		
Función	fecha-1	C	R	Descripción de la función-1		
		M	D	Descripción de la función-2		
	fecha-2	D+C	MR	Modificación de la función-1		
Etc.	Etc.	Etc.	Etc.	Etc.		

Propone: C = Cliente; M = Marketing; D = diseño; F = Fabricación
R/D: R = Requerimiento; MR = Modificación de requerimiento; NR = Nuevo requerimiento;
D = Deseo; MD = Modificación de deseo; ND = Nuevo deseo

Ejemplo 2.1
Especificación para el diseño de una pequeña grapadora menual (proyecto G15)

Después de un estudio de mercado, la empresa SCRIPT S.A., se dispone a desarrollar una pequeña grapadora manual y recorre a los departamentos de marketing, diseño i fabricación para establecer la *especificación*. Dado que incide en un mercado muy competitivo, se propone incluir en la especificación un dispositivo para desgrapar, función que proporcionaría valor añadido al producto.

Empresa: **SCRIPT S.A**			Producto: **Grapadora G15**		Fecha inicial: 15/2/2001 última revisión: 1/7/2001	
					Página 1/1	
Especificaciones						
Concepto	Fecha	Propone	R/D	Descripción		
Función	15/2/01	M	R	Grapar mínimo de 15 hojas (grapa 23/6)		
		M	R	Almacén mínimo de 80 grapas, recargable		
	1/7/01	D	D	Incorporar un dispositivo para desgrapar		
Dimensiones	15/2/01	M+D	R	Dimens.: 80x30x20 mm; Peso máximo: 60 g		
Fabricación	15/2/01	M	R	200.000 unidades/año		
	15/2/01	D+F	R	Inversión máxima en utillajes: 120.000 €		
Costes	15/2/01	M	R	Coste máximo de fabricación: 1,90 €		
	5/6/01	M+P	MR	Coste máximo de fabricación: 1,75 €		

Propone: M = Marketing; D = diseño; P = Producción; F = Financiación
R/D: R = Requerimiento; MR = Modific. requerimiento; NR = Nuevo requerimiento; D = Deseo

Ejemplo 2.2
Especificación para un sistema de clasificación de cajas (Proyecto SCC-2000)

La empresa fabricante de cosméticos, **COSMET S.A.**, quiere automatizar el sistema de clasificación y expedición de cajas. A tal efecto, encarga a la empresa Enginyers Associats S.A. que desarrollen y dirijan el proyecto. Se elabora el siguiente *documento de especificación* (última fecha 8/6/2001):

Empresa cliente: **COSMET S.A**	Producto: **Sistema de clasificación**	Fecha inicial:11/4/2001 última revisión:8/6/2001
Empresa de ingeniería: **Enginyers Associats S.A**	**de cajas (proyecto SCC-2000)**	Página 1/3

Especificaciones				
Concepto	Fecha	Propone	R/D	Descripción
Función	11/4/01	C	R	Sistema para transportar y clasificar cajas
		C	R	Clasificar 4 tipos de caja en 4 líneas
		C+I	R	Reconocer y contabilizar las cajas
		C+I	R	Almacenar hasta 20 cajas por línea
		C+I	D	Almacenar hasta 30 cajas por línea
		C	M	Clasificar 20 cajas por minuto
	1/6/01	C	MR	Clasificar 6 tipos de caja en 4 líneas
Dimension.	11/4/01	C	R	Cajas de 300x250x200 a 380x320x300 mm
		C	R	Pesos de las cajas entre 17 y 30 N
		C	R	Local disponible de: 12x15 m
	1/6/01	C	MR	Cajas de 280x250x230 a 400x320x300 mm
Movimient.	11/4/01	C+I	D	Movimientos horizontales
Fuerzas	11/4/01	C	R	Empuje máximo acumulación: 120 N
	1/6/01	C+D	MR	Empuje máximo acumulación: 150 N (ensayo)
Materiales	11/4/01	C	R	Cajas de cartón selladas con cinta adhesiva
Señales y control	11/4/01	C	D	Pupitre de control a la entrada del sistema
		C	R	Posibilidad de introducir correcciones a mano
	7/5/01	C+I	NR	Detección por código de barras
Transporte	11/4/01	C	R	Acceso local: anchura/altura: 1200x2400 mm
Vida útil	11/4/01	C+I	D	En operación: 10 años; Fiabilidad: 99 %
Costes y plazos	11/4/01	C+I	R	Presup.: 0,2 M€ (contrato); Plazo: 5 meses
	8/6/01	C+I	MR	Presupuesto: 0,22 M€ (modific. contrato)
Asp. legales	11/4/01	C	R	Cumplimiento norma europea seguridad

Propone: C = Cliente; I = Ingeniería
R/D: R = Requerimiento; MR = Modific. requerimiento; NR = Nuevo requerimiento; D = Deseo

Caso 2.1
Renegociación de una especificación para un movimiento rápido

Se da la siguiente especificación inicial para el cabezal de una máquina que realiza un movimiento de vaivén con desplazamientos rápidos:

1) Ciclo de 5 movimientos de avance y 5 de retroceso alternativos con tiempos de parada entre movimientos de 1 segundo y desplazamientos de 15 mm
2) Tiempo máximo de ciclo de 10,5 segundos
3) Velocidad del cabezal de 2 m/s.

Dado que el ciclo tiene 9 paradas (9 segundos), el tiempo máximo para cada uno de los 10 desplazamientos de 0,015 metros es de $(10,5-9)/10=0,15$ segundos. Suponiendo un diagrama de velocidades triangular, se requiere una aceleración de $2,67$ m/s^2, y debe alcanzarse una velocidad de 0,20 m/s. Hay que reconsiderar el requerimiento de velocidad de 2 m/s que impone un accionamiento sobredimensionado sin aportar ninguna prestación adicional.

Especificación derivada

Cada día son más frecuentes los proyectos en los que se diseña un sistema por combinación de componentes o máquinas (*módulos* del sistema; ver Sección 17.1) que ofrece el mercado (per lo que no son susceptibles de modificación) que deben estructurarse para que respondan de forma óptima a la especificación inicial del problema.

Dada la tendencia del mercado a proporcionar una oferta cada día más diversificada y consistente de componentes y máquinas, el problema de diseño descrito anteriormente será cada día más frecuente, especialmente en el desarrollo de sistemas únicos (líneas de manipulación específicas, máquinas de proceso, instalaciones).

La tesis de Maury [Mau, 2000] hace una aportación conceptual i metodológica importante para la resolución de este tipo de problemas de diseño al incorporar un paso preliminar entre la *especificación* (*inicial*) y el establecimiento de la *estructura funcional* (ver Sección 17.1) que llama *especificación derivada* y que ejemplifica en el diseño de sistemas continuos de manipulación i procesamiento primario de materiales a granel, pero que puede extrapolarse a otros sistemas análogos.

La especificación derivada transforma el problema desde el nivel de los requerimientos al nivel de las funciones y es una herramienta de gran importancia cuando se diseña desde una perspectiva sistemática. Los conceptos de cadena y de ramal de flujo y la caracterización de las funciones básicas y las funciones globales permiten la subdivisión del problema en elementos más simples y facilitan la construcción de la estructura funcional.

Una vez se dispone de la estructura funcional se puede iniciar la síntesis de soluciones en la que se pasa del nivel de funciones al nivel de las alternativas que, gracias a criterios limitadores i a una estrategia de acotación heurística del campo de soluciones, permite descartar más del 99% de las soluciones generadas.

2.5 Generar el concepto

El diseño conceptual parte de la especificación y proporciona como resultado un *principio de solución* aceptado. Sin embargo, también ofrece resultados a otros dos niveles que tienen su interés y aplicaciones: la *estructura funcional* y la *estructura modular* (ver Sección 3.1).

En todas las etapas de diseño (*conceptual*, *de materialización*, *de detalle*) se sigue un proceso de generación de soluciones alternativas que después son simuladas o probadas y evaluadas lo que constituye la base para la decisión de seguir con una de ellas. Sin embargo, el diseño conceptual es la etapa en la que este proceso tiene una mayor relevancia y significado. Es por ello que esta sección se ha titulado *generar el concepto*.

Herramientas para el diseño conceptual

La herramienta más importante del diseño conceptual es el establecimiento de la *estructura funcional*.

Como se verá más adelante (Sección 3.1) se organiza en un diagrama de bloques que representan las funciones que debe realizar el producto (independientemente de las soluciones que se adopten) y donde los enlaces representan los flujos de *energía*, *materiales* y *señales* entre las entradas, las salidas y las funciones.

La estructura funcional puede representarse o bien a nivel de la *función global* del producto o sistema, o bien, dependiendo de su complejidad, puede subdividirse en partes que contienen *subfunciones* de menor complejidad. La subdivisión en subfunciones presenta una gran importancia en el proceso de diseño conceptual y se orienta a tres objetivos:

a) Proporcionar una estructura funcional más detallada y comprensible, a la vez que menos ambigua

b) Facilitar la búsqueda de principios de solución para las subfunciones que, por combinación, deben dar principios de solución para la función global.

c) Facilitar la creación de la estructura modular del producto

En un *diseño original* a priori no se conoce la estructura funcional, y su definición forma parte del proceso de diseño. En un *diseño de adaptación*, inicialmente se conoce la estructura funcional pero ésta puede ser variada o modificada en el curso del proceso de diseño. Finalmente, en el *diseño de variante* se conoce la estructura funcional y ésta no varía.

Proceso creativo

El *proceso creativo* es aquél donde se elaboran las soluciones a un problema distintas de las existentes y los *métodos de creatividad* son aquellos cuyo objetivo es ayudar y estimular este proceso.

La creatividad se basa en tres componentes: los *conocimientos y habilidades* en el campo donde se trabaja; la *motivación* por el problema que debe resolverse; y la *experiencia e intuición* en relación al problema y sus circunstancias.

Desde el punto de vista metodológico el proceso creativo suele seguir los siguientes pasos:

- *Imponerse al problema*
  En primer lugar, el creador debe conocer bien el enunciado y las delimitaciones del problema. De no hacerse así, surgen falsos principios de solución que después son descartados en la fase de evaluación. Muy a menudo el establecimiento de la *especificación* suele cubrir este primer paso (ver Sección 2.4). Sin embargo, la herramienta por excelencia para esta tarea es el *análisis funcional*.

- *Generar ideas*
  Este es el proceso central de la creatividad donde surgen ideas nuevas y se crean alternativas de principios de solución.
  Se puede proceder de dos maneras: intentando hallar un principio de solución válido para la *función global* del sistema; o bien, intentar hallar soluciones parciales a *subfunciones* de la estructura funcional y después proceder a la solución global por combinación de ellas.
  Cabe decir que cualquier combinación de soluciones parciales a subfunciones no constituye necesariamente una solución a la función global. Queda, pues, la tarea de descartar las soluciones no válidas.
  Muy a menudo, las soluciones parciales descartadas pueden adquirir más adelante un nuevo interés a la luz de otras soluciones globales o parciales, por lo cual no es recomendable descartar ninguna solución, por poco útil que parezca, hasta que se adopta una solución global.

- *Simular y evaluar soluciones*
  Estos dos pasos del ciclo básico de diseño, sin formar parte directamente del núcleo de la creatividad, sin embargo constituyen elementos complementarios de singular importancia. En efecto, son los que apoyan la validación de los principios de solución y, aún en el caso de no validarlos, aportan información sobre qué aspectos no se han cubierto y sus causas. Dado que difícilmente la generación de un concepto válido se consigue a la primera vuelta, la simulación y evaluación constituyen elementos imprescindibles para iniciar la segunda vuelta con mayores garantías de éxito.

Generación de principios de solución

A diferencia de otras actividades, es difícil asegurar resultados en el proceso creativo, y buena prueba de ello es que puede transcurrir mucho tiempo sin que se produzcan avances significativos y, luego, en un momento, aparecer una idea feliz o desencadenarse la generación de varios principios de solución. Sin embargo, el proceso creativo tampoco es una actividad espontánea sino que necesita una preparación y una ejercitación. Así pues, a lo largo del tiempo se han establecido numerosos métodos para fomentar y estimular la creatividad, algunos de los cuales se describen y valoran a continuación.

Métodos convencionales

Búsqueda en fuentes de información
En la literatura técnica existen textos dedicados a la exposición de principios de solución o a la exposición de casos. En ellos el diseñador puede hallar una fuente de inspiración para aplicarlos al caso presente.

Analogías con sistemas naturales
El estudio de las formas naturales, las organizaciones de comunidades animales o vegetales o los comportamientos pueden proporcionar, por analogía, importantes elementos de referencia para los problemas técnicos.

Analogías con otros sistemas técnicos
Los principios de solución aplicados con éxito en un determinado campo de la técnica, pueden ser transpuestos a situaciones análogas en otra aplicación siempre que se adapte a los nuevos requerimientos.

Análisis de la competencia
El análisis de los productos de la competencia proporciona una referencia de las posibilidades y los límites de la técnica (o, *estado de la técnica*) en un sector de actividad concreto; sin embargo, para incidir en el mercado hay que ir más allá.

Métodos intuitivos

Brainstorming (o *tempestad de ideas*)
Método sugerido en 1953 por Osborn para generar ideas a partir de crear las condiciones de apertura de la mente y ambiente distendido a un grupo no jerárquico, con miembros de procedencias tan distintas como sea posible, que, independientemente de su aplicabilidad inmediata, aporten con toda libertad ideas en relación al proyecto que, a su vez, desencadenen nuevas ideas en el resto de participantes. El conductor de la reunión debe registrar las ideas surgidas.
Este método puede ser especialmente útil cuando no se dispone de ningún principio de solución, o aquellos de los que se dispone, no satisfacen.

Sinéctica

Método sugerido en 1955 por Gordon, basado en un grupo y que recorre dos etapas. La primera (*hacer lo extraño familiar*), consiste fundamentalmente en el análisis del problema y sus delimitaciones. La segunda (*hacer lo familiar extraño*), consiste en trasponer el problema a otras situaciones a través de analogías: *personal*, en la que el participante intenta ponerse en el lugar o situación del problema; *directa*, donde intenta buscar una situación análoga en otro campo de aplicación; *simbólica*, donde intenta describir el problema simbólicamente, por ejemplo, a través de un proverbio; y *fantástica*, donde intenta describir una solución ideal.

Es parecido al brainstorming pero dispone de un hilo conductor a través de las analogías.

Método Delphi

Se pide a una serie de expertos su opinión acerca de un tema. La encuesta se organiza en varias fases: en la primera, se pregunta individualmente a cada experto qué puntos pueden resolver el problema; en las fases siguientes (de 1 a 3) se pregunta nuevamente a los expertos su opinión sobre las respuestas más frecuentes de la fase anterior, con lo que las respuestas de las sucesivas fases tienden a converger.

Este método se suele reservar para los temas de política de empresa o para criterios sobre desarrollos a largo plazo.

Métodos discursivos

Estudio sistemático de procesos físicos

Consiste en la modelización y exploración de comportamientos que pueden ser deducidos de leyes físicas o de modelos técnicos aceptados. Este es uno de los sistemas más frecuentemente utilizados y, generalmente, proporcionan resultados rápidos y satisfactorios. (ver Caso 1.4 en el Capítulo 1).

Esquemas de clasificación

Consiste en desarrollar sistemáticamente principios de solución y ordenarlos por medio de una tabla generalmente de dos entradas, una de ellas determinada por un parámetro significativo (por ejemplo, el sistema de energía utilizado) y, la otra, con las distintas soluciones obtenidas.

El método estimula la búsqueda de soluciones y facilita la identificación de características y la combinación de soluciones parciales para obtener la solución global.

Generación de variantes por inversión

Es un ejercicio de gran utilidad para el diseñador que consiste en generar nuevas variantes por inversión, cambio o transposición de funciones a un principio de solución ya conocido. Por ejemplo, las cerraduras suelen incorporarse a las puertas, pero nada impide que se incorporen en los marcos (nuevo principio de solución). De hecho, las puertas con apertura remota adoptan este principio de solución ya que tiene la ventaja de que los cables eléctricos están en la parte fija.

Caso 2.2
Especificación, concepto y ensayos preliminares en el desarrollo de una máquina universal de clasificar monedas

Proyecto desarrollado en colaboración entre la empresa Ibersélex S.A. de Barcelona y el Centre de Disseny d'Equips Industrials de la UPC (CDEI-UPC).

Especificación
El encargo consistía en diseñar un sistema mecánico de recogida y transporte de monedas con movimiento positivo (cada moneda se mueve en un eslabón de una cadena), destinado a una máquina universal de clasificar monedas.

Sobre esta idea no se conocían precedentes (las máquinas existentes funcionan por medio de dispositivos mecánicos limitados por las formas y dimensiones de las monedas). Se trataba, pues, de un *diseño original* que requería una importante etapa de diseño conceptual.

Inicialmente, pareció que la condición impuesta de desplazamiento positivo era una limitación innecesaria para las libertades de diseño; sin embargo, realizadas varias comprobaciones, se corroboró el acierto de esta especificación.

Fracaso del primer concepto
Se estableció un primer principio de solución en base a una cadena especial que resultó ser un fracaso. En una situación en que se planteaba el abandono del proyecto, una sugerencia desencadenó el desarrollo de una nueva solución.

Analogía y nuevo concepto
Esta persona afirmó: la cadena de transporte de las monedas *debe ser como las piezas de las guías de las cortinas*. Ello llevó a explorar una nueva solución en base a un tipo de cadena sobre una guía cerrada en la que los eslabones se empujaran unos a otros. A diferencia de la guía de la cortina que es recta, en esta aplicación había que dar solución a un sistema de guiado con dos tramos rectos, dos curvaturas distintas en un sentido y una curvatura de sentido contrario, además de ajustar geométricamente el eslabón y la guía en la zona de recogida de la moneda, todo ello compatible con un sistema de arrastre motorizado. La resolución de este sistema (guía, eslabones, arrastre) llevó varios meses de trabajo y varias aproximaciones sucesivas (ver el eslabón en la Figura 2.4a).

Prototipos preliminares
Uno de los escollos más importantes de este diseño conceptual fue la elección de materiales: por un lado, los eslabones debían deslizarse perfectamente en las guías, pero a su vez la pestaña posterior de los eslabones debía ofrecer un buen agarre para las ruedas de arrastre. Se penso en recubrir las guías de aluminio (necesidad de estabilidad dimensional) con una resina de poliamida y realizar los eslabones con poliacetal (combinación conocida y probada). El tema del arrastre se resolvió por el sistema de prueba-error hasta que se comprobó que ruedas recubiertas de

poliuretano ofrecían una solución. Existían dudas sobre si esta combinación de materiales proporcionaría el resultado deseado. Se realizaron varios prototipos simplificados y se sometieron a pruebas de comportamiento y de desgaste, lo que ocupó varios meses y obligó a hacer hasta 6 iteraciones para el ajuste de las características de los materiales (ver Figura 2.4*b*).

Finalmente el resultado fue positivo, el diseño fue patentado y se procedió al desarrollo del resto del proyecto.

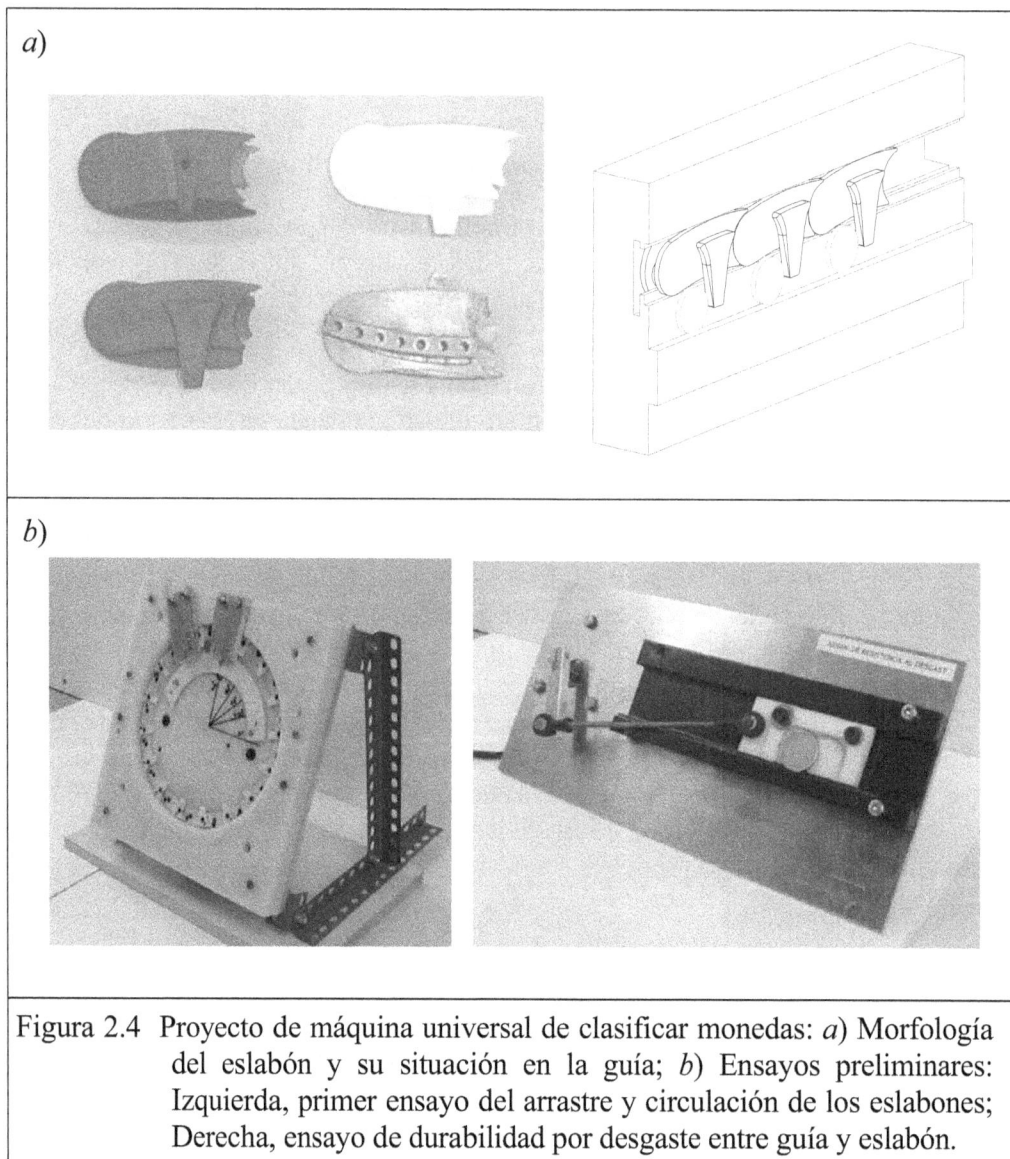

Figura 2.4 Proyecto de máquina universal de clasificar monedas: *a*) Morfología del eslabón y su situación en la guía; *b*) Ensayos preliminares: Izquierda, primer ensayo del arrastre y circulación de los eslabones; Derecha, ensayo de durabilidad por desgaste entre guía y eslabón.

2.6 Materializar la solución

Consideraciones generales

El *diseño de materialización* es la etapa del proceso de diseño en la cual, partiendo de un concepto, y por medio de conocimientos y criterios técnicos y económicos, se determinan las formas y dimensiones de las diferentes piezas y componentes y, a la vez, se articulan de manera que aseguren la realización de las funciones. El método usado sigue el ciclo básico de diseño (normalmente en varias iteraciones) y el resultado se da por medio de uno o más planos de conjunto (en inglés, *layout*).

La materialización del concepto incluye algunas de las actividades más tradicionales de la ingeniería de diseño: esbozar la disposición general; simular su comportamiento; calcular y dimensionar elementos (piezas, componentes, enlaces); ensayar y validar soluciones. Las nuevas herramientas asistidas por ordenador permiten avanzar en la optimización de las soluciones.

Sin embargo, a la luz de las nuevas concepciones de diseño que ponen el énfasis en el ciclo de vida de los productos (más allá de la función) y en su enmarque en un proceso de desarrollo más amplio (oportunidad del lanzamiento del producto, financiamiento del proyecto y planificación de la fabricación y comercialización), estas tareas más tradicionales también quedan afectadas.

A continuación se desarrollan los tres aspectos siguientes del diseño de materialización: *a*) Pasos del diseño de materialización; *b*) Generación de variantes por inversión; *c*) Establecimiento de un protocolo de ensayo.

Pasos del diseño de materialización

Aunque no es fácil dar recomendaciones sobre este tema, a continuación se establecen unos pasos que, inspirados en la propuesta de Pahl y Beitz [Pah, 1984], permiten conducir la etapa de diseño de materialización (esquema de la Figura 2.5):

1. *Identificar los requerimientos limitadores*
Identificar aquellos requerimientos (o deseos) de la especificación que dan lugar a limitaciones en el diseño de materialización: *a*) Prestaciones exigidas (velocidades, fuerzas, tiempos, cadencias); *b*) Dimensiones exteriores, espacios disponibles, masas admisibles; *c*) Exigencias ergonómicas (fatiga, visión, seguridad, comprensión del control); *d*) Incidencias ambientales (evitar ruidos, contaminaciones y otros impactos; prever la corrosión; *e*) Tecnologías disponibles y capacidades de producción; *f*) Requerimientos de mantenimiento; *g*) Limitaciones de coste.
Muchas veces, la limitación de las dimensiones o de la masa constituye una de las especificaciones más importantes que puede comportar en si mismo una gran ventaja competitiva. Por tanto, se vuelven importantes criterios de diseño.

Ejemplos: La dirección de las empresas suele imponer ciertas limitaciones dimensionales, constructivas, de materiales o de procesos de fabricación en el inicio de determinados proyectos, como por ejemplo: *a*) Airtècnics S.L. pidió diseñar un actuador de válvula (Figura 1.7) que, con las mismas dimensiones, ejerciera un par doble de los existentes en aquel momento en el mercado; *b*) Girbau S.A. estableció el requerimiento de que el túnel de lavado (Figura 3.2) fuese de construcción modular (facilita la fabricación y la comercialización); también pidió limitar sus dimensiones para que cupiera en un contenedor convencional (ahorro importante en los costes de transporte); *c*) Ferrocarriles de la Generalitat de Catalunya S.A., en el módulo de andén de geometría variable (Figura 1.6), impuso el requerimiento de que el sistema de accionamiento ofreciera seguridad intrínseca contra un posible despliegue fortuito (peligro de accidente por interferencia con el tren).

2. *Determinar las funciones y los parámetros críticos*

Un primer esbozo del diseño de materialización pone de manifiesto la existencia de determinadas funciones (proviniendo directamente de la especificación del producto o de las funciones técnicas incluidas en la solución conceptual aceptada) y determinados parámetros (cuantitativos o cualitativos, generalmente relacionados con las funciones anteriores) que son críticos en la resolución del problema y sobre los que habría que establecer compromisos de diseño (*condiciones cuantitativas y cualitativas*).

Dado que estas funciones y parámetros críticos suelen tener importantes interrelaciones, hay que considerarlos conjuntamente para obtener una solución global (los requerimientos limitadores actúan, en general, como criterios de evaluación).

En los primeros pasos del despliegue del diseño de materialización se debe centrar la atención en las funciones y parámetros críticos para más adelante, proceder al estudio y resolución del resto de funciones y parámetros de los que se sabe que tienen una solución no comprometida (ver Ejemplo 2.3).

Ejemplo: La materialización de la máquina universal de clasificar monedas impulsada por Ibersélex S.A. (Figures 1.8 i 2.4*a*), partió de un concepto basado en una cadena de eslabones, que se empujan unos a otros en el seno de una guía con varios tramos rectos y curvos, con cinco perfiles en planos diferentes (el superior que mueve las monedas; los tres intermedios que guían el eslabón en los diferentes tramos de la guía; y el posterior por medio del cual se arrastra la cadena).

El diseño de materialización preliminar tuvo en cuenta diversas funciones críticas (recepción de las monedas; movimiento positivo de las monedas; guiado de los eslabones; detección de las monedas; expulsión de las monedas) y diversos parámetros críticos (diámetros máximo y mínimo de las monedas; longitud del eslabón, curvatura de los diferentes tramos de guía; tiempos de detección y de expulsión de las monedas), y utilizó como criterios de evaluación diversas especificaciones limitadoras (cadencia de clasificación, dimensiones máximas, peso, capacidad de los cajones de clasificación).

Condiciones críticas (cuantitativas y cualitativas)
Las funciones críticas, junto con los requerimientos limitadores de la especificación, se traducen en condiciones críticas (tanto cuantitativas como cualitativas) entre los parámetros críticos en base a los que se establecen los compromisos de diseño y se elaboran las diferentes soluciones alternativas.

3. *Desplegar alternativas de diseño de materialización preliminar*
Una vez identificados los *requerimientos limitadores* y determinadas las *funciones críticas* y los *parámetros críticos*, corresponde desplegar una o más soluciones de diseño de materialización preliminar.
Es decir, determinar por medio de cálculo o de otras consideraciones técnicas y económicas, las principales disposiciones, formas y dimensiones y una primera elección de los materiales de las piezas y componentes que intervienen en las funciones críticas. El resultado debe responder de forma global a las funciones principales del producto y cumplir los requerimientos limitadores. En este paso se debe decidir, seleccionar y situar (aunque sea de forma esquemática) los componentes de mercado que se incorporan al producto.
Hay diversas metodologías que ayudan a generar alternativas en el diseño de materialización entre las que, más adelante, se trata brevemente el método de la *inversión de funciones* o de la *inversión de características*.
En los productos en los que se ha establecido una estructura modular, se suele elaborar un diseño de materialización preliminar para cada uno de los módulos.

4. *Evaluar las anteriores alternativas y escoger una de ellas*
El paso siguiente consiste en evaluar las alternativas de diseño de materialización preliminar por medio de métodos de evaluación, como los presentados en la Sección 1.7, de criterios como las especificaciones limitadoras, y de ayudas como la *lista de referencia para el diseño de materialización* (más adelante en esta misma Sección)
El resultado es la elección de un *diseño de materialización preliminar* definido por medio de dibujos y esquemas con las disposiciones de elementos, formas y dimensiones.

Diseño de materialización preliminar
Solución del diseño de materialización que da respuesta a los requerimientos limitadores y a las funciones críticas y que resulta de la evaluación y de la elección de una de las varias soluciones alternativas desplegadas en base a las condiciones críticas.

Ejemplo: Continuando con el proyecto de Ibersélex S.A. (Figuras 1.8 y 2.4*a*), el diseño de materialización preliminar consistió en la determinación de la forma y dimensiones del eslabón (longitud; ancho; funciones, geometría de los distintos planos), la trayectoria de la guía, una primera selección de los materiales (cuerpo de la guía de aluminio recubierto de poliamida, para asegurar la estabilidad dimensional) y la disposición básica del sistema de accionamiento.

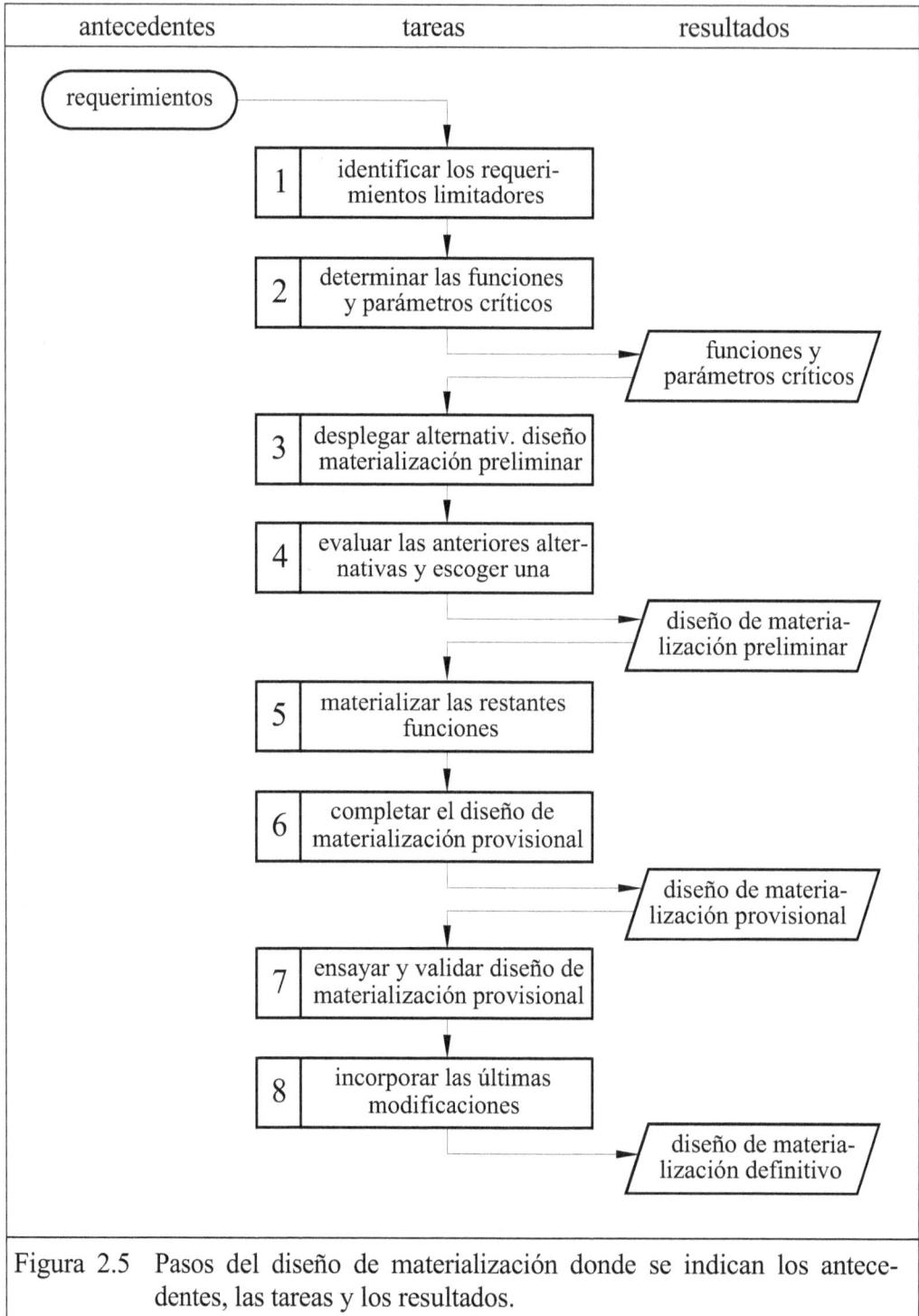

antecedentes	tareas	resultados

requerimientos

1   identificar los requeri-mientos limitadores

2   determinar las funciones y parámetros críticos

funciones y parámetros críticos

3   desplegar alternativ. diseño materialización preliminar

4   evaluar las anteriores alter-nativas y escoger una

diseño de materia-lización preliminar

5   materializar las restantes funciones

6   completar el diseño de materialización provisional

diseño de materia-lización provisional

7   ensayar y validar diseño de materialización provisional

8   incorporar las últimas modificaciones

diseño de materia-lización definitivo

Figura 2.5   Pasos del diseño de materialización donde se indican los antece-dentes, las tareas y los resultados.

Lista de referencia para el diseño básico o de materialización	
Conceptos	Determinaciones
Concepto	¿Responde a las funciones y prestaciones especificadas? ¿Su funcionamiento es simple y eficaz? ¿Es fácil y económico de materializar?

Prestaciones	¿El conjunto y sus componentes proporcionan:
	     resistencia y durabilidad adecuadas?
	     deformaciones admisibles?
	     estabilidad de funcionamiento?
	     posibilidad de expansión?
	     vida (fatiga, corrosión) y prestaciones adecuadas?

Seguridad	¿El conjunto y sus componentes ofrecen seguridad? ¿Se han considerado las perturbaciones externas? ¿Cumple las directivas de seguridad?
Ergonomía	¿Se ha tenido en cuenta la relación persona-máquina? ¿Se han evitado las situaciones de fatiga o estrés?
Entorno	¿Los consumos son adecuados? ¿Se ha previsto el fin de vida?
Producción	¿Se han analizado los procesos de fabricación? ¿Se han evaluado los utillajes necesarios? ¿Qué partes tienen que subcontratarse?
Calidad	¿Se ha previsto un funcionamiento robusto? ¿Qué verificaciones hay que hacer y cuándo?
Montaje	¿Los procesos de montaje son simples? ¿Se ha pensado en su automatización?
Transporte	¿Se ha considerado el transporte interno y externo? ¿Se tiene que poder desmontar? ¿Con qué utillajes?
Operación	¿Se han considerado todos los modos de operación?
Mantenimiento	¿Se ha estudiado que tipo de mantenimiento se requiere? ¿Se han facilitado las reparaciones?
Costes	¿Se mantienen los costes dentro de los límites previstos? ¿Qué costes adicionales aparecen y porqué?
Plazos	¿Se cumplen los plazos previstos? ¿Se prevén modificaciones que alteren estos plazos?

5. *Materializar las restantes funciones*

Una vez escogida una solución del diseño de materialización preliminar, donde se han tenido en cuenta los requerimientos limitadores y se han resuelto las funciones y parámetros críticos, debe completarse con la solución del resto de requerimientos, funciones y parámetros (diseño de materialización provisional).

No es de extrañar que una función que inicialmente no ha sido considerada crítica, lo sea en el momento de su materialización. En estos casos hay que proceder a través de iteraciones sucesivas.

6. *Completar el diseño de materialización provisional*

En este paso se completa el diseño de materialización provisional a partir de integrar todas las soluciones, tanto las que resultan de los requerimientos, funciones y parámetros críticos como las que resulten de los restantes, hasta que el producto o sistema quede definido del todo.

> #### *Diseño de materialización provisional*
> Solución global del diseño de materialización, aún no validado por el ensayo, que da respuesta al conjunto de los requerimientos, funciones y parámetros del producto.
> El diseño de materialización provisional fija las disposiciones relativas, las formas y las dimensiones de todos los elementos y componentes del producto y se presenta en forma de uno o más planos de conjunto (en inglés, *layout*).

7. *Ensayar y validar el diseño de materialización*

Cuando un producto o sistema deba trabajar en condiciono duras o exigentes (desgaste, deterioro por fatiga, fluencia sota carga, ambientes corrosivos) conviene realizar uno o más prototipos del conjunto o de las partes más críticas a fin de ensayarlo y validarlo antes de iniciar la fabricación.

La realización de un prototipo exige la fabricación de piezas y componentes por lo que se requiere la realización de planos de pieza que corresponden a la etapa de *diseño de detalle*.

Debido a la circunstancia de que el diseño de materialización aún no ha sido validado, estos planos de pieza tienen que ser considerados provisionales y no adquieren la condición de planos de detalle definitivos hasta la etapa de diseño de detalle.

La etapa de prototipaje y ensayo del diseño de materialización es de gran importancia para la validación de las soluciones. En general, requiere una definición de los objetivos y de los métodos de ensayo, una planificación de su preparación y ejecución y unos criterios de validación del producto (estas determinaciones se pueden agrupar en forma de un *protocolo de ensayo*, documento de gran utilidad, especialmente cuando existen relaciones de contratación en el desarrollo de estas actividades).

La validación de los ensayos representa la finalización del diseño de materialización, previa incorporación de las eventuales modificaciones en los planos de conjunto (paso siguiente).

8. *Incorporar las últimas modificaciones*
Éste último paso del diseño de materialización consiste en incorporar las modificaciones originadas en etapas anteriores en los planos de conjunto y, muy especialmente, las que son consecuencia del ensayo y de la validación.

Diseño de materialización definitivo
Solución completa del diseño de materialización validada por el ensayo.

Ejemplo 2.3
Materialización preliminar de un reductor de una etapa

A continuación se describen los primeros pasos de la materialización de un reductor de engranaje recto de una sola etapa. En principio se prevé incorporar rodamientos radiales (de bolas o de rodillos) y retenes radiales como componentes de mercado.

Requerimientos limitadores
Los requerimientos limitadores de la especificación del reductor son: RL_1) Potencia nominal: 4500 W; RL_2) Velocidad angular del árbol de entrada: 1430 min^{-1}; RL_3) Vida: 25000 horas; RL_4) Relación de transmisión: i=4; RL_5) Cargas radiales exteriores admisibles sobre los árboles (cualquier dirección), y su situación: árbol de entrada, 750 N a 20 mm de la cara exterior del reductor; árbol de salida, 2250 N a 25 mm de la cara exterior del reductor.
Otros requerimientos, como el coste, los planos y puntos de sujeción de la carcasa, o el deseo de limitar al máximo el peso y las dimensiones, no se juzgan como requerimientos limitadores en este primer paso del diseño de materialización preliminar.

Funciones críticas y parámetros críticos
Las funciones que se consideran críticas en este diseño de materialización preliminar son: FC_1) Transmisión de la potencia; FC_2) Apoyo de los ejes (teniendo en cuenta las cargas externas); FC_3) Partición de la carcasa para el montaje (se contemplan el montaje radial, según Figura 2.6c, o el montaje axial).
Los parámetros críticos son aquellos que intervienen en la definición de las funciones críticas: PC_1) Distancia entre ejes, a, y anchura del engranaje, b; PC_2) Diámetros de los árboles en la sección de los rodamientos, d_{1A} y d_{2D} (los otros dos diámetros, d_{1B} y d_{2C}, pueden ser menores); PC_3) Diámetros exteriores de los rodamientos, D_A, D_B, D_C y D_D (los diámetros interiores coinciden con los de los árboles); PC_4) Espacio para situar un tornillo de unión de las dos mitades de la carcasa entre los rodamientos.
En el tanteo inicial, para cubrir las anchuras de los rodamientos, los juegos axiales entre rodamientos y ruedas dentadas y la reserva de espacio para los retenedores, se toman unas distancias de 12 mm entre el plano de simetría de los rodamientos y las caras exteriores de las ruedas dentadas, y de 16 mm, entre el plano de simetría de los rodamientos y las caras exteriores de las carcasas (Figura 2.6a).

Condiciones críticas (cuantitativas y cualitativas)

Las funciones críticas junto con los requerimientos limitadores nombrados anteriormente imponen diversas condiciones cuantitativas y cualitativas: CCt_1) El engranaje debe funcionar durante la vida prevista sin fallar (dos condiciones cuantitativas: resistencia a la fatiga superficial; resistencia a fatiga en el pie del diente del piñón; CCt_2) Los árboles no deben fallar por sobrecarga o por fatiga durante su vida útil (dos condiciones cuantitativas en las secciones más críticas A y D) ; CCt_3) Los rodamientos no deben fallar durante la vida prevista (4 condiciones cuantitativas, una para cada rodamiento); CCl_1) La distribución de tornillos de la brida debe repartir la fuerza lo más uniformemente posible (1 condición cualitativa).

Establecimiento de las condiciones críticas

Gracias a los métodos de cálculo de los engranajes, es bien conocido que la condición cuantitativa de resistencia a la fatiga superficial (fuera de casos excepcionales) es más restrictiva que la de resistencia a la fatiga en el pie del diente. La primera impone una relación entre los parámetros básicos de la transmisión (distancia entre ejes y anchura del engranaje), mientras que la segunda impone un valor mínimo del módulo (generalmente se toman valores más grandes para evitar rupturas por sobrecargas).

Mediante el cálculo de árboles sometidos a torsión (transmisión del par) y a flexión (fuerzas sobre los dentados, cargas radiales exteriores y reacciones sobre los rodamientos), se obtienen los diámetros mínimos de los árboles en las secciones críticas A y D.

Las dimensiones de los rodamientos se establecen por cálculo en base a las cargas que soportan, la velocidad angular y la vida. Las libertades de diseño se limitan al tipo de rodamiento (radiales de bolas, o radiales de rodillos, en el presente caso) y la elección de un diámetro interior mayor que el que resulta del cálculo del árbol.

Evaluación de parámetros

Se parten de los siguientes números de dientes y desplazamientos de piñón (z_1=19, x_1=0.40) y rueda (z_2=76, x_2=−0.40; equilibran los coeficientes de seguridad de la resistencia a la fatiga superficial). Tanteando diversos valores del módulo, en base al cálculo de engranajes de la norma ISO-6336 y manteniendo el factor de aplicación de 1,5 (los coeficientes de seguridad a fatiga superficial se ajustan a 1, mientras que los coeficientes de seguridad a rotura del pie de la diente por fatiga son muy superiores), se obtienen los resultados siguientes:

módulo	distancia entre ejes	anchura del engranaje	diámetro del piñón	relación	fuerza tangencial
m_0 (mm)	a (mm)	b (mm)	d_1 (mm)	b/d_1 (-)	F_t(N)
1,125	53,438	33,3	21,375	1,56	2810
1,250	59,375	22,0	23,750	0,93	2530
1,375	65,313	17,0	26,125	0,65	2300
1,500	71,250	13,9	28,500	0,49	2110
1,750	83,125	10,0	33,250	0,30	1810

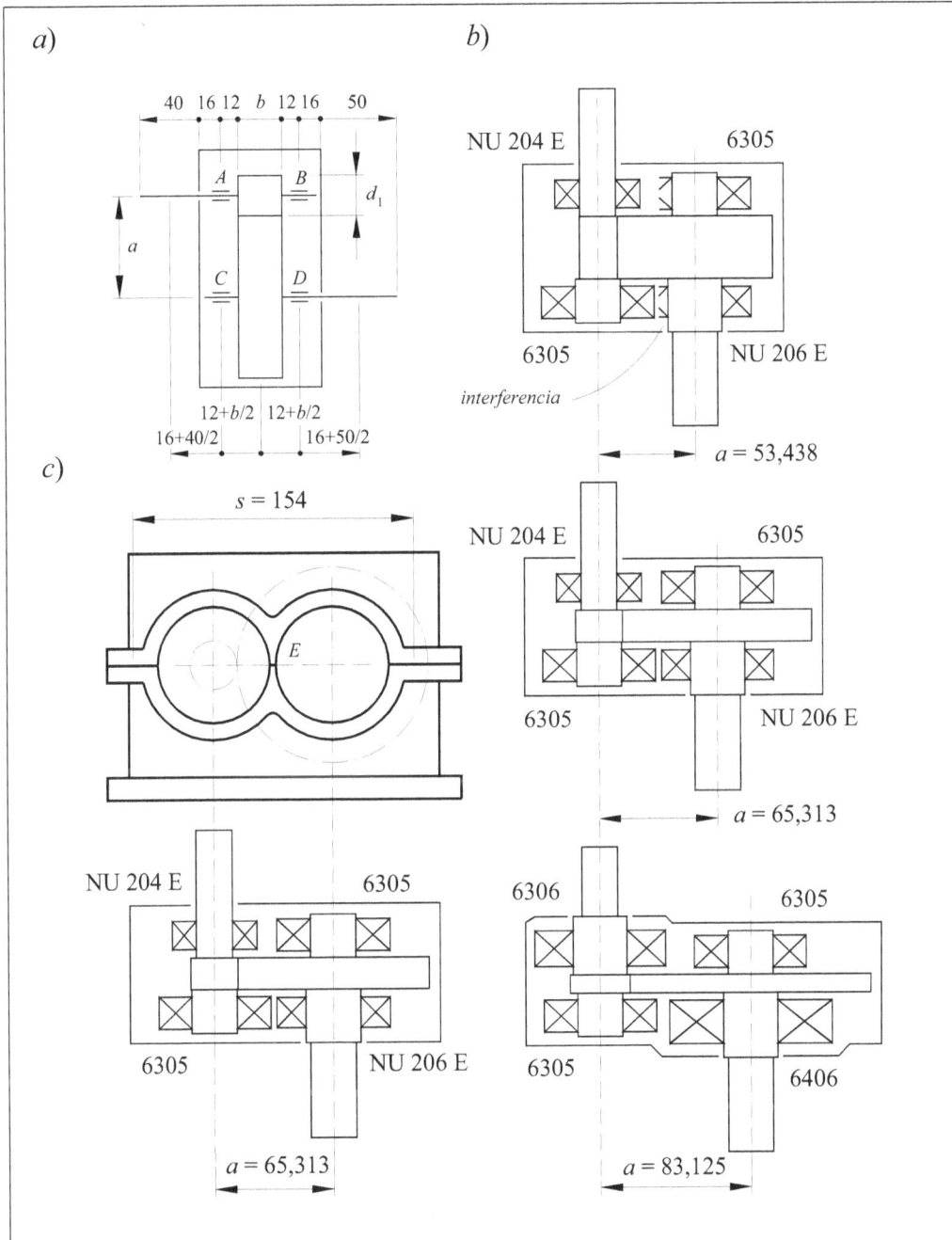

Figura 2.6   Diseño de materialización preliminar de un reductor de engranajes rectos de una etapa: *a*) Parámetros críticos; *b*) Diversas alternativas (diferentes relaciones anchura/distancia entre ejes; *c*) Inconveniente del montaje radial (falta sitio para un tornillo entre los rodamientos).

Conocida la fuerza tangencial del engranaje, se calculan los árboles y rodamientos. Para simplificar, se ha considerado que los rodamientos soportan las cargas radiales exteriores del enunciado independientemente de su dirección Dado que este requerimiento es muy exigente, se limita la vida de los rodamientos en el caso más desfavorable a 12500 horas (los fabricantes de reductores limitan el valor de la carga radial exterior admisible según su orientación, con unos resultados aproximadamente equivalentes al presente caso).

A partir de los pares torsores y de los momentos flectores en las secciones críticas A del árbol de entrada (M_{tA} =30 N·m; M_{fA} =27 N·m) y D del árbol de salida (M_{tD} = 120 N·m y M_{fD} =92,25 N·m), se calculan los diámetros mínimos (ver tabla).

Para obtener el valor mínimo de la carga básica C (catálogos de rodamientos) en el cálculo de los rodamientos del árbol de entrada (12500 horas y 1430 min^{-1}), debe multiplicarse la carga dinámica, P (coincide con las reacciones R), por un factor 10,2 y, para el árbol de salida (12500 horas y 357,5 min^{-1}), por un factor de 6,4.

Diámetros mínimos de los árboles y cálculo de rodamientos

módulo	fuerza tangenc.	reac. máximas carga dinámica		diámet. árboles	carga básica		rodamientos	
m	F_t	$R_A=P_A$ $R_B=P_B$	$R_C=P_C$ $R_D=P_D$	d_A d_D	C_A C_B	C_C C_D	A B	C D
(mm)	(kN)	(kN)	(kN)	(mm)	(kN)	(kN)		
1,125	2,81	2,63 1,88	5,27 3,02	>15,6 >24,1	26,8 19,1	33,7 19,3	NU 204 E 6305	6305 NU 204 E
1,375	2,30	2,56 1,85	5,65 3,40	>15,6 >24,1	26,1 18,4	36,2 21,8	NU 204 E 6305	6305 NU 204 E
1,750	1,81	2,45 1,70	5,87 3,62	>15,6 >24,1	25,0 17,3	37,6 23,2	6306 6305	6305 6406

Características de los rodamientos elegidos

	6305	6306	6406	NU 204 E	NU 206 E
$d·D·B$ (mm)	25·62·17	30·72·19	30·90·23	20·47·14	30·62·16
C (kN)	22,1	29,2	42,2	28,0	41,4
peso (kg)	0,220	0,331	0,689	0,140	0,220

La figura 2.6b muestra las alternativas estudiadas. La primera da lugar a interferencia entre los rodamientos, la tercera permite el uso de rodamientos de bolas (aún así muy desproporcionados); la mejor parece ser la segunda, con rodamientos de rodillos en los soportes más críticos A y D. Sin embargo, la solución intermedia no permite un montaje radial ya que, al no poderse colocar una unión atornillada en el plano de partición entre los rodamientos, dejaría libre una distancia excesiva (s=154 mm; Figura 2.6b). El montaje, entonces, tendría que ser axial.

Generación de variantes por inversión

Una de les formas más interesantes de originar variantes alternativas en el diseño de materialización es la inversión de funciones entre dos o más elementos de un sistema (el miembro conductor pasa a ser conducido y viceversa) o de características (la rosca interior pasa a ser exterior y viceversa). Las variantes generadas por inversión pueden dar lugar a valoraciones muy diferentes en relación a aspectos como las dimensiones exteriores, la precisión necesaria, la facilidad de fabricación, el comportamiento a fatiga de determinados elementos o la seguridad del sistema, por lo que constituyen soluciones alternativas en el diseño de materialización.

A continuación se analizan los diferentes ejemplos de variantes alternativas generadas por inversión (Figura 2.7):

a) Sistema de muelle de tracción
La solución de la izquierda es un simple muelle a tracción con ganchos en los extremos, mientras que la solución de la derecha se basa en un muelle a compresión que actúa sobre unos platos extremos unidos a unos vástagos (uno pasa por dentro del otro) de manera que el efecto global es el de un muelle a tracción.
La primera solución, más sencilla y barata, presenta el inconveniente de que, en caso de ruptura del muelle, se desconectan las partes enlazadas (lo que en algunas aplicaciones puede comportar una falta de seguridad) mientras que, en la segunda solución, una ruptura del muelle no da lugar a una desconexión de las partes, sino tan solo la caída de la espira rota sobre la espira adyacente.
Los muelles de las suspensiones de lavadoras industriales medianas y grandes adoptan la segunda solución.

b) Tensor entre dos barras
La solución de la izquierda une dos barras huecas y roscadas interiormente, mientras que la solución de la derecha une dos barras macizas y con rosca exterior. Las dos soluciones permiten el tensado entre las dos partes.
La adopción de una solución u otra puede depender de cual sea la forma de las barras a tensar (hueca o maciza). En caso de que el sistema esté sometido a flexión lateral, la solución de la derecha distancia los puntos críticos de inicio de las roscas.

c) Guiado horizontal de un gancho
El soporte del gancho puede moverse horizontalmente según un sistema de guiado perpendicular al plano de la figura. La variante de la izquierda adopta una guía en forma de viga de doble T y doble línea de ruedas de apoyo por encima y por debajo de la viga, mientras que la variante de la derecha adopta una sola línea de ruedas de apoyo y dos guías en forma de viga en T por encima y por debajo.
La variante de la izquierda tiene la ventaja de que las ruedas de apoyo pueden girar libremente en sentidos contrarios (por tanto, puede ajustarse tanto como convenga las ruedas a la guía, incluso precomprimirlas). En cambio, en la variante de la de-

recha, la misma rueda de apoyo gira en sentidos contrarios si toma contacto con la guía inferior o con la guía superior (por lo que hay que dejar un juego entre rueda de apoyo y las guías y de ninguna manera puede precomprimirse las ruedas de soporte contra las guías).

d) Unión estanca entre dos tubos
Este sistema se compone de los dos tubos con los extremos cónicos (uno exterior y otro interior) y una tuerca que aprieta entre sí las dos partes.
La adopción de una u otra variante depende fundamentalmente de criterios de fabricación y de espacio (la variante de la izquierda tiene menos diámetro y más longitud y la de la derecha tiene menos longitud y más diámetro).

e) Acoplamiento entre dos árboles
Este es un tipo de acoplamiento entre árboles a través de unos dentados exteriores e interiores. En la variante de la izquierda, los extremos de los árboles son solidarios a los dentados exteriores y el elemento intermedio al dentado interior; mientras que, en la variante de la derecha, los extremos de los árboles son solidarios a los dentados interiores y el elemento intermedio al dentado exterior. Debido a la forma levemente abombada de los dentados solidarios a los extremos de los árboles, este acoplamiento permite un cierto grado de desalineación angular entre los extremos de los ejes.
La elección de una u otra variante depende fundamentalmente, como en el caso anterior, de criterios de dimensionado y de fabricación.

f) Guiado del cuerpo de una válvula
En la variante de la izquierda, el guiado se basa en un vástago fijo a la base sobre el que desliza la válvula mientras que, en la variante de la derecha, el vástago forma parte de la válvula y se desliza sobre una guía que forma parte de la carcasa.
La adopción de una u otra variante debe tener en cuenta la calidad del guiado (longitud, situación y materiales de la zona de guiado, lubricación) y las facilidades de fabricación (tolerancias, acabados superficiales).

g) Articulación de una rueda dentada loca
En la variante de la izquierda, la rueda dentada es solidaria al árbol que se articula por medio de rodamientos a la base mientras que, en la variante de la derecha, la rueda dentada se apoya por medio de rodamientos directamente sobre el eje fijo a la base.
La primera variante somete el árbol a fatiga a causa de su giro (requiere un diámetro mayor), pero permite transmitir el par a través de uno de sus extremos, mientras que la segunda variante no somete el eje a fatiga (el diámetro puede ser mucho menor), pero sólo es válida para ruedas dentadas intermedias.
Esta segunda variante es la solución adoptada en el apoyo de la mayor parte de las ruedas de vehículos (bicicletas, motocicletas, automóviles).

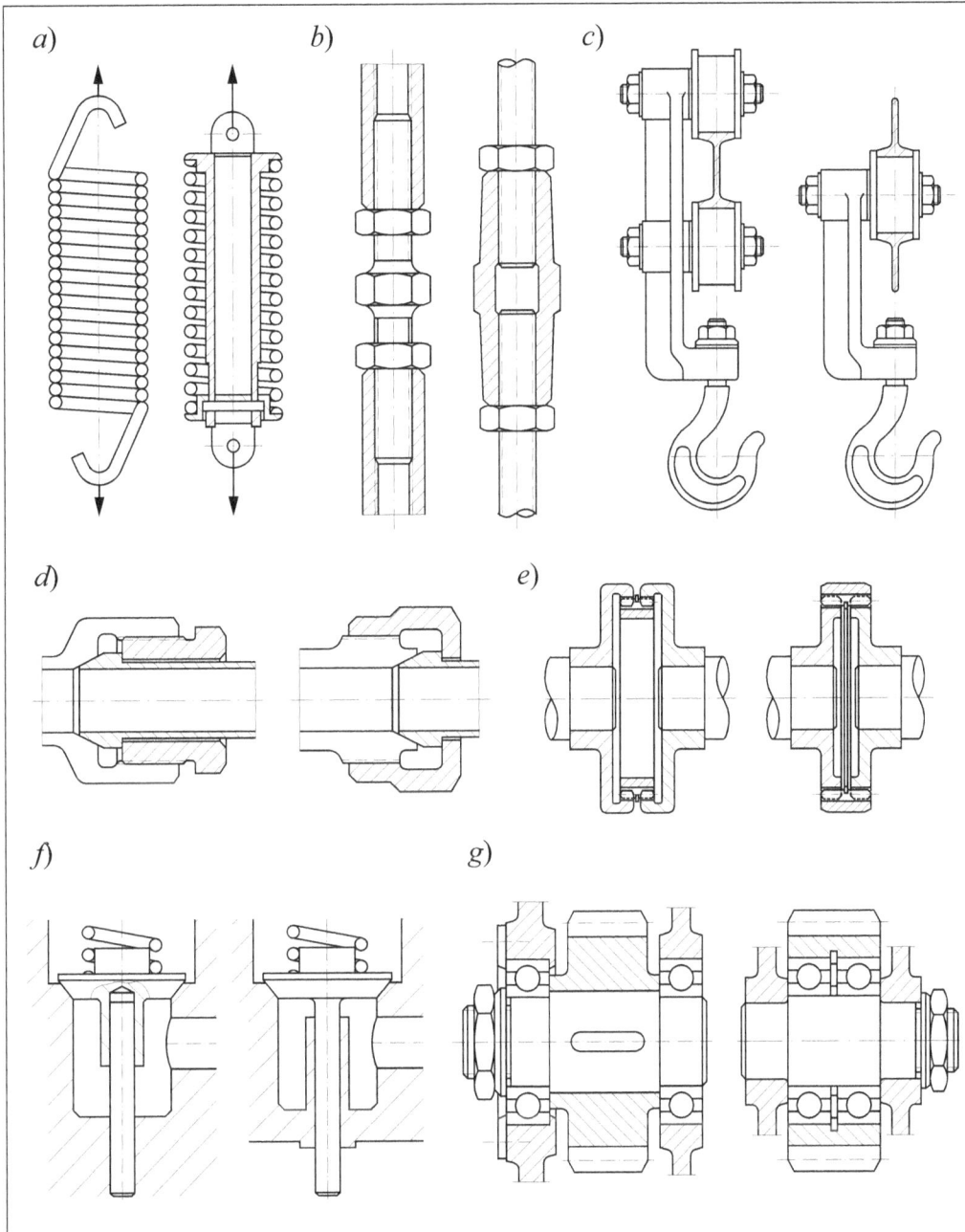

Figura 2.7 Generación de alternativas por permutación de funciones o características entre dos elementos: *a*) Sistema de muelle a tracción; *b*) Tensado entre dos barras; *c*) Guiado horizontal de un gancho; *d*) Unión
estanca entre dos tubos; *e*) Acoplamiento entre dos árboles; *f*) Guiado
de una válvula; *g*) Articulación de una rueda dentada loca.

Establecimiento de un protocolo de ensayo

El ensayo es uno de los pasos fundamentales en el diseño de materialización donde las empresas dedican importantes recursos humanos, materiales y de tiempo. Por lo tanto, es conveniente presentar el ensayo de forma ordenada por medio del establecimiento de un protocolo de ensayo. Este documento es interesante en todos los casos, pero es especialmente conveniente cuando en las tareas de ensayo se dan relaciones de subcontratación.

Los ensayos bien conducidos y documentados constituyen una parte fundamental del *know-how* de las empresas.

El protocolo de ensayo constituye un pequeño proyecto del ensayo y que debe contener, como mínimo, los siguientes aspectos:

a) *Definición de los objetivos del ensayo*
    En primer lugar, hay que definir lo que se quiere ensayar y que se quiere obtener. El objetivo principal de los ensayos de fiabilidad en la etapa de diseño de materialización es comprobar el correcto funcionamiento de un producto a lo largo de su vida prevista. También conviene tener presentes otros aspectos complementarios (y no menos importantes) del ensayo como la medida de las prestaciones reales del producto o la obtención de datos que pueden constituir una ayuda fundamental en futuros proyectos de la empresa (son parte fundamental de su *know-how*).

b) *Diseño del ensayo*
    Raramente se puede realizar el ensayo en condiciones operativas durante toda la vida útil del producto (coste económico y tiempo excesivos), por lo que hay que prever condiciones de funcionamiento simuladas y ensayos acelerados.
    Una vez definidos los objetivos, el diseño del ensayo debe determinar unos *principios de ensayo* y unos *principios de medida* que, además de ser representativos de las condiciones reales de funcionamiento del producto o sistema, también deben ser compatibles con los medios y el tiempo de que se dispone.

c) *Planificación del ensayo*
    Tiene por objeto prever los medios necesarios para realizar el ensayo (prototipo, banco de ensayo, sistemas de medida) así como su distribución en el tiempo (los ensayos de fiabilidad pueden ser muy prolongados).

d) *Preparación del prototipo y del banco de ensayo*
    Uno de los puntos clave y a la vez críticos para la operatividad de un ensayo es la preparación de los prototipos y de los medios para el ensayo.
    En esta etapa, los prototipos se basan en el diseño de materialización provisional (totalmente definido); las dificultades están en los costes y plazos.
    La preparación de los medios para el ensayo requiere la adaptación de un banco ya existente o el diseño y fabricación de un banco específico, por lo que conviene que sea una de las primeras acciones que se planifica.

Hay que prever especialmente los medios de medida y de registro de datos e incidencias del ensayo. Terminadas las pruebas, difícilmente pueden repetirse y, entonces, puede lamentarse el no haber realizado determinados registros.

f) *Interpretación y validación de los resultados*
Es un paso determinante ya que de él se derivan las consecuencias del ensayo.
Aunque en la etapa de diseño del ensayo ya deben haberse previsto los criterios de interpretación y de validación, las incidencias que se producen durante su realización normalmente dan lugar a situaciones imprevistas y nuevos conocimientos que obligan a su revisión.
En función de la interpretación de los resultados de los ensayos, hay que tomar la decisión de validar el producto o proponer mejoras y repetir el ensayo. En caso extremo, puede ser recomendable abandonar la solución o el proyecto.

Caso 2.3
Protocolo de ensayo para un módulo de andén de geometría variable

Este protocolo tiene por objeto definir el ensayo de un módulo de andén de geometría variable que forma parte de un sistema de seguridad promovido por Ferrocarrils de la Generalitat de Catalunya S.A. (ver la Figura 1.6), destinado a ser implantado en estaciones en curva de ferrocarriles metropolitanos (andén y vagón en el mismo nivel) a fin de evitar la caída accidental de pasajeros (de consecuencias graves) en los espacios entre la curva del andén y la poligonal que forma el tren. El sistema está formado por diversos módulos alineados con el andén que se despliegan delante del convoy cuando éste se ha parado y que se repliegan antes que continúe la marcha.
Uno de los objetivos manifestados por la empresa es asegurar una elevada fiabilidad en el funcionamiento de un módulo, ya que la fiabilidad global del sistema es mucho más baja al funcionar un número elevado de módulos simultáneamente.

Definición de los objetivos del ensayo
Fundamentalmente, se desea comprobar que el módulo realiza las maniobras correspondientes a su vida útil sin fallar y en condiciones análogas a las de utilización. En caso de fallo, deberá mejorarse el diseño y comprobar de nuevo que no falla.
Las pruebas deben garantizar la funcionalidad y fiabilidad de un módulo instalado en base a las siguientes consideraciones: *a*1) Las maniobras y estados de carga del ensayo deben ser representativas de las de servicio; *a*2) La secuencia del ensayo debe prever la utilización sistemática y exhaustiva de todos los mecanismos de accionamiento y sistemas de seguridad del módulo (contacto con el tren, no contacto con el tren, sensor de módulo replegado, varias formas de aplicación de la carga, detección de carga mínima, deformación limitada a carga máxima), así como de los elementos de control; *a*3) El nivel de severidad de las pruebas y el número de ciclos deben ser representativas de la utilización del módulo en un andén.

Diseño del ensayo

Para obtener un alto grado de fiabilidad del módulo se acuerda realizar un número de maniobras correspondiente a la totalidad de la vida, o sea 360.000 (10 años; 100 maniobras/día; 360 días/año). Todas las pruebas de carga se realizan con la máxima extensión de la plataforma después de tocar el tren (*toca-tren*) y retroceder unos 80 a 100 mm hasta pararse (*a-sitio)* a fin de dejar espacio para abrir las puertas por el exterior del vehículo. Los módulos disponen de sensores que detectan las posiciones de máxima extensión (*seg-av*) y replegada (*seg-ar*) de la plataforma.

Se prevén los siguientes tipos de maniobras de ensayo que simulan diversas formas de utilización (toca o no toca el tren al desplegarse) y de carga (pies alternativos, pies simultáneos, sin carga, máxima carga) sobre la plataforma móvil: *Maniobra A* (168.200 ciclos y 47% del ensayo): despliegue de la plataforma hasta *toca-tren* y retroceso hasta *a-sitio*, cargas alternativas (10 veces, que simulan 10 pies) de 750 N en los laterales de la zona central de la plataforma extensible (cilindros neumáticos *A1-A2*, Figura 2.8), y repliegue hasta que actúa *seg-ar*; *Maniobra AA* (168.200 ciclos y 47% del ensayo): las mismas condiciones que la maniobra anterior pero con carga simultánea (5 veces dobles, que simulen 10 pies); *Maniobra B* (14.400 ciclos y 4% del ensayo): despliegue de la plataforma hasta *toca-tren* y retroceso hasta *a-sitio*, carga de 2000 N (1 vez) en el extremo de la plataforma (cilindro neumático Figura 2.8), y repliegue hasta que actúa *seg-ar*; *Maniobra 0*: (7.200 maniobras y 2% del ensayo): despliegue de la plataforma sin encontrar el tren (actúa *seg-av*) y repliegue automático hasta que actúa *seg-ar*.

Además de estas maniobras hay dos más que se programan de forma aleatoria intercaladas durante la realización del resto de maniobras, y que son: *Carga Mínima* (10 veces/día, aleatoria): actúa el cilindro *E*, de 100 N (simula la fuerza mínima sobre la plataforma, por ejemplo, el peso de un niño) para comprobar si funciona el sistema de detección de carga (mientras actúa, la plataforma no debe replegarse, aunque se dé esta orden); *Carga máxima* (1 vez/día, durante 15 minutos, aleatoria): actúan simultáneamente los cilindros neumáticos *C* y *D* en los centros de la plataforma móvil (1500 N), y fija (3000 N).

Finalmente, se prevé crear condiciones de trabajo adversas, análogas a las de servicio: *a) Funcionamiento a la intemperie*: permanente (algunas estaciones están al aire libre); *b) Objetos en la plataforma*: tirar arena, cigarrillos, papeles sobre la plataforma (1 vez/semana); *b) Regar con agua*: simula la lluvia u operaciones de limpieza (1 vez/semana).

Planificación del ensayo

El tiempo de una maniobra completa del tipo *A* (el 94 % del ensayo) se evalúa entre 10 y 11 segundos (las maniobras *B* y *0* tienen duraciones ligeramente inferiores, aunque su incidencia en el tiempo total es mucho menor). Además, cada día se prevé una maniobra de *carga máxima* (20 minutos) y aleatoriamente, 10 maniobras de *carga mínima*, cuya incidencia en el tiempo total es menospreciable

El tiempo total de ensayo sin interrupciones es de 42,3 días (360.000 maniobras a 10 segundos/maniobra + 42 maniobras de *carga máxima* de 20 minutos/maniobra). Sin embargo, por diversas causas (incidencias en el módulo, en el banco de ensayo, interrupciones eléctricas, inspecciones, vacaciones), es difícil de asegurar más allá del 50 % del tiempo en funcionamiento, lo que significa 85 días de ensayo (cerca de 3 meses).

La distribución de los ensayos se prevé en tres fases:

Fase preliminar

	Tipo de ensayo	Ciclos	% ensayo
0	Maniobras en vacío	1440	0,4
B	Carga en el extremo (2000 N)	720	0,2
A	Pies alternativos (750 N)	16920	4,7
AA	Pies simultáneos (750 N)	16920	4,7

Primera fase

	Tipo de ensayo	Ciclos	% ensayo
0	Maniobras en vacío	5760	1,6
B	Carga en el extremo (2000 N)	2880	0,8
A	Pies alternativos (750 N)	67680	18,8
AA	Pies simultáneos (750 N)	67680	18,8

Segunda fase

	Tipo de ensayo	Ciclos	% ensayo
0	Maniobras en vacío	7200	2,0
B	Carga en el extremo (2000 N)	3600	1,0
A	Pies alternativos (750 N)	84600	23,5
AA	Pies simultáneos (750 N)	84600	23,5

Prototipo y banco de ensayo

Dado que se desea realizar un ensayo global del módulo para un número de maniobras correspondiente a su vida total, se construye un *prototipo* completo basado en el diseño de materialización provisional.

Se diseña un *banco de ensayo* específico que consta de las siguientes partes (Figura 2.8): *a*) Una base en la cual descansa el módulo con tres puentes donde se sujetan los cilindros neumáticos que simulan las diferentes fuerzas; *b*) Una simulación del tren (puede inclinarse para reproducir el contacto ligeramente no paralelo que a veces se produce entre la plataforma y el tren); *c*) Dos cilindros *A*1 y *A*2 de 750 N de fuerza cada uno, a ambos lados de la zona central de la plataforma desplegada, para simular los pies alternativos y los pies simultáneos; *d*) Un cilindro *B* de 2000 N de fuerza para simular sobrecargas puntuales en el extremo de la plataforma desplegada; *e*) Un cilindro *E* de 100 N de fuerza para comprobar que el peso equivalente de un niño situado en una posición atrasada y en un lado de la plataforma, es detectado por el sensor de carga (evita que la plataforma se repliegue con alguien encima); *f*) Cilindros de carga máxima *C* y *D*, de 1500 N y 3000 N respectivamente (equivalente a 5000 N/m^2 de sobrecarga máxima en locales públicos), que actúan en los centros de las plataformas extensible y fija; *g*) Un control por medio de ordenador que gobierna el conjunto del ensayo (maniobras automáticas, gestión del ensayo y registro de incidencias).

Interpretación y validación de los resultados

El criterio general de validación del diseño del módulo de andén de geometría variable es que el sistema y sus partes sean capaces de realizar el número de maniobras previsto para su vida completa sin fallar ni deteriorarse. En caso contrario, debe adoptarse un diseño alternativo y ensayarlo de nuevo.

Se realizó una primera ronda de ensayos completa con un primer prototipo que dio lugar a un gran número de incidencias (muchas de ellas causadas por el prototipo pero, otras, causadas por el banco de ensayo) que obligó al rediseño y fabricación de soluciones alternativas. Su duración fue de 278 días (más de 9 meses).

Las principales incidencias consistieron en:

a) La plataforma móvil se había formado encolando sobre una base de aluminio varias placas estriadas de mercado (de tipo escalera mecánica), pero el ensayo las separó. Se probó de nuevo con soldadura (antes se había evitado a causa de las paredes muy finas de aluminio) con resultados positivos en el proceso y en el ensayo.

b) Los sensores neumoeléctricos (basados en la actuación neumática de una cámara deformable sobre un microrruptor) no resultaron adecuados para el sensor de detección del *toca-tren* (excesivamente débil, se rompía) ni para el sensor de carga de la plataforma extensible (difícil de regular, de funcionamiento aleatorio). Se sustituyeron por sistemas mecánicos que actúan directamente sobre microrruptores.

c) Sistema deficiente de guías (desalineaciones demasiado sensibles, desgastes excesivos). Se resolvieron con un nuevo diseño de los patines de la plataforma extensible y con el recubrimiento de cromado duro de las partes que deslizan.

d) El conjunto de freno estaba mal soportado y rozaba. Al dar una solución alternativa se aprovechó para cambiar el material de acero inoxidable a aluminio de elevada dureza (mejor mecanización y menor peso). El ensayó avaló la alternativa.

e) Se produjeron fallos de las electroválvulas del módulo. Se substituyeron por componentes más fiables a la vez que se establecieron las condiciones de suministro del aire comprimido.

Posteriormente, se realizó una segunda ronda de ensayos completa con un nuevo prototipo que incorporaba todas las modificaciones que duraron 87 días y dieron resultados satisfactorios.

Al final de la segunda ronda de ensayos se procedió a hacer una revisión general del módulo y de todos sus subsistemas y el resultado global fue satisfactorio. Sin embargo, se descubrió que uno de los muelles de lámina del soporte de la barra de *toca-tren* se había roto (su guiado resultaba muy deficiente). Sin embargo, esta rotura no se había traducido en un fallo de funcionamiento.

Se diseño una solución alternativa del muelle. Para ensayarla, se hizo una adaptación sobre el mismo banco consistente en un actuador aplicado directamente sobre la barra de *toca-tren* con una frecuencia elevada (4 actuaciones por segundo) y una fuerza de 250 N. El ensayo de las 360.000 maniobras se llevo a término en 3 días y dieron un resultado positivo.

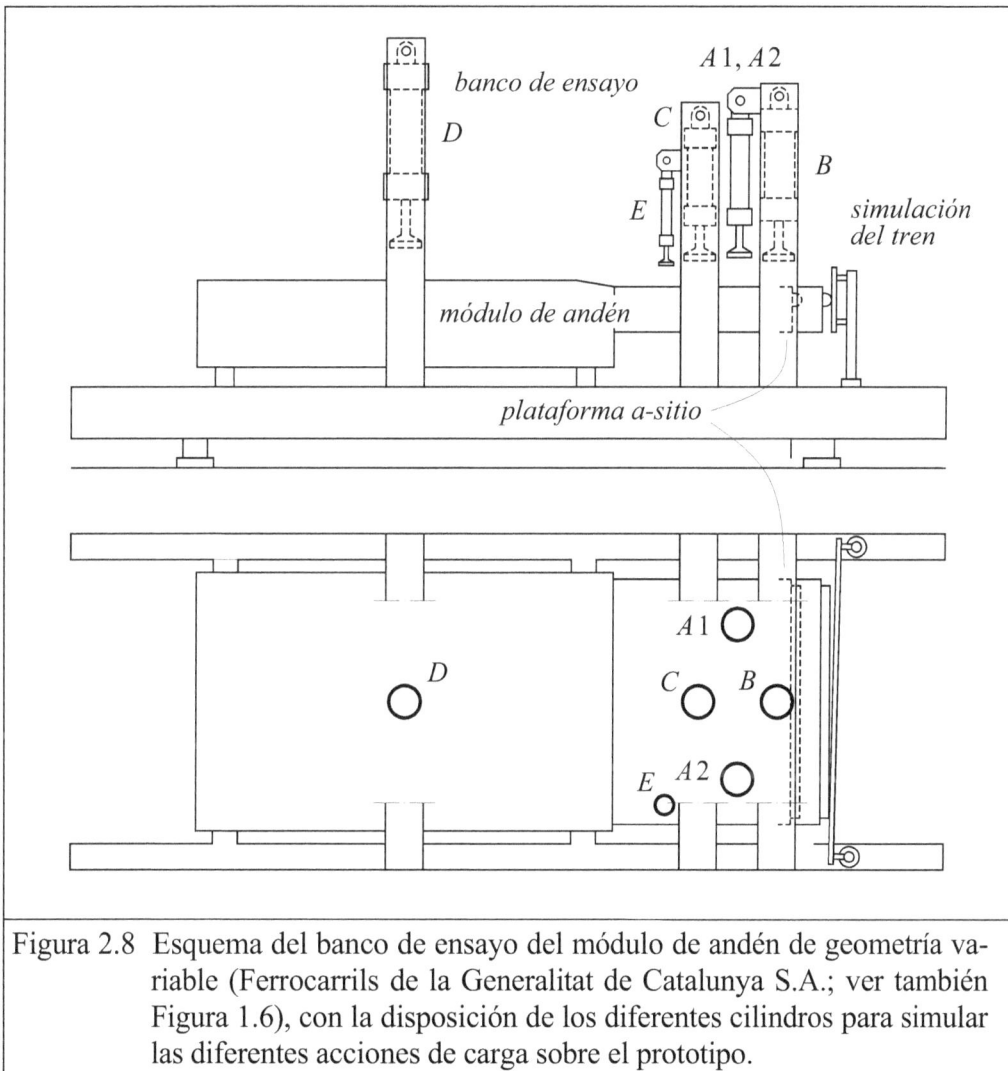

Figura 2.8 Esquema del banco de ensayo del módulo de andén de geometría variable (Ferrocarrils de la Generalitat de Catalunya S.A.; ver también Figura 1.6), con la disposición de los diferentes cilindros para simular las diferentes acciones de carga sobre el prototipo.

2.7 Documentar la fabricación

Como ya se ha comentado en la Sección 2.3, el *diseño de detalle* (última etapa del proceso de diseño) tiene como objetivo fundamental, a partir de los planos de conjunto, completar la determinación de las piezas y preparar la documentación del producto destinada a la fabricación. Los resultados de esta actividad se dan por medio de los planos de piezas, de los listados de componentes y de los esquemas de montaje.

Aunque sea muy importante completar la determinación de las piezas y documentar la fabricación, el diseño de detalle puede y debe ir más allá haciendo propuestas para simplificar las soluciones y realizando una revisión general del proyecto, puntos que se analizan en los apartados siguientes.

Completar la determinación de piezas y componentes

La primera tarea del diseño de detalle es, pues, completar la determinación de cada pieza y componente en todos los detalles que hacen posible su fabricación:

Determinar la geometría y los materiales

Formas y dimensiones
El diseño materialización fija las principales formas y dimensiones de las piezas y componentes a partir de cálculos, simulaciones y otras consideraciones funcionales.
El diseño de detalle debe fijar el resto de formas y dimensiones para completar su definición (suelen prevalecer criterios como la facilidad de fabricación y de montaje, la optimización del espacio y del peso o la disminución del coste).

Tolerancias
Durante el diseño de detalle corresponde determinar las cadenas de cotas que cubren las diferentes funciones esenciales para el buen funcionamiento del sistema. Las tolerancias se indican en los diferentes planos de pieza.

Radios de acuerdo, chaflanes
La geometría de una pieza o componente se debe completar en detalles como los radios de acorde (algunos de ellos tienen importancia funcional, como en la fatiga o en el asentamiento de rodamientos) y los chaflanes.
En algunos casos se indica matar eliminar (prácticamente quitar rebabas y evitar cantos vivos que podrían producir heridas).

Determinación de materiales y procesos
El diseño de materialización fija los materiales de las piezas y componentes de mayor responsabilidad y establece indicaciones genéricas (acero, aluminio, plástico) en componentes de compromiso menor.

Los planos de pieza (con independencia de su responsabilidad) deben indicar de forma precisa el material y cuando convenga, hacer indicaciones sobre procesos de fabricación (especialmente los tratamientos térmicos y superficiales).

Determinar los acabados

Recubrimientos

Hay varios motivos para recubrir las piezas: *a*) Estéticos (pinturas, anodizado, niquelado); *b*) Evitar la oxidación (selladores, pinturas, polímeros); *c*) Resistir el desgaste (recubrimientos cerámicos); *d*) Mejorar el deslizamiento (poliamida, PTFE). A menudo, un recubrimiento realiza más de una función.

Implantación de cables y de conducciones

Éste acostumbra a ser uno de los aspectos fundamentales que ya deben haberse previsto en etapas anteriores del proyecto. Sin embargo, suele ser en esta etapa cuando se consolidan las soluciones.

Determinación de lubricantes, y otros fluidos

Debe determinarse el tipo de lubricante (grasa, aceite, lubricante sólido), la cantidad y las formas de realizar el mantenimiento y el engrase.

También deben determinarse otros fluidos que intervienen en el sistema (calidad del agua o del aire comprimido, fluidos criogénicos, detergentes, tintes).

Lista de piezas y componentes

Junto a los planos de detalle y la información sobre los componentes de mercado, es de gran importancia la confección de la lista de piezas y componentes que intervienen en la fabricación de un producto o de una máquina.

Para una correcta gestión de la información relacionada con las piezas y componentes de un producto, es necesaria una adecuada codificación. En general, cada empresa se diseña su propio sistema de codificación teniendo en cuenta conceptos de atributos de diseño y atributos de fabricación (ver Sección 3.2). Conviene que los sistemas de codificación de piezas y componentes incluyan los siguientes aspectos como información asociada:

a) Subministrador, plazos de entrega, coste
b) Módulos a los que pertenece (estructuración modular)
c) Procesos de fabricación, máquinas y tiempo que requieren
d) Útiles de forma (muelles, matrices, filas) en caso de existir

Los nuevos sistemas informáticos PDM (*product data management*) permiten gestionar la información generada durante el diseño de los productos (y posteriores modificaciones) en una base de datos común a los distintos departamentos de la empresa (finanzas, I+D, fabricación, compras, comercial). Así, pues, la importancia del diseño irá en aumento durante los próximos años.

Simplificar las soluciones

Como ya se ha dicho, el diseño de detalle constituye una magnífica ocasión para simplificar las piezas y disminuir la complejidad de los sistemas.

Algunos puntos en los que esta tarea de simplificación es más eficaz son: *a*) Disminuir el número y tipos de elementos de unión (tornillos, tuercas, arandelas, pasadores, chavetas, remaches), de elementos de guiado (cojinetes, rodamientos, guías lineales) y otros componentes de uso frecuente; *b*) Eliminar variantes en componentes análogos (unificar soluciones, evitar componentes con mano); *c*) Refundir, si es posible (ver criterios en la Sección 3.3), dos o más piezas en una.

Caso 2.4
Disminuir los tipos de elementos de unión
En la etapa de diseño de detalle del proyecto de andén de geometría variable (Ferrocarrils de la Generalitat de Catalunya S.A.), tras revisar las diferentes uniones atornilladas, se eliminaron algunos elementos, pero sobretodo, se redujeron en un 30% los tipos de tornillo y en menor proporción los tipos de tuerca y arandela.
En el diseño de detalle definitivo hay: 138 tornillos de 23 tipos diferentes (combinaciones de: material acero inoxidable AISI 304; cabezas Allen cilíndrica y Allen cónica; métricas M4, M5, M6, M8, M10; longitudes de 10, 12, 16, 20, 30, 35, 40, 45, 60 y 70); 57 tuercas de 8 tipos diferentes (combinaciones de: normales y autoblocantes; las mismas métricas que los tornillos); 8 arandelas de 3 tipos diferentes.

Cas 2.5
Unificar los patines del soporte de la plataforma móvil
En el mismo proyecto del caso anterior, se revisó la solución inicial del sistema de patines de apoyo de la plataforma móvil: los patines de un lado tenían una entalla para la pestaña de guiado y los patines superiores eran diferentes de los inferiores (4 componentes distintos).
Después del rediseño, que obligó a retocar numerosas cotas para centrar el apoyo de la plataforma entre la guía inferior y superior y a introducir una entalla no funcional en el lado opuesto, los 6 patines son iguales (Figura 2.9*a*). Entre otros, esta solución facilita la fabricación y el mantenimiento.

Cas 2.6
Evitar la mano (simetrías a derecha o izquierda) en un dispositivo de muelle-sensor de apoyo del suelo móvil
En el mismo proyecto del caso anterior, la solución inicial de los dispositivos de muelle-sensor (apoyo del suelo móvil y detección de la carga) tenían mano al estar dispuestos simétricamente sobre el soporte de la plataforma móvil.
Un análisis crítico de esta solución hizo ver que una colocación antisimétrica de un mismo dispositivo de muelle-sensor respecto al soporte de la plataforma móvil (Figura 2.9*b*), evitaba que éste tuviera mano (disminución de la complejidad).

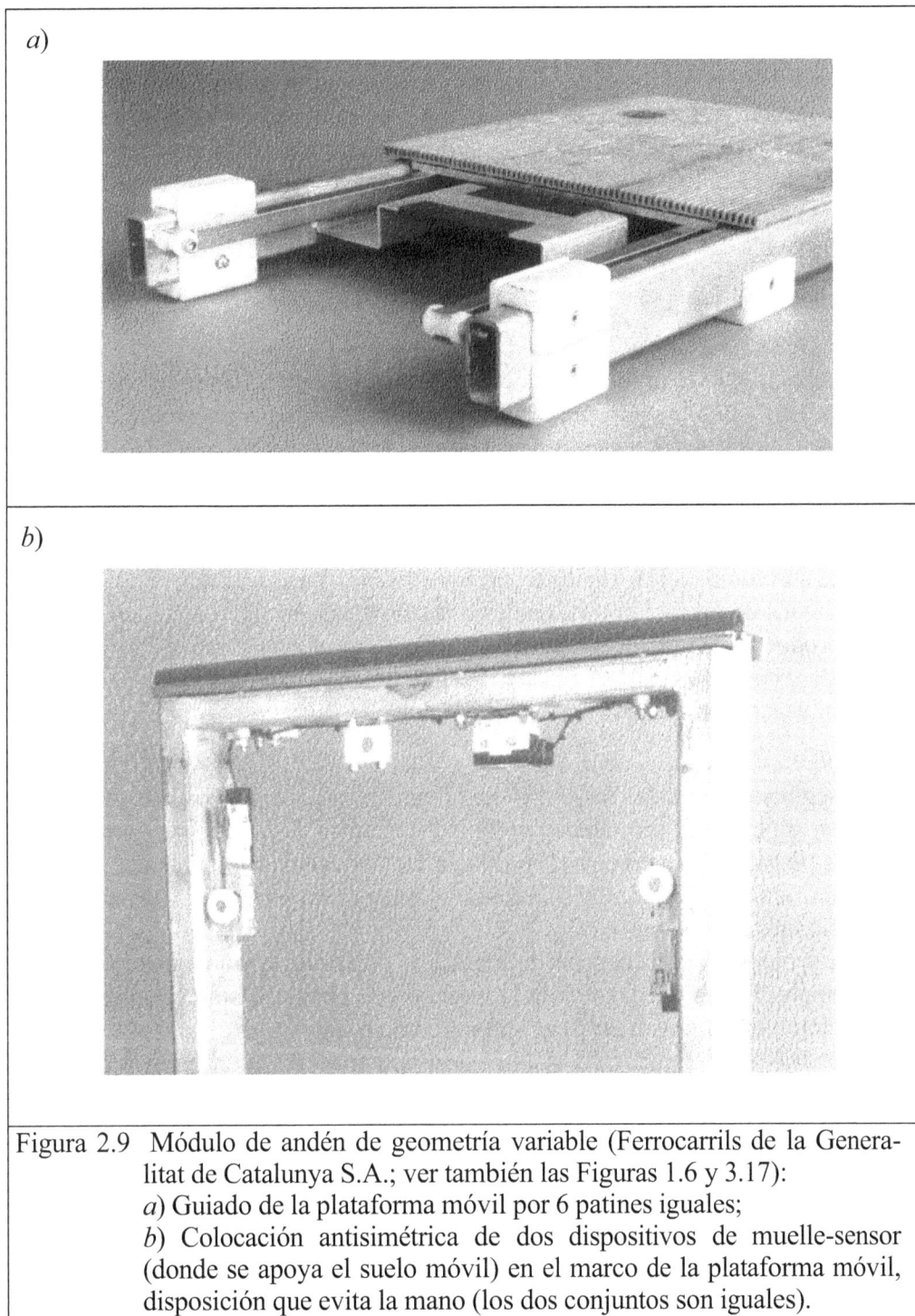

a)

b)

Figura 2.9 Módulo de andén de geometría variable (Ferrocarrils de la Generalitat de Catalunya S.A.; ver también las Figuras 1.6 y 3.17):
a) Guiado de la plataforma móvil por 6 patines iguales;
b) Colocación antisimétrica de dos dispositivos de muelle-sensor
(donde se apoya el suelo móvil) en el marco de la plataforma móvil,
disposición que evita la mano (los dos conjuntos son iguales).

Revisar el proyecto

Una última función del diseño de detalle es revisar que todas las partes y todos los aspectos del proyecto concuerden. Es importante que esta revisión se realice de forma metódica, a cuyo fin son de gran utilidad las listas de referencia para el diseño de detalle. Debido a la gran diversidad de tipos de productos y procesos de las diferentes empresas, parece adecuado que estas listas de referencia sean elaboradas por profesionales de la empresa en base a la experiencia de proyectos anteriores.

En todo caso, conviene tener en cuenta los siguientes puntos:

Revisar que se cumplan todas las funciones
Debe revisarse que el producto cumpla todas las funciones, tanto las que corresponden a los modos de operación principales como también a los modos de operación ocasionales y accidentales (ver Sección 3.1).
Por ejemplo, debe comprobarse que: Los distintos elementos y sistemas están correctamente dimensionados; Las cadenas de cotas y tolerancias aseguran las distintas funciones de movilidad y sujeción de piezas y componentes; Las juntas y pasos de cables son compatibles con los requerimientos de estanqueidad.
En los modos de operación ocasionales o accidentales es donde con más frecuencia se producen olvidos o desajustes: ¿Cómo se mantiene y repara?; ¿Cómo se transporta y cómo se guarda?; ¿Qué pasa cuando falla la corriente?; ¿Cómo puede actuar un usuario inexperto?

Comprobar que sea fabricable
Debe asegurarse que todas las piezas son fabricables y dar alternativas cuando se presenten dificultades (por ejemplo: Detectar formas incompatibles para piezas fundidas, forjadas o sinterizadas y proponer las correcciones pertinentes; Facilitar la mecanización disminuyendo al mínimo el número de estacadas; Prever puntos de sujeción para las piezas).
Estudiar y mejorar las secuencias de montaje y prever las herramientas necesarias (por ejemplo: Prever chaflanes para la inserción de piezas; Disminuir las direcciones de montaje; Incorporar elementos de referenciación).
Evitar problemas derivados de operaciones incompatibles (por ejemplo, la realización de soldaduras después de la pintura).

Repasar que el proyecto sea completo
El diseño de detalle tiene que proporcionar los documentos necesarios para la fabricación y, por lo tanto, no debe olvidar ningún elemento ni aspecto: las tapas, los conectores, la lubricación, la pintura, las indicaciones sobre la máquina; o los manuales de instalación, uso y mantenimiento.

3 Herramientas para el diseño concurrente

3.1 Modularidad y complejidad de un producto

Introducción

Hoy día crece la tendencia a concebir y diseñar los productos según una pauta modular. Podría parecer que siempre ha sido así, que los productos siempre se han compuesto de componentes y partes que luego se integran en conjuntos más complejos y, de hecho, es cierto. Sin embargo, cuando se observa la evolución de los productos a lo largo de los últimos tiempos se percibe que se ha producido un cambio de filosofía importante en este aspecto, que es consecuencia más o menos explícita de la toma en consideración del concepto de ciclo de vida de los productos y de la necesidad de las empresas de establecer una gama coherente y racional de los productos que fabrican

Conceptos

Los *productos modulares* son aquellos que están organizados según una estructura de diversos bloques constructivos, orientada a ordenar e implantar las distintas funciones y a facilitar las operaciones de composición del producto. Los bloques constructivos se llaman *módulos*, y su organización, *estructura modular*.

Se pueden distinguir dos tipos de módulos:

Módulos funcionales
Son aquellos bloques, o *módulos*, orientados fundamentalmente a materializar una o más funciones del producto y que prestan una especial atención a la interfase de conexión y a los flujos de señales, de energía y de materiales con el entorno. Los *módulos funcionales* ayudan a organizar e implantar las funciones de un producto y, por lo tanto, exigen una atención especial en la elaboración de la *estructura funcional* y un esfuerzo importante durante las etapas de definición y de diseño conceptual.

Módulos constructivos

Son aquellos bloques, o *módulos*, orientados fundamentalmente a estructurar y facilitar las operaciones de composición de un producto por medio de la partición de una secuencia de fabricación compleja en secuencias de menor complejidad y prestan una especial atención a las interfases de unión. Los *módulos constructivos* colaboran a implantar la fabricación, facilitan las tarea de planificación de la producción y disminuyen los costes. Por lo tanto, su implantación exigen una especial atención en la elaboración de la *estructura del proceso de fabricación* y un esfuerzo concurrente de los responsables de ingeniería de fabricación desde las primeras etapas del proyecto.

El concepto de producto modular adquiere todo su significado cuando la estructura modular incide en las actividades de varias etapas de su ciclo de vida, como son:

- La partición del proyecto en subproyectos en la etapa de diseño (facilita el desarrollo simultáneo de diversas partes del proyecto)
- La división de la fabricación en subgrupos y componentes (facilita las relaciones de subcontratación y la adquisición de componentes)
- Simplifica la verificación y el montaje
- Permite implantar las opciones y variantes en la comercialización
- Facilita las operaciones de mantenimiento (detección y reparación)

Por lo tanto, la estructuración *modular* de los productos es una poderosa herramienta para la perspectiva de la *ingeniería concurrente*.

Características de la estructuración modular

El diseño de productos basados en una *estructura modular* requiere un esfuerzo adicional, especialmente en las etapas de definición y de diseño conceptual, ya que la empresa deberá evaluar cuidadosamente las implicaciones que esta nueva concepción tendrá en las distintas etapas del ciclo de vida, así como en la gama de producto que ofrece (nivel de separación en módulos, partición del diseño, componentes comunes, incidencia en la fabricación y en el montaje, opciones en la comercialización y en el uso, facilidad de mantenimiento e, incluso, posibilidades de reutilización o reciclaje en el fin de vida).

Más adelante se describen conceptos y herramientas que dan apoyo a esta tarea, como el análisis de la *estructura funcional* y la caracterización de las *interfases*.

Si se hace el esfuerzo inicial de diseñar un producto basado en una *estructura modular* bien concebida, el desarrollo del resto del proyecto es más corto y económico, a la vez que se abren nuevas posibilidades y aparecen ventajas que pueden ser de gran interés a lo largo de los ciclos de vida del producto y del proyecto.

Las principales ventajas de la estructura modular para el fabricante y el usuario son:

a) Facilita la división del proyecto y posibilita la realización del diseño de diferentes módulos en paralelo, lo que permite acortar el tiempo total de diseño

b) Consecuentemente con el punto anterior, facilita la subcontratación de piezas y módulos y la aplicación de componentes de mercado

c) Amplía las posibilidades de introducir nuevas funciones o variantes en el producto siempre que se mantenga la estructura modular inicial

d) El hecho de concentrar funciones en módulos repetitivos, permite hacer un desarrollo cuidado y ensayado de estos módulos que redunda en una mayor fiabilidad

e) Facilita el montaje, ya que implica componentes bien definidos con interfases claramente establecidas

f) Mejora la fiabilidad del conjunto ya que se parte de módulos con funciones claramente delimitadas que se han verificado previamente

g) Facilita la racionalización de gamas de productos al establecer módulos comunes y concentrar las opciones en módulos con variantes

h) Una estructura de módulos constructivos en productos fabricados en pequeñas series da lugar a una solución más económica gracias a las repeticiones

i) Los módulos comunes a diferentes miembros de una gama, también aumentan las series de fabricación y abaratan el producto

j) En productos con un gran número de variantes, la estructuración con módulos comunes simplifica la fabricación y disminuye el tiempo de entrega.

k) El mantenimiento es más sencillo, ya que simplifica la detección y el diagnóstico, se facilita el desmontaje y montaje y la puesta a punto es más fiable

Las principales limitaciones de la estructura modular son:

a) En una estructura modular muy fragmentada, los inconvenientes de la subdivisión en módulos pueden ser mayores que las ventajas (dimensiones, peso, complejidad). Esta reflexión apunta a la cuestión de determinar el nivel más conveniente para descomponer un producto en módulos

b) Mayor dificultad de adaptarse al usuario cuando los requerimientos especiales no pueden ser cubiertos por la estructura modular (pérdida de flexibilidad)

c) Una modificación de la estructura modular, por pequeña que sea, adquiere gran complejidad por los muchos condicionantes que hay que tener en cuenta.

Caso 3.1
Estructura con módulos funcionales: proyecto SRIC

El objetivo del proyecto SRIC (*sistema de reparación interna de canalizaciones*, Figura 3.1) es inspeccionar y realizar ciertas reparaciones en canalizaciones (fundamentalmente, alcantarillas) sin tener que abrir la calle para acceder a ellas, lo que se consigue gracias a un vehículo especial alimentado y controlado a través de una conexión umbilical (potencia y señal) que se mueve por su interior.

A fin de disminuir los costes y aumentar la flexibilidad, el sistema se estructura en *módulos funcionales*: 1. *Plataforma base* (tracción y dirección, como un vehículo de orugas; base del resto de módulos); 2. *Módulo de inspección* (visión estereoscópica y medida de distancias; movimientos de cabeceo y balanceo); 3. *Módulo de mecanizado* (un motor neumático mueve una fresa para eliminar obstrucciones sólidas; movimientos de balanceo y de acercamiento); 4. *Módulo de inyección* (aplicación de resinas sellantes en uniones de tubos con pérdidas; movimiento de balanceo); 5. *Módulos laterales* (adaptación a distintos diámetros). Algunas de sus principales ventajas son:

- Costes menores en la plataforma base (y otros elementos comunes)
- Flexibilidad en la comercialización
- Facilidad en el desarrollo de nuevos módulos con nuevas funciones

Caso 3.2
Estructura con módulos constructivos: túnel de lavado

Un túnel de lavado es una máquina de elevada productividad formada por un tubo de gran diámetro (unos 2 metros) con compartimentos en su interior que por medio de distintos artilugios (tornillo de Arquímedes, pala de transferencia) hace avanzar la ropa a intervalos especificados. La longitud total se relaciona con la productividad, ya que cuántos más compartimentos tenga, los intervalos de transferencia serán menores. Cada compartimento puede realizar diversas funciones (prelavado, lavado con agua fría o caliente, aclarado) en función de las entradas y salidas de agua y de productos y de la temperatura del baño.

El principal inconveniente de los túneles convencionales es construir el cuerpo unitario del túnel (excesivas uniones soldadas, a menudo difíciles y peligrosas por ser interiores, falta de precisión del conjunto, existencia de tantas versiones como longitudes). La idea directriz del nuevo túnel de Girbau S.A. (Figura 3.2; dispone de patente) consiste en formar el cuerpo del túnel a partir de módulos iguales (semejantes a bombos de lavadora) ensartados por unas barras longitudinales postensadas, de forma análoga a determinadas vigas para la construcción de puentes.

Después de superar numerosas dificultades técnicas (unión torsional entre módulos, realización del postensado, apoyo y accionamiento por los extremos, construcción de la envolvente y las juntas) el resultado ha sido un túnel mucho más fácil de fabricar, de coste mucho menor que los de la competencia y con una gran flexibilidad para adaptarlo a las necesidades de los clientes.

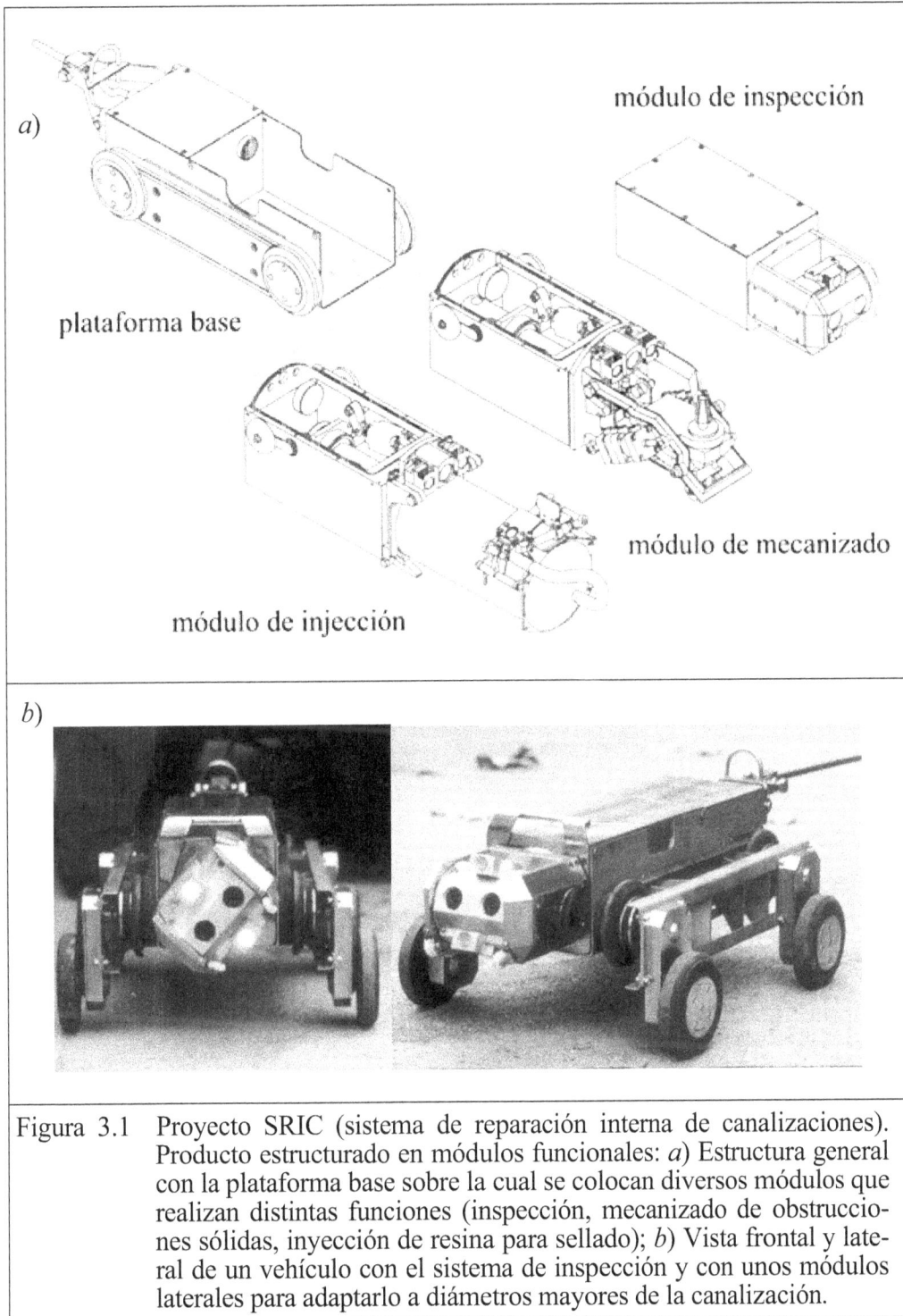

Figura 3.1   Proyecto SRIC (sistema de reparación interna de canalizaciones). Producto estructurado en módulos funcionales: *a*) Estructura general con la plataforma base sobre la cual se colocan diversos módulos que realizan distintas funciones (inspección, mecanizado de obstruccio- nes sólidas, inyección de resina para sellado); *b*) Vista frontal y late- ral de un vehículo con el sistema de inspección y con unos módulos laterales para adaptarlo a diámetros mayores de la canalización.

Estructura funcional

Función global y subfunciones

Con el propósito de describir y resolver los problemas de diseño, es útil aplicar el concepto de función, que es cualquier transformación (en el sentido de realización de una tarea) entre unos flujos de entrada y de salida, tanto si se trata de funciones estáticas (invariables en el tiempo) como de funciones dinámicas (que cambian con el tiempo). La función es, pues, una formulación abstracta de una tarea, independientemente de la solución particular que la materializa.

La *función global* representa la tarea global que debe realizar el producto que se va a diseñar y se establece como una caja negra que relaciona los flujos de entrada y los de salida. Sin embargo, esta presentación es muy esquemática y, para obtener una representación más precisa, hay que dividir la función global en subfunciones (correspondientes a subtareas) y a la vez, establecer las relaciones de flujos entre estas subfunciones.

La representación del conjunto de subfunciones con las entradas y salidas así como las interrelaciones de flujos entre ellas se denomina *estructura funcional*.

Modos de operación

La tesis doctoral de Joan Cabarrocas [Cab, 1999] introduce el concepto de *modo de operación* que se define como cada uno de los comportamientos (o maneras de funcionar) que puede desarrollar un producto o sistema durante su ciclo de vida. Y aún añade una clasificación de estos modos de operación en:

- *Modos de operación principales.* Son aquellos que se derivan de la realización de la función principal en condiciones normales de funcionamiento

- *Modos de operación ocasionales.* Son aquellos que deben darse de manera puntual para la correcta realización de los modos de funcionamiento principales (puesta en marcha y paro, períodos de inactividad, limpieza y recarga, mantenimiento y reparación, programación y ajuste)

- *Modos de operación accidentales.* Son aquellos que se producen de manera fortuita y no deseada con posibles daños para el sistema y el entorno (bloqueos y retenciones, conexión y desconexión involuntaria, caídas y golpes, situaciones ambientales extremas).

Para un producto o sistema que presenta diversos modos de operación, deben de desarrollarse tantas *estructuras funcionales* como modos de operación tenga, a pesar de que algunas de ellas pueden ser triviales.

a)

b)

Figura 3.2   Túnel de lavado de Girbau S.A. (producto estructurado en módulos constructivos): *a)* Imagen seccionada donde se ve la estructura modular y los sistemas de apoyo y accionamiento; *b)* Planta de fabricación de túneles de Girbau S.A.

Módulos e interfases

El análisis funcional de un producto o sistema y la elaboración de la estructura *funcional* es un primer paso para establecer su *estructura modular* (la mayor parte de diseñadores realizan estos procesos sin formalizarlos), a partir de combinar las diversas funciones en módulos de forma que se consigan los dos objetivos prioritarios siguientes:

a)   Agrupar las funciones en módulos

Es conveniente que cada una de las funciones sea realizada por un solo módulo. En caso de no ser posible, hay que delimitar convenientemente la parte de la función que realiza cada módulo y sus interrelaciones (ver en el párrafo siguiente las consideraciones sobre las *interfases*). El establecer una estructura modular subdividida en mayor o menor grado es uno de los criterios que hay que analizar cuidadosamente, lo que se trata en la última sección.

b)   Establecer interfases adecuadas entre módulos

Interfase es cualquier superficie real o imaginaria entre dos módulos de un sistema, a través de la cual se establece alguna de las siguientes relaciones: unión mecánica, flujo de energía, flujo de materiales o flujo de señales.

b1)   Interfase mecánica
Superficie por medio de la cual se establece una *unión* mecánica entre dos módulos de un producto o sistema. Esta unión puede ser *fija*, si no permite el movimiento relativo entre las partes, o *móvil* (también *enlace*), si lo permite (función de una determinada geometría de contacto).

b2)   Interfase de energía
Superficie a través de la cual se establece un flujo de energía entre módulos de un producto o sistema (en casos límites, también de fuerzas, deformaciones o movimientos). Las interfases de energía más frecuentes son las de alimentación eléctrica, de aire comprimido y de fluido hidráulico.

b3)   Interfase de transferencia de materiales
Superficie a través de la cual se establece un flujo de material entre módulos de un producto o sistema. Por ejemplo, la alimentación de materia prima y la retirada de piezas acabadas en un torno.

b4)   Interfase de señal
Superficie a través de la cual se establece un flujo de señal entre módulos de un producto o sistema. Por ejemplo, la comunicación de la imagen entre la unidad central y la pantalla de un ordenador.

Lamentablemente, a menudo se parte en los diseños de un análisis limitado a las interfases mecánicas e insuficiente por lo que respecta a otros flujos. Ello puede acarrear que los "detalles" de última hora (cableados, conducciones, alimentación de materiales), se transformen en problemas de muy difícil solución en una etapa del proyecto en la que las principales decisiones ya han sido tomadas.

Simbología

Para facilitar la representación de las funciones y de los flujos en la *estructura funcional* de una producto o sistema, es conveniente disponer de símbolos adecuados cuya utilización sea lo suficientemente flexible.

En este texto se ha adoptado fundamentalmente la simbología propuesta por la norma VDI 2222 que tiene la virtud de que, sin limitar las funciones a las estrictamente matemáticas o lógicas, y sin obligar a precisar ni a cuantificar las variables de los flujos, permite establecer una *estructura funcional* suficientemente articulada que sirva de guía para fijar la estructura *modular* del producto o sistema y para generar los *principios de solución* (ver la Sección 2.5 sobre *diseño conceptual*).

Los *símbolos* utilizados son los siguientes:

Función:	Rectángulo de línea continua
Flujo de material y dirección:	Flecha de doble línea continua
Flujo de energía y dirección:	Flecha de línea continua
Flujo de señal y dirección:	Flecha de línea discontinua
Sistema, subsistema, módulo:	Polígono de línea de punto y raya

Las *descripciones* de los diferentes conceptos se realizan de la siguiente manera:

Funciones. Se sitúan dentro del rectángulo y preferentemente se definen con un verbo seguido de un predicado: transferir pieza; mover brazo; controlar posición.

Flujos. Su objeto se indica encima de las flechas correspondientes: de pieza en bruto, acabada; de alimentación eléctrica, de accionamiento del cabezal; de señal de puesta en marcha, de posición.

Sistema, *subsistemas* y *módulos*. Se indica encima y a mano izquierda del polígono que los delimita.

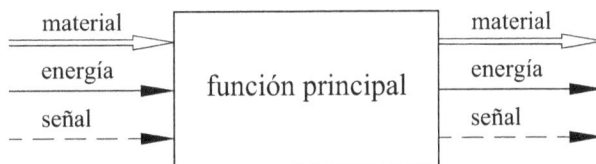

Caso 3.3

Estructura funcional para el diseño de un contenedor soterrado

La escasez de espacio en muchas de las ciudades ha hecho que se propongan sistemas de contenedores que normalmente están soterrados y cubiertos con una tapa solidaria a un buzón para la entrada de bolsas de basura. En el momento de la recogida, se separa la tapa y se eleva el contenedor hasta el nivel del suelo; después de la recogida, se baja de nuevo el contenedor y se coloca la tapa.

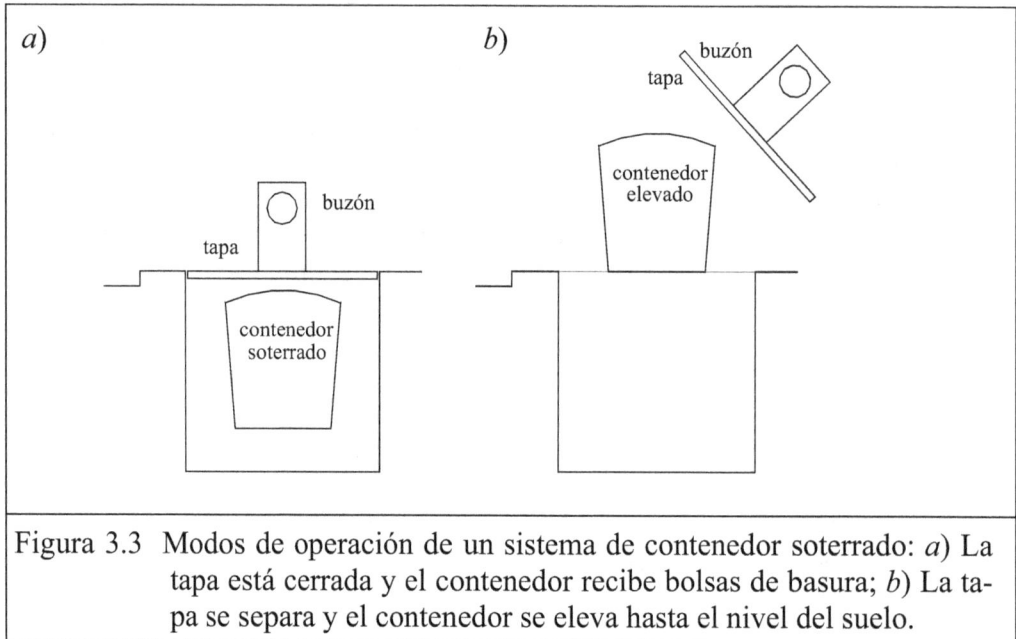

Figura 3.3   Modos de operación de un sistema de contenedor soterrado: *a*) La tapa está cerrada y el contenedor recibe bolsas de basura; *b*) La tapa se separa y el contenedor se eleva hasta el nivel del suelo.

Algunas de las principales funciones del sistema son (ver la Figura 3.2):
* Recibir bolsas de basura a través del buzón
* Ajustar la tapa para evitar malos olores
* Separar la tapa con el buzón
* Elevar el contenedor lleno hasta el nivel del suelo

Función global y estructura funcional

La función global de este sistema puede representarse de la siguiente manera:

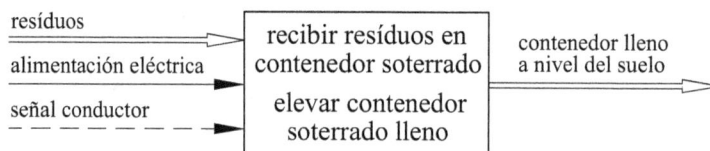

Al avanzar en el establecimiento de la estructura funcional, inmediatamente se constata de que el sistema tiene dos modos de operación principales: 1) La recepción de la basura; 2) La elevación del contenedor lleno para poder efectuar la recogida. La nueva representación tiene la siguiente forma:

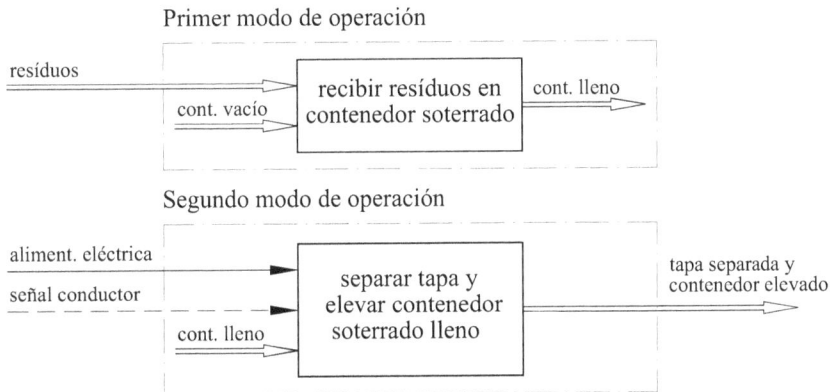

El primer modo de operación es relativamente sencillo y no se analiza aquí. Sin embargo, el análisis del segundo modo de operación presenta más complejidad y también mucho más interés. En efecto, hay que ejecutar dos subfunciones diferentes en un cierto orden (o al menos de forma coordinada): *a*) Separar la tapa; *b*) Elevar el contenedor lleno. Para coordinar estas acciones, debe preverse una función de control. Después de vaciar el contenedor, hay que realizar las operaciones inversas, bajar el contenedor vacío y colocar (y ajustar) la tapa. La nueva representación de la estructura funcional (sin la bajada del contenedor ni la colocación de la tapa), podría ser:

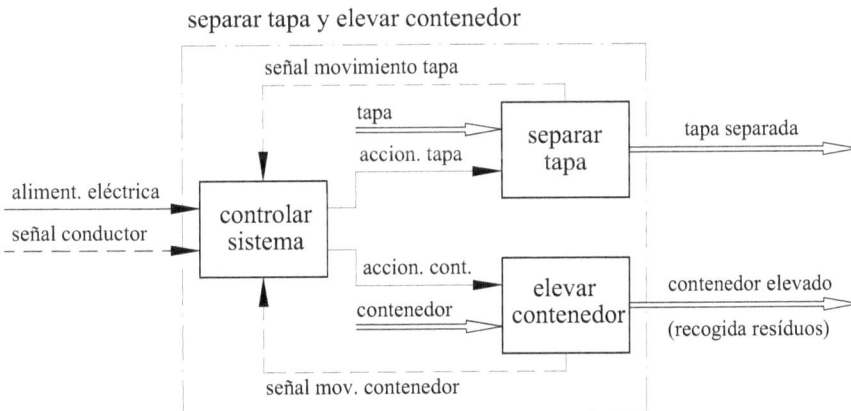

Finalmente (en este ejemplo), las dos funciones de *separar tapa* y *elevar contenedor lleno* se pueden subdividir en las subfunciones técnicas de *guiar* y *mover*. La parte de la estructura funcional de la acción de elevar el contenedor lleno, es:

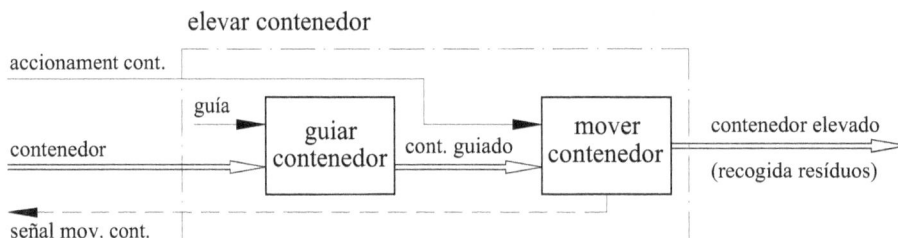

Principios de solución

A partir del análisis de la estructura funcional y de los condicionantes de diseño, se establecen los principios de solución siguientes:

A) El primero consiste en unir en un solo conjunto la tapa y el soporte del contenedor, que se guía por medio de unos rodillos que se mueven en un perfil (solución análoga a la de una carretilla elevadora) por un cilindro hidráulico que acciona el conjunto por la parte superior (Figura 3.4*a*).

B) Y, el segundo, consiste en articular la tapa a nivel del suelo mientras que el soporte del contenedor se guía de forma análoga al caso anterior. Sin embargo, en esta solución se requieren cilindros hidráulicos para cada uno de los dos movimientos y un dispositivo de control para coordinarlos (Figura 3.4*b*).

Evaluación de los principios de solución

Desde el punto de vista de simplicidad constructiva y de funcionamiento, el principio de solución *A* es muy superior (buen ajuste de la tapa; intrusión mínima de la tapa en el entorno; un solo guiado y un solo cilindro; sistema de control mínimo), siempre que el contenedor pueda ser retirado horizontalmente (habitualmente a mano).

Sin embargo, este sistema no es apto para la recogida monooperada con unidades de carga lateral, ya que el contenedor requiere un movimiento fundamentalmente de elevación. En cambio, el principio de solución *B* que es apto para ello, además de su mayor complejidad, presenta otros inconvenientes que deben resolverse satisfactoriamente como son la posibilidad de tropezones con la bisagra, la intrusión del buzón sobre la acera o el ajuste más deficiente de la tapa.

En este caso se observa que el diseño de contenedor soterrado no puede desligarse de la solución adoptada en el sistema de recogida de basura.

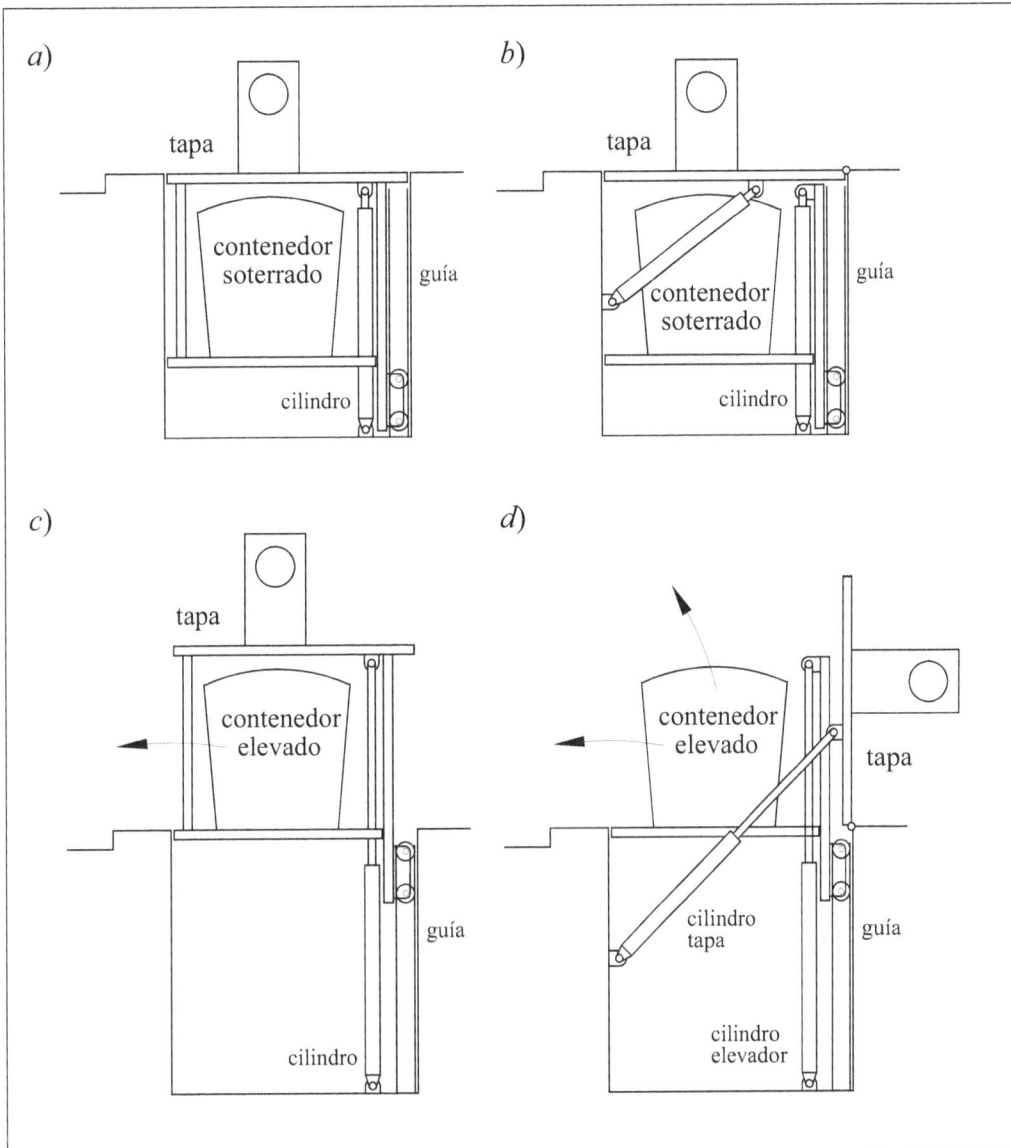

Figura 3.4 Dos principios de solución: *a*) Tapa y soporte del contenedor forman un conjunto guiado por rodillos que se acciona por un solo cilindro. El contenedor no puede retirarse verticalmente; (el apartado *c* muestra el conjunto en posición elevada); *b*) Tapa articulada al suelo y soporte del contenedor guiado por rodillos; requiere cilindros independientes y un sistema de control para coordinar los movimientos). El contenedor puede retirarse verticalmente; (el apartado *d*, muestra el sistema en la posición elevada).

Estructura funcional y estructura modular

La estructura funcional constituye una ayuda importante para establecer la estructura modular de un producto o sistema. El despliegue de las diferentes funciones (tanto las que provienen de la especificación como las originadas por requerimientos técnicos) y de los flujos que las interconectan componen el marco de referencia a la que cualquier solución de la estructura modular debe satisfacer.

A pesar de su gran incidencia en la práctica industrial, los criterios para elaborar la estructura modular han sido poco estudiados (hay escasos trabajos escritos sobre el tema) y, sin embargo, sorprende la buena intuición sobre el tema de muchos de los responsables industriales al establecer los módulos y las gamas de productos.

Seguidamente se analiza la relación entre funciones y módulos en el proyecto SRIC (continuación del Caso 3.1) desarrollado en la Universitat Politècnica de Catalunya.

Caso 3.1 (inicio en la página 124)
Estructura con módulos funcionales: proyecto SRIC

Las funciones básicas que contempla la estructura funcional del proyecto SRIC (*sistema de reparación interna de canalizaciones*; ver Figura 3.1) son las siguientes: *a*) Desplazar el conjunto por el interior de la canalización; *b*) Medir la inclinación de la canalización; *c*) Orientar (cámara, herramienta de mecanizado, cabezal de inyección); *d*1) Inspeccionar con dos cámaras de vídeo (base para la medida de distancias); *d*2) Inspeccionar con una cámara (operaciones de mecanizado y de inyección); *e*) Iluminar la canalización; *f*) Mecanizar (para eliminar obstáculos sólidos); *g*) Inyectar sellante (hacer estancas las juntas de la canalización con pérdidas); *h*) Suministrar el sellante; *i*) Comunicar con el exterior (señales, energía, materiales).

La estructuración modular del sistema puede basarse, entre otras, en las tres soluciones siguientes: 1. Diseñar un solo vehículo que incorpore todas las funciones anteriores (funciones *a*, *b*, *c*, *d*1 o *d*2, *e*, *f*, *g*, *h*, *i*); 2. Concebir tres vehículos que realicen las tres funciones finales: vehículo de inspección (funciones *a*, *b*, *c*, *d*1, *e*, *i*); vehículo de mecanización (funciones *a*, *b*, *d*2, *e*, *f*, *i*); y vehículo de inyección de sellante (funciones *a*, *b*, *d*2, *e*, *g*, *h*, *i*); 3. Establecer un sistema modular con una *plataforma base* (funciones *a*, *b*, *i*) y tres módulos distintos que se le acoplan: *módulo de inspección* (funciones *c*, *d*1, *e*); *módulo de mecanizado* (funciones *c*, *d*2, *e*, *f*); y *módulo de inyección* (funciones *c*, *d*2, *e*, *g*, *h*).

La primera solución es prácticamente inabordable, ya que el diámetro mínimo por donde se debe mover el sistema es de 300 mm, la segunda obliga a duplicar muchas funciones en los distintos vehículos mientras que, la tercera, representa un buen compromiso en el reparto de funciones que además, facilita el despliegue de nuevos módulos con nuevas funciones.

Complejidad

De forma general, la complejidad está relacionada con el número y las relaciones entre los elementos que intervienen en la determinación de una pieza, componente, producto o sistema. Dado que en este tema hay un gran número de puntos de vista y de criterios distintos, nos parece útil adoptar las siguientes definiciones:

a) *Complejidad de piezas y componentes* (o complejidad de fabricación)
   Una pieza es tanto más compleja como más intrincada es su forma y más difícil su conformación.
   En la evaluación de la complejidad de piezas y componentes intervienen aspectos como el tipo de operación de conformado, el número de cotas distintas que definen la pieza o componente, y el grado de precisión (se mide por medio de una determinada relación entre las dimensiones y sus campos de tolerancia).

b) *Complejidad de un conjunto* (o complejidad de composición y montaje)
   Un conjunto es tanto más complejo cuanto mayor es el número de piezas y componentes, mayor es la diversidad de piezas y componentes, y mayor es el número de interfases entre piezas y componentes.

La disminución de la complejidad de un producto o sistema tiene en general efectos beneficiosos desde muchos puntos de vista, por lo que es un objetivo a perseguir en las tareas de diseño:

- Disminución del número de piezas a fabricar
- Disminución del número de interfases (deterioros y desgastes en los enlaces, asentamientos entre superficies, conexiones y flujos)
- Disminución del número de elementos de unión y de enlace (tornillos, remaches, soldaduras, rodamientos, guías, conectores, conducciones)
- Disminución del coste (menos piezas que, sin embargo, pueden ser más complejas); menos operaciones de montaje
- Mayor fiabilidad del conjunto (menos elementos susceptibles de mal funcionamiento) y mejora de la mantenibilidad.

Evaluación de la complejidad

En general, los métodos para evaluar la complejidad parten de la consideración de que la complejidad está correlacionada con las discontinuidades que se presentan en la fabricación de las piezas y componentes (diferentes estacadas de la pieza, operaciones, superficies, chaflanes, radios de enlace, roscas) y en la composición de conjuntos (número y variedad de piezas, interfases).

Factor de complejidad de piezas y componentes

Los métodos propuestos son relativamente laboriosos y su principal utilidad está en la etapa de diseño de detalle para evaluar alternativas constructivas de piezas o componentes. Por su menor eficacia (se aplica a un nivel de definición en el que no es difícil evaluar directamente el coste) y por ser un tema relativamente alejado del objetivo de este texto, estos métodos no se detallan.

Factor de complejidad de un conjunto, C_f

A continuación se expone un método sencillo y eficaz para evaluar la complejidad de un conjunto o sistema por medio del *factor de complejidad*, C_f, propuesto por Pugh [Pug, 1991] el cual, partiendo de los siguientes parámetros:

N_p = Número de piezas o componentes del conjunto considerado
N_t = Número de tipos distintos de piezas o componentes
N_i = Número de interfases, enlaces o conexiones del conjunto
f = Número de funciones que realiza el conjunto

establece la siguiente expresión (K es un factor de conveniencia):

$$C_f = \frac{K}{f} \cdot \sqrt[3]{N_p \cdot N_t \cdot N_i}$$

Dado que este método suele aplicarse a propuestas alternativas que dan solución a un mismo problema, el número de funciones es el mismo, por lo que puede suprimirse el parámetro f. El nuevo *factor de complejidad* simplificado es:

$$C_f = \sqrt[3]{N_p \cdot N_t \cdot N_i} \quad \text{o} \quad C_f = N_p \cdot N_t \cdot N_i$$

Caso 3.4 (se basa en el Caso 3.3)
Evaluación de la complejidad de dos alternativas de contenedor soterrado

Se trata de evaluar la complejidad de las dos alternativas conceptuales del sistema de contenedor soterrado establecidas en el caso anterior. Se han reproducido los esquemas (ver Figura 3.5), ahora con las indicaciones de los diferentes componentes (números) y de las distintas interfases o conexiones (letras).

Las siguientes simplificaciones y consideraciones hacen el método operativo:

1 Se ha considerado cada cilindro o cada conjunto de guiado como un componente ya que intervienen como tales (a pesar de ser conjuntos en si mismos)

2. También se ha considerado que la relación de cada conjunto de guiado con las guías o con el soporte de contenedor forman una sola interfase o enlace.

3. Por necesidades constructivas hay algunos elementos duplicados (conjuntos de guiado, que también guían en sentido transversal; cilindros de la tapa)

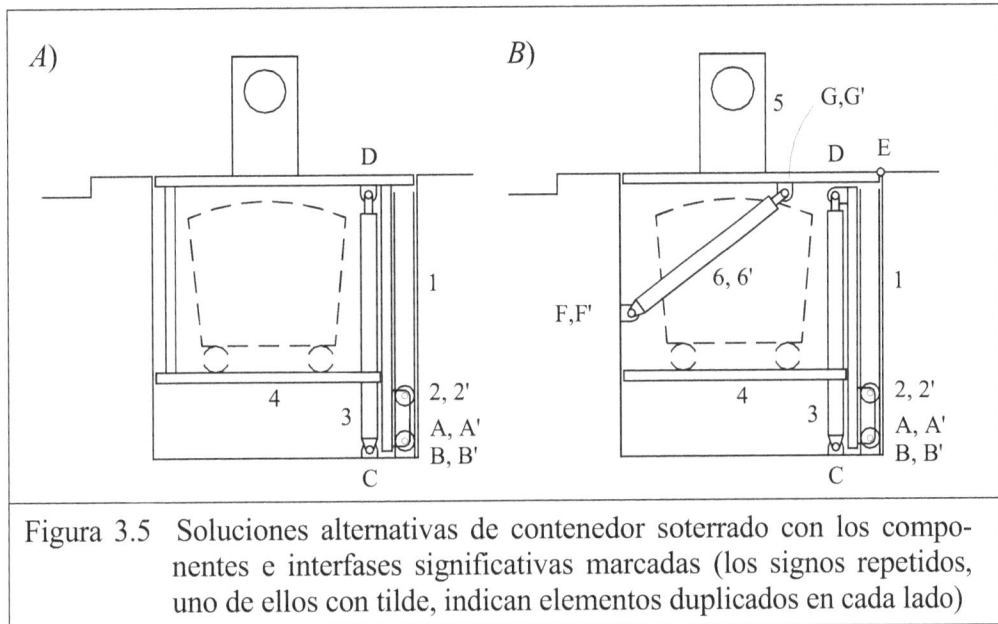

Figura 3.5   Soluciones alternativas de contenedor soterrado con los componentes e interfases significativas marcadas (los signos repetidos, uno de ellos con tilde, indican elementos duplicados en cada lado)

Aplicando el criterio de Pugh en la alternativa presentada, se obtiene:

		alternativa A	alternativa B
Número de componentes	N_p	5	8
Número de componentes diferentes	N_t	4	6
Número de interfases	N_i	6	11
Factor de complejidad	$C_f = N_p \cdot N_t \cdot N_i$	120	528
	$C_f^{1/3}$	4,93	8,08

Comentarios

En primer lugar, hay que hacer notar que el resultado se aproxima bastante bien a la percepción del diseñador (sobretodo el dado por la raíz cúbica). Si se evalúa por medio del simple producto de los parámetros, el factor de complejidad de la alternativa B tiene un valor casi 5 veces superior a la alternativa A mientras que, si se extrae la raíz cúbica, la relación de factores de complejidad se reduce a casi 2.

Y, en segundo lugar, este método permitiría evaluar la incidencia de cualquier modificación del diseño en la complejidad.

Modularidad y complejidad

En general, la modularidad aporta más beneficios que inconvenientes, pero nos podemos preguntar: ¿hasta que punto conviene subdividir un producto o sistema?

Es difícil dar criterios generales sobre esta cuestión que es de vital importancia práctica. Sin perder de vista las características del producto o sistema sobre el que se trabaja se pueden dar las siguientes recomendaciones:

a) Procurar que la estructura modular haga transparente el funcionamiento del producto o sistema al usuario

b) No subdividir en exceso, ya que aparecen problemas debidos al elevado número de interfases y en la necesidad de duplicar determinados elementos en cada módulo (es el caso de los reductores por etapas que se analizan más adelante)

c) No hacer una división escasa, ya que los módulos pueden transformarse en excesivamente complejos y perderse las ventajas de la modularidad.

d) Eliminar variabilidades en elementos que no la necesiten por su funcionalidad (es el caso del eje hueco de salida en reductores de engranajes que permite aplicar un único reductor a distintos requerimientos del eje de salida)

e) Complementariamente a lo anterior, tender a acumular opciones y variantes en determinados módulos a fin de simplificar las gamas de productos.

Caso 3.5
Modularización de reductores de engranajes

Un fabricante puede pensar que una buena solución para su gama de reductores es establecer un módulo para cada etapa. De esta manera se obtendrían los distintos reductores por composición de módulos según las necesidades de cada cliente (Figura 3.6a; en algunos reductores planetarios o cicloidales se hace así).

Cuando se analiza el tema más a fondo, se constata que la dimensión global del reductor viene determinada por la última etapa y el par de salida, siendo las dimensiones de las etapas anteriores mucho menores ya que los pares van disminuyendo. Por lo tanto, la formación de un reductor a partir de módulos por etapa aumenta la complejidad del sistema (requiere más ejes y rodamientos) a la vez que da lugar a una composición más voluminosa e irregular.

La estrategia que han adoptado la mayoría de fabricantes de reductores es distinta: se diseña una carcasa ligeramente mayor que la que requiere la última etapa y se prevé el lugar para hasta 4 ejes (ver Figura 3.6b; en determinadas aplicaciones se utilizan solo 2 ó 3 ejes).

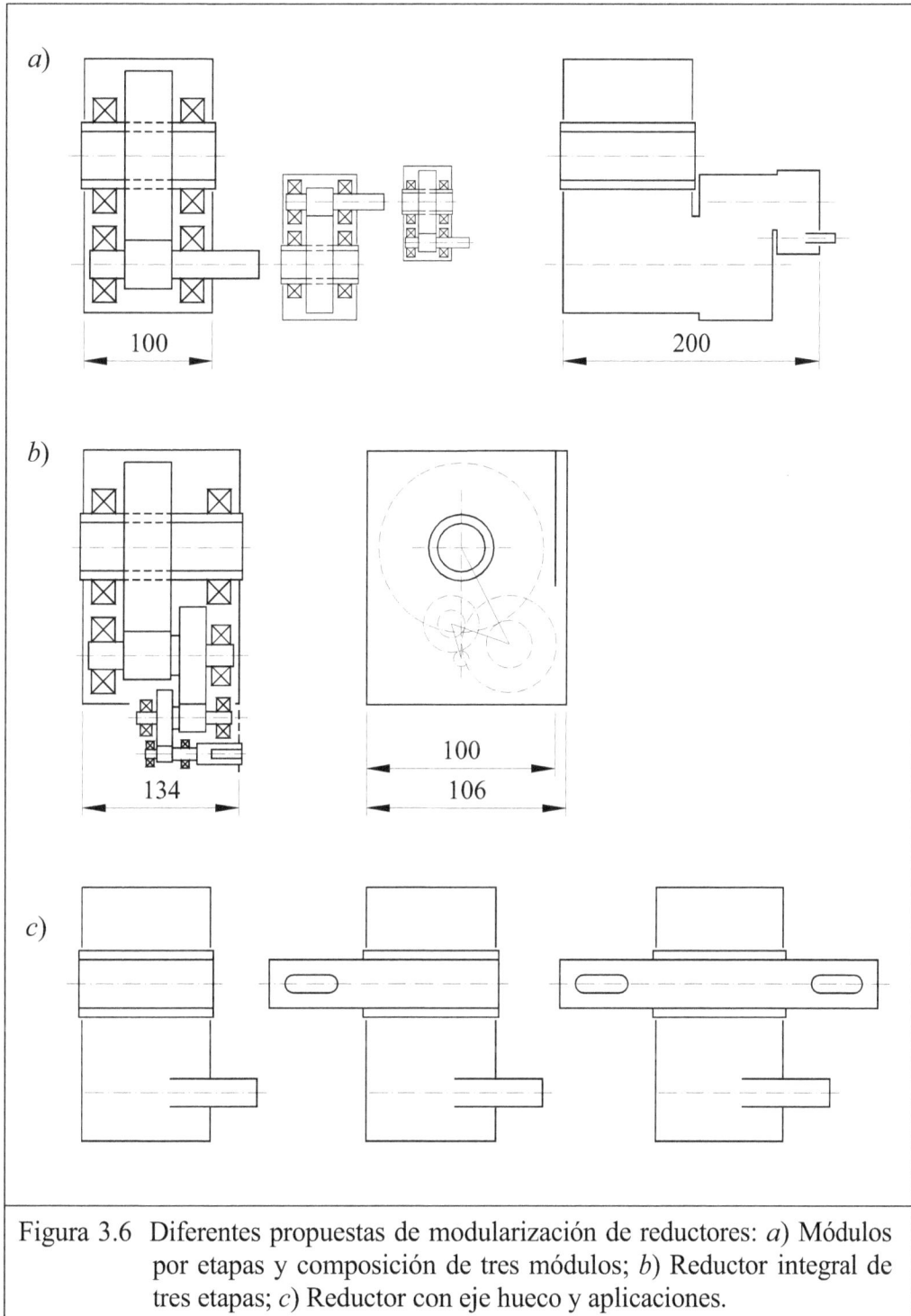

Figura 3.6 Diferentes propuestas de modularización de reductores: *a*) Módulos
por etapas y composición de tres módulos; *b*) Reductor integral de
tres etapas; *c*) Reductor con eje hueco y aplicaciones.

3.2 Diseño para la fabricación (DFM)

Introducción

El *Diseño para la fabricación* (DFM, *design for manufacturing*) es el primer paso en el camino hacia la *ingeniería concurrente*: además de la función, se diseña también para que el producto sea fácil y económico de producir.

Fabricar tiene un significado amplio: significa partir de materias primas, productos semielaborados y componentes de mercado y construir un producto o una máquina lo que engloba, como mínimo, los dos tipos de actividades siguientes:

a) *Conformación de piezas*
Consiste en dar forma a las piezas y a los componentes básicos de un producto por medio de una gran diversidad de procesos (fundición, forja, laminación, deformación, sinterizado, mecanizado, extrusión, inyección, tratamientos térmicos, recubrimientos) y también realizar primeras composiciones y uniones permanentes (calar ejes, rebordonar, soldar por puntos, al arco, por ultrasonidos, encolar) para formar componentes básicos.

b) *Montaje del producto*
Consiste en componer el producto a partir de las piezas y componentes elementales y comprende operaciones de inserción, de referenciación, de unión (fundamentalmente desmontables), pero también operaciones de puesta a punto y ajuste, de llenado de fluidos, de inicialización y, por último, de comprobación del correcto funcionamiento del conjunto.

En correspondencia con estos dos grandes tipos de actividades se han desarrollado métodos de ingeniería concurrente que son:

Diseño para la conformación
No hay unas siglas específicas y generalizadas en inglés. Pugh [Pug, 1991] lo describe como DFPP (*design for piecepart productibility*), que podría tener como equivalencia diseño para la productividad de piezas y componentes. Sin embargo, otros asignan el concepto de DFM (*design for manufacturing*) a este aspecto concreto de la fabricación.

Diseño para el montaje
Se designa por DFA (*design for assembly*, en inglés) y cuenta ya desde 1987 con el trabajo *Product design for assembly* de G.Boothroyd y P.Dewhurst, obra ya de una gran madurez que se puede obtener tanto en forma de manual como de programa de ordenador.

Cada vez es más frecuente la consideración conjunta de estas dos vertientes de la fabricación, lo que se designa por DFMA (en inglés, *design for manufacturing and asembly*). Este es un planteamiento sensato ya que, a menudo, la simplificación del montaje conlleva la fabricación de piezas más complejas o viceversa, por lo que hay que establecer compromisos entre estos dos aspectos.

Sin embargo, a efectos expositivos, en este texto se ha preferido presentar las dos metodologías en secciones separadas, reservando el ejercicio de su integración en las aplicaciones prácticas.

El resto de esta Sección (3.2) trata el *diseño para la fabricación* (DFM, en el sentido de conformación), el cual presenta una gran número de situaciones distintas debido a la gran diversidad de los procesos de fabricación y para los cuales se dan ciertas recomendaciones, muchas de ellas bien conocidas. Quizás la metodología más interesante en este apartado es la *tecnología de grupos* (TG; *group technology*, en inglés), iniciada hace más de 30 años y que a pesar de aplicarse poco como tal, ha influido en formulaciones y metodologías de la ingeniería concurrente.

La siguiente Sección (3.3) trata del *diseño para el montaje* que a nuestro entender, ofrece mayores potencialidades en la perspectiva de la ingeniería concurrente.

Procedimientos automatizados de manipulación y fijación

Como ya se dijo en la introducción de este texto (Sección 1.1) uno de los elementos principales que ha impulsado la ingeniería concurrente ha sido la dificultad de automatizar la fabricación de productos y sistemas que no han sido concebidos para este fin. Y, una de las principales dificultades de la fabricación automatizada es la manipulación de las piezas y componentes.

El hecho de ser tan habitual nos hace olvidar que la flexibilidad de nuestras manos, ayudadas por los sistemas de percepción (vista, oído y tacto) y controladas por el potente cerebro humano, son uno de los sistemas más perfectos para la manipulación de piezas y objetos. Piénsese sino en algunos ejemplos:

- La dificultad que tendría un sistema robótico para el simple acto de atender una llamada telefónica (sujetar, descolgar y orientar correctamente el auricular hasta la oreja y la boca que están en continuo movimiento). Inmediatamente se percibe que este no es el camino a seguir, como bien demuestran los contestadores automáticos.

- O, la dificultad de un robot doméstico para poner el azúcar y remover una taza de café, sin verterlo, sin romperla. ¿Y la complejidad de elaborar el criterio para determinar si es demasiado dulce o amargo ?

La robótica nos ha hecho ver la gran perfección y complejidad de estas simples acciones humanas. Los sistemas automatizados están aún lejos de tener estas capacidades y, cuando existen, su aplicación suele ser aún demasiado lenta y costosa. En la automatización, el mimetismo puede ser un error. Las máquinas son menos flexibles que el hombre pero también más potentes, precisas y robustas, por lo que hay que aprovechar precisamente estas cualidades.

Las investigaciones sobre nuevas tecnologías de fabricación están avanzando en dos direcciones opuestas: por un lado, se trabaja para aproximar los medios de prensión y la percepción e inteligencia artificial a las capacidades humanas; y por otro lado, se están desarrollando nuevas concepciones y metodologías en las que se minimice las necesidades de estas capacidades (componentes con simetrías, ordenación de las piezas, paletización, cadenas de montaje integradas).

Ordenación de las piezas

Dadas las limitaciones de los actuales sistemas automatizados en relación a las capacidades humanas, uno de los principales objetivos de la manipulación y fijación de las piezas en los procesos de fabricación, tanto en la conformación como en el montaje, es mantener el orden de las piezas, o sea, su posición y orientación.

Si se pierde el orden, recuperarlo es caro. Para piezas pequeñas fabricadas en grandes series se suelen usar dispositivos vibradores (cubos, mesas) con trampas mecánicas para eliminar las orientaciones no deseadas, no sin un coste importante en útiles (ver Figura 3.7*a* y *b*). En otras aplicaciones con piezas más complejas o de mayor tamaño se usan sistemas robóticos dotados de percepción artificial (normalmente visión), de coste generalmente más elevado. Finalmente, las piezas de gran tamaño se suelen manipular manualmente con la ayuda de útiles.

Los principales sistemas para evitar la pérdida del orden en los procesos de conformación y montaje son (Figura 3.7):

a) *Fabricación en cadena*, ya que existe un flujo continuo de piezas que mantienen la referencia en las distintas fases del proceso

b) *Células de fabricación*, propugnadas por la *tecnología de grupos*, ya que se suele disponer de un robot de alimentación que mantiene las referencias

c) *Paletización* (ordenación de las piezas en cajas especiales), lo que permite conformar y montar series medianas y grandes de piezas en procesos discontinuos sin que se pierdan las referencias, pero obliga a invertir en palets a medida

d) *Sistemas de alimentación*. Dispositivos capaces de alimentar ordenadamente materiales (barras en un torno de decoletaje) o piezas (tornillos o remaches, en procesos automáticos de unión). Generalmente se realizan a medida.

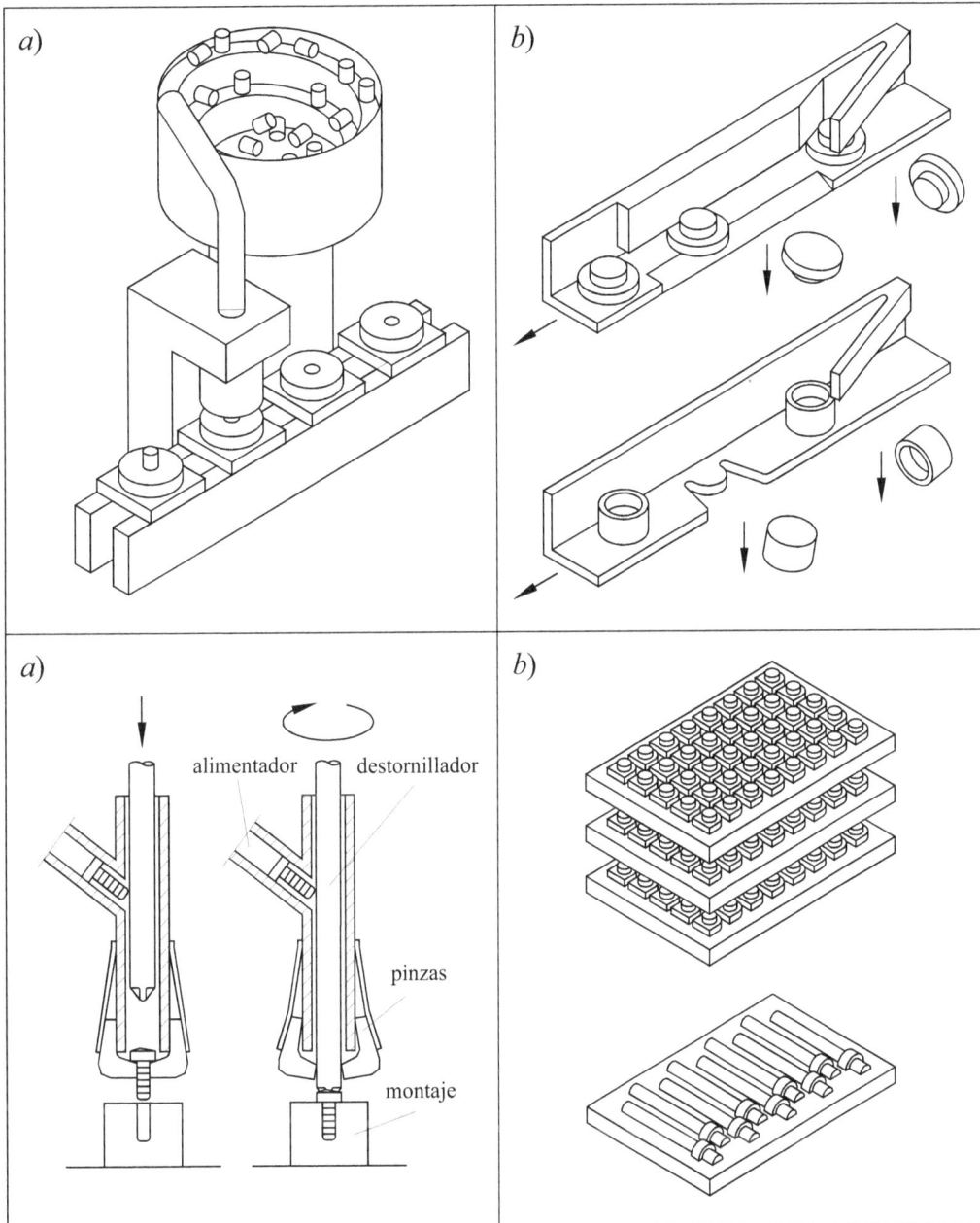

a)

b)

a)

alimentador   destornillador

pinzas

montaje

b)

Figura 3.7   Diversos sistemas relacionados con la ordenación de piezas: *a*) Dispositivo vibratorio de alimentación de una línea; *b*) Trampas mecánicas para eliminar orientaciones no deseadas; *c*) Dispositivo para la alimentación de tornillos; *d*) Ordenaciones unidimensional, bidimensional y tridimensional en un sistema de paletización.

Soluciones constructivas para la conformación y manipulación

El diseñador puede tener una gran influencia en los costes y tiempos de fabricación, así como en la calidad de los productos. En efecto, las decisiones que va tomando sobre materiales, formas, dimensiones, tolerancias, acabados superficiales, componentes y uniones, afectan a aspectos tan determinantes como:

- El tipo de *proceso de fabricación* necesario
- Las *máquinas*, los *útiles* y los *instrumentos de medida* utilizados
- Los requerimientos de *manipulación, transporte interior* y *almacenamiento*
- La elección entre fabricación *propia* o *subcontratación*
- La posibilidad de utilizar product*os semielaborados*
- Los *procedimientos de control*

En este sentido son de gran utilidad las *guías de referencia* para orientar el diseño para la conformación, relacionadas con los principales *procesos de fabricación*. A continuación se dan unos resúmenes de algunas de estas guías de referencia.

En ellas se indican, para cada una de las recomendaciones, las etapas en las que tienen más incidencia (D = diseño; U = utillaje; P = proceso; M = mecanizado posterior) y los efectos en los que tienen más repercusión (C = coste; Q = calidad):

Guía de referencia para el diseño de piezas fundidas

Recomendaciones	Etapas	Efectos
Procurar formar cuerpos sencillos de fácil desmoldeo, a ser posible sin la necesidad de noyos (o núcleos)	D, U	C
Prever los ángulos de desmoldeo, especialmente si las paredes son altas	D	Q
Evitar el descentrado de los noyos (o núcleos) y paredes de distinto grosor. Si es necesario, apoyar el noyos (o núcleos) por dos puntos	D, U, P	C, Q
Procurar en toda la pieza paredes aproximadamente del mismo grosor. En todo caso, las transiciones deben ser progresivas	D, P	Q
Evitar concentraciones de nervios en un mismo punto	P	Q
Facilitar el mecanizado por medio de resaltes en las zonas que deban mecanizarse	M	C
Orientar correctamente las superficies a mecanizar en relación a las herramientas (dirección de las brocas, de las fresas)	M	C, Q

Guía de referencia para el diseño de piezas forjadas

Recomendaciones	Etapas	Efectos
Procurar formas sencillas, a ser posible con simetrías	U, P	C
Eliminar rebajes que impidan la separación de la matriz	D, U	C
Prever los ángulos de desmoldeo especialmente si las paredes son altas. Procurar repartir los ángulos de desmoldeo a ambos lados de la partición	D, U	C, Q
Evitar las superficies de partición complejas	U	C, Q
Evitar secciones excesivamente delgadas. Evitar cambios abruptos de la sección que puedan tener incidencia sobre la matriz	U, P	Q
Evitar radios de enlace y agujeros excesivamente pequeños	U, P	C, Q
Orientar correctamente las superficies a mecanizar en relación a las herramientas (de las brocas, de las fresas)	M	C Q

Guía de referencia para el diseño de piezas taladradas

Recomendaciones	Etapas	Efectos
Procurar realizar los agujeros pasantes	D, P	C
Hacer que las superficies de entrada y salida de la perforación sean perpendiculares a la dirección de la herramienta	D, P	Q
Prever las formas adecuadas para los agujeros ciegos. Si deben roscarse, prever una longitud de agujero mayor	D, U, P	C, Q

Guía de referencia para el diseño de piezas torneadas

Recomendaciones	Etapas	Efectos
Procurar dar formas simples. Prever los radios de acuerdo adecuados para las herramientas	D, U, P	C
Evitar ranuras y formas interiores, especialmente si deben tener tolerancias estrechas	D, U, P	C
Prever las zonas de agarre y, en su caso, de apoyo del extremo	D, P	C
Evitar tornear piezas con diferencias de diámetro excesivas	D, P	C
Dar tolerancias estrechas solo a las partes que lo requieran	P	C, Q

Guía de referencia para el diseño de piezas fresadas

Recomendaciones	Etapas	Efectos
Establecer, a ser posible, superficies de fresado planas. Evitar la multiplicidad de superficies y de orientaciones	D, P	C
Prever el radio de la fresa en las formas de la pieza (redondeos)	D, U	C, Q
Seleccionar adecuadamente las superficies de fresado para facilitar la accesibilidad de las herramientas	D, P	C, Q
Prever resaltes en las partes que deban ser fresadas	D, P	C

Guía de referencia para el diseño de piezas rectificadas

Recomendaciones	Etapas	Efectos
Prever sobrespesores en las zonas que deban rectificarse	P	C
Prever las salidas de la herramienta y evitar limitaciones al movimiento de la muela abrasiva	D, U, P	C, Q
Evitar, sino hay razones funcionales de sentido contrario, distintas calidades de rectificado en una misma pieza	D, P	C, Q
Elegir las superficies a rectificar de forma que faciliten la accesibilidad de las muelas	D, U, P	Q, Q

Guía de referencia para el diseño de piezas sinterizadas

Recomendaciones	Etapas	Efectos
Evitar los redondeos y también las aristas cortantes	D, U	C, Q
Evitar los ángulos agudos y las formas que se adelgazan	P	Q
Observar los siguientes límites: altura/anchura < 2,5; espesor de pared > 2 mm; diámetro de agujero > 2 mm	D, P	C, Q
Evitar tolerancias excesivamente pequeñas	P	Q
Evitar figuras y dentados excesivamente pequeños	P	Q

Guía de referencia para el diseño de piezas de chapa doblada

Recomendaciones	Etapas	Efectos
Evitar piezas con un número excesivo de pliegues. A ser posible, repartirlos en varias piezas	D, P	C
Dar un valor mínimo al radio interior de plegado ($\geq$ espesor)	D, P	Q
Prever una distancia suficiente para el doblado de los agujeros o cortes anteriores. Es preferible doblar el corte por el medio	D, P	Q
Evitar cortes en diagonal en las zonas de doblado	D, P	Q
Disponer cierto huelgo en las pestañas dobladas de una misma esquina	D, P	Q

Guía de referencia para el diseño de piezas de chapa cortadas con matriz

Recomendaciones	Etapas	Efectos
Procurar formas sencillas y evitar esquinas afiladas (exteriores e interiores). Limitar, a ser posible, la longitud de corte	D, U, P	C
Disponer las pieza en el fleje de forma que se produzcan los mínimos desperdicios	U	C
Evitar ángulos agudos y partes excesivamente delgadas	D, U	Q
Procurar que los sucesivos cortes no dañen los anteriores	D, U	C, Q

Guía de referencia para el diseño de conjuntos soldados

Recomendaciones	Etapas	Efectos
Procurar que el conjunto esté formado por las mínimas piezas y los mínimos cordones de soldadura	D, P	C
Prever la situación de los cordones de soldadura para facilitar el acceso de las herramientas de soldar	D, U	C, Q
Evitar la acumulación de soldaduras en un punto	D	Q
Disponer el conjunto de forma que las tensiones de contracción sean las mínimas	D, P	Q
Facilitar el posicionado relativo de las pieza antes de la soldadura. En todo caso, prever los utillajes	D, P	Q

Tecnología de grupos

La *tecnología de grupos* (GT, *group technology*, en inglés) es una filosofía de producción que identifica y agrupa las piezas que presentan similitudes en *familias de piezas* a fin de facilitar las tareas de fabricación y también las de diseño.

En general, cualquier producción comporta la fabricación de un gran número de piezas diferentes (1.000, 2.000 ó 5.000); sin embargo, una vez agrupadas puede que tan solo haya 25, 40 ó 60 *familias de piezas*, cada una de las cuales presenta características análogas de fabricación y/o de diseño.

Familias de piezas

Una *familia de piezas* es un conjunto de piezas fabricada por una empresa que, a pesar de ser distintas, presentan determinadas similitudes o atributos:

Familias de piezas de fabricación
Gracias a los *atributos de fabricación* (materiales, tipos y secuencias de operaciones, campos de tolerancia, series de fabricación), sus miembros presentan analogías en relación a la fabricación, por lo que se posibilita una mayor eficacia en la producción. Para ello, la *tecnología de grupos* propugna agrupar las máquinas y equipos que intervienen en la fabricación de una *familia*, en una *célula de fabricación* para facilitar el flujo de los materiales y las operaciones de trabajo.

Familias de piezas de diseño
Gracias a los *atributos de diseño* (formas geométricas, dimensiones), sus miembros presentan analogías en relación al diseño, lo que también puede redundar en ventajas en este campo. En efecto, a partir de una buena base de datos de familias de piezas de la empresa es fácil la búsqueda de piezas similares que, o bien cubren directamente la nueva necesidad (se evita crear una nueva pieza), o bien facilitan su diseño en base a pequeñas modificaciones.

Estas ventajas se relacionan con la *codificación* y *clasificación* de las piezas, uno de los aspectos centrales de la *tecnología de grupos*.

La Figura 3.8*a* muestra dos piezas idénticas desde el punto de vista geométrico pero totalmente distintas desde el punto de vista de fabricación (material; tamaño de la serie; campo de tolerancia). Por lo tanto, formarían parte de una misma familia de piezas de diseño pero de distintas familias de piezas de fabricación.

La Figura 3.8*b* muestra dos piezas que son diferentes desde el punto de vista geométrico (sus formas y disposiciones obligan a definiciones diferentes: distintas simetrías, distintas forma del cuerpo). Sin embargo, formarían parte de una misma familia de piezas de fabricación ya que los procesos de fabricación son análogos (torneado, agujeros en la misma dirección).

a)

serie de 100.000/año
acero 2C25
tolerancias ± 0,01
niquelado

serie de 200/año
AISI 304
tolerancias ± 0,1

b)

c)

pieza compuesta

formas exteriores

formas interiores

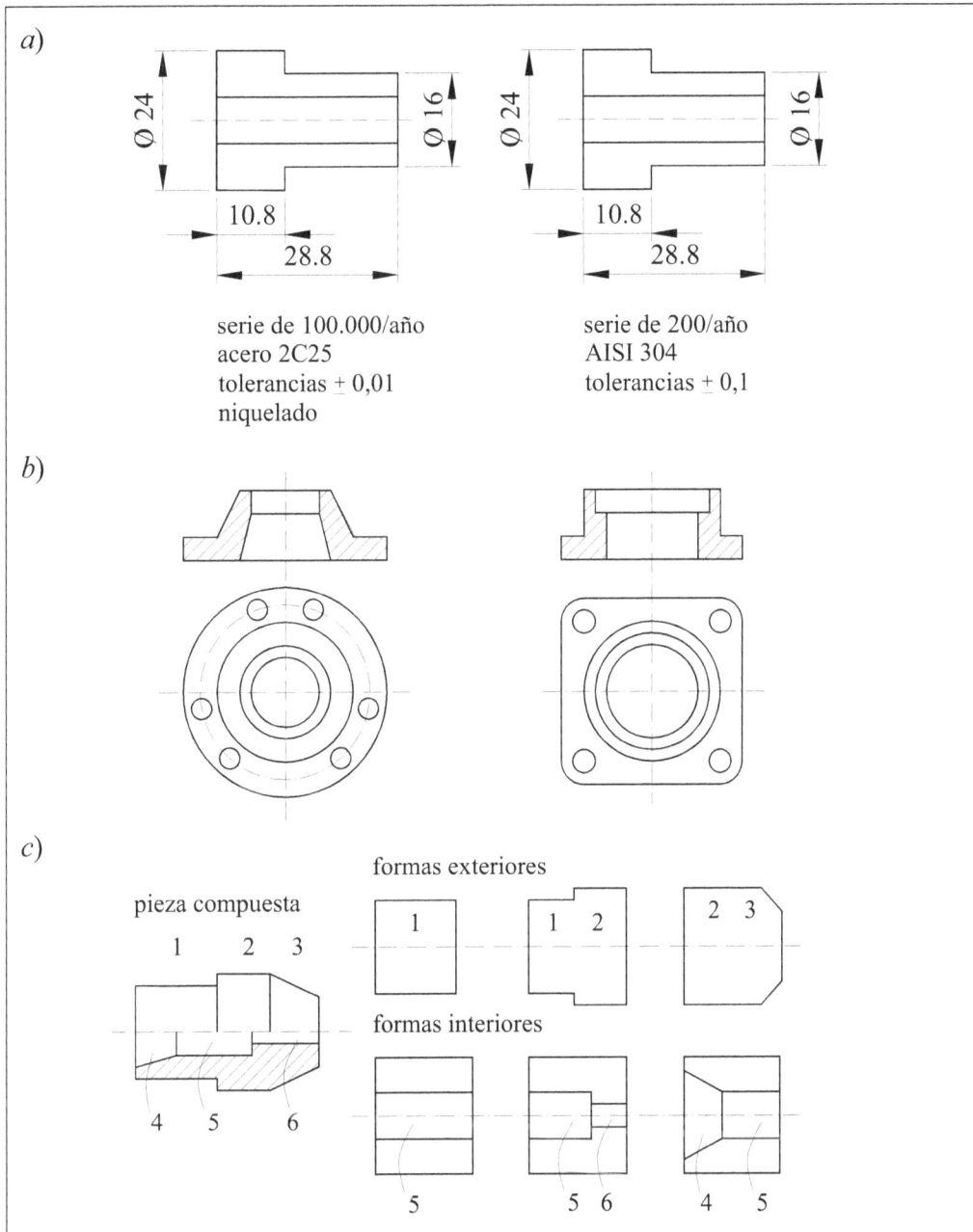

Figura 3.8 Distintos aspectos de la teoría de grupos: *a*) Dos piezas que pertenecen a la misma familia de diseño pero a distinta familia de fabricación; *b*) Dos pieza que pertenecen a distintas familias de fabricación pero a la misma familia de diseño; *c*) Pieza compuesta, con posibles ejemplos de formas exteriores y formas interiores

Pieza compuesta

Las *familias de piezas* se definen a partir de la similitud de los atributos de diseño y de fabricación de sus miembros. Partiendo de esta definición, una *pieza compuesta* sería aquella que contiene todos los atributos de las piezas que configuran una *familia de piezas*, de manera que cualquier pieza de la familia tiene como máximo los mismos atributos que la *pieza compuesta* (ver Figura 3.8c). Una *célula de fabricación* diseñada para la fabricación de una *pieza compuesta* sería capaz, pues, de fabricar cualquier pieza de esta familia.

Distribución en planta de las máquinas

Distribución funcional
La tendencia tradicional de las empresas ha sido organizar las máquinas en los talleres por secciones funcionales, para la fabricación por lotes. Durante el proceso, cada pieza realiza un largo recorrido, eventualmente con retornos sobre las mismas secciones, lo que comporta una gran cantidad de manipulación, un volumen importante de material circulante, un tiempo total de proceso muy largo y en consecuencia, unos costes elevados.

Distribución por grupos
A la luz de la *teoría de grupos* una solución alternativa consiste en organizar los talleres por grupos de máquinas que intervienen en la fabricación de las principales familias de piezas. Esta alternativa genera varias ventajas (reduce la manipulación y el material circulante, disminuye los tiempos de puesta a punto y de proceso) lo que en definitiva se traduce en reducción los costes.

Sin embargo, la principal dificultad para pasar de una distribución funcional a una distribución por grupos es la formación de las *familias de piezas*. Para ello se han utilizado tres métodos que requieren un consumo de tiempo considerable en el análisis de un volumen de datos muy importante (cuando se tienen):

a) *Inspección visual.* Se inspeccionan visualmente las piezas y se clasifican por familias. A pesar de ser el menos preciso es el más rápido y económico.

b) *Clasificación por codificación.* En base a uno de los numerosos sistemas existentes en el mercado (incluso en software), se codifican y clasifican las piezas. Es el método más utilizado en la *tecnología de grupos.*

c) *Análisis del flujo de producción* (PFA, *production flow analysis*). Se analizan las hojas de ruta de las piezas y las que presentan similitudes se clasifican en la misma familia.

Codificación y clasificación de piezas

Han sido desarrollados numerosos sistemas de codificación y clasificación de piezas, pero ninguno de ellos ha sido aceptado de forma general, puesto que deben adaptarse a las necesidades de cada empresa. Se distinguen:

a) Sistemas basados en *atributos de diseño* (formas, dimensiones, tolerancias, tipo de material, acabado superficial, función de la pieza)

b) Sistemas basados en *atributos de fabricación* (procesos y operaciones, tiempo de fabricación, lotes y producción anual, máquinas y útiles necesarios)

c) Sistemas mixtos basados en *atributos de diseño y de fabricación*

La codificación consiste en una secuencia de dígitos para identificar los atributos de diseño y de fabricación de las piezas: puede tener una estructura *jerárquica* (la interpretación de cada dígito depende de los valores de los dígitos anteriores) o *en cadena* (la interpretación de cada dígito es fija). Desde 1965 se han desarrollado numerosos sistemas de codificación y clasificación con códigos de 4 a 30 dígitos. Los más simples están limitados para discriminar los numerosos atributos de diseño y fabricación de las piezas mientras que la aplicación de los más complejos conlleva una gran carga de trabajo. Entre estos sistemas se citan los siguientes:

Sistema de codificación de Opitz
Uno de los sistemas pioneros (Opitz, Universidad de Aquisgran, Alemania, 1970) para implantar la tecnología de grupos. Parte de un código básico de 9 dígitos: los cinco primeros 1,2,3,4,5 (código de forma) describen los principales atributos de la pieza, mientras que los 4 restantes 6, 7, 8, 9 (código suplementario) describen algunos de sus atributos de fabricación. Pueden añadirse 4 dígitos más A, B, C y D (código secundario), fijados por el usuario y destinados a identificar el tipo y secuencia de las operaciones de fabricación.

Sistema de codificación MultiClas
Desarrollado por la "Organization for Industrial Research" (OIR), es muy flexible y puede ser personalizado. Presenta una estructura jerárquica con un código de hasta 30 dígitos, repartidos en una parte fijada por la OIR (0 prefijo; 1 forma principal; 2,3 configuración externa/interna; 4, elementos secundarios mecanizados; 5,6 descriptores funcionales; de 7-12 datos dimensionales; 13 tolerancias; 14,15 composición del material; 16 forma de la materia prima; 17 volumen de producción; 18 elementos de mecanizado) y otra diseñada según necesidades de la empresa.

Análisis del flujo de producción (PFA, *production flow analysis*)

Es un método para identificar las *familias de piezas* y la creación de *grupos de máquinas* basado en el análisis de la secuencia de operaciones y de las hojas de ruta de las piezas.

El análisis del flujo de producción puede organizarse siguiendo los pasos:

1. *Recoger los datos.* Se establece la población de piezas a analizar y se recogen los datos necesarios.

2. *Clasificar según rutas de proceso.* Las piezas con idéntica ruta de proceso se agrupan en paquetes ("packs")

3. *Establecer la carta PFA.* Se presenta un cuadro entre los códigos de los paquetes y los códigos de máquinas

4. *Analizar.* Se reordena el cuadro para formar los paquetes.

El análisis es a la vez el paso más difícil y fundamental del método PFA. Se trata de reordenar los datos de la tabla PFA original a fin de agrupar las piezas en diferentes paquetes con rutas de proceso similares. El conjunto de máquinas que da servicio a un paquete de piezas podría formar una célula de fabricación.

Ejemplo 3.1
Aplicación del método PFA a un caso hipotético

Para simplificar, se supone que se analiza un conjunto de 10 piezas (1 a 10) que son fabricadas con 12 máquinas (de la A a la L). La tabla PFA inicial (por orden de pieza considerada) se sitúa a la izquierda. Después de un trabajo de análisis el resultado es la tabla de la derecha. En ella se observa que se pueden formar tres paquetes con sus correspondientes grupos de máquinas que podrían constituir células de fabricación: (paquete 159 y máquinas ACFGH; paquete 2378 y máquinas EHIJ; paquete 4610 y máquinas BDE).

Tabla PFA
(inicial)

	1	2	3	4	5	6	7	8	9	10
A	x	x			x				x	
B				x	x	x		x		
C	x						x	x	x	
D				x		x				x
E		x	x	x	x	x		x		x
F	x				x	x	x		x	
G	x		x				x		x	
H	x	x	x		x			x	x	x
I		x	x				x	x		
J		x					x	x		
K		x	x	x		x	x			x
L				x		x				x

(analizada)

	1	5	9	2	3	7	8	4	6	10
A	x	x	x	x						
B		x					x	x	x	
C	x		x			x	x			
D								x	x	x
E		x		x	x		x	x	x	x
F	x	x	x			x			x	
G	x		x		x	x				
H	x	x	x	x	x		x			x
I				x	x	x	x			
J				x		x	x			
K				x	x	x		x	x	x
L								x	x	x

3.3 Diseño para el montaje (DFA)

Operaciones de montaje

El *montaje* de un producto consiste en la *manipulación* y *composición* de diversas piezas y componentes, la *unión* entre ellas, su *ajuste*, la *puesta a punto* y la *verificación* de un conjunto para que el mismo adquiera la funcionalidad para la cual ha sido concebido. En el montaje confluyen, pues, un conjunto complejo de operaciones que hay que distinguir cuidadosamente en el momento de su análisis:

a) Manipulación de piezas y componentes:

   *a*1) Reconocimiento de una pieza o componente
   *a*2) Determinación de la zona de prensión
   *a*3) Realización de la operación de prensión
   *a*4) Movimientos de posicionamiento y de orientación

b) Composición de piezas y de componentes:

   *b*1) Yuxtaposición de piezas
   *b*2) Inserción (eje en un alojamiento, corredera en una guía)
   *b*3) Colocación de cables y conducciones
   *b*4) Llenado de recipientes y depósitos (engrase, líquidos, gases)

c) Unión de piezas y de componentes

   *c*1) Uniones desmontables (roscadas, pasadores, chavetas)
   *c*2) Encaje por fuerza (calado de piezas, unión elástica)
   *c*3) Uniones por deformación (remaches, rebordonado)
   *c*4) Uniones permanentes (soldadura, encolado)

d) Operaciones de ajuste

   *d*1) Retoque de piezas (rebabas, lima, ajuste por deformación)
   *d*1) Operaciones de ajuste mecánico (conos, micro ruptores)
   *d*2) Operaciones de ajuste eléctrico (potenciómetros, condensadores)

e) Operaciones de verificación

   *e*1) Puesta a punto (regulaciones, inicialización informática)
   *e*2) Verificación de la funcionalidad del producto

A pesar de que se podría argumentar que las operaciones de puesta a punto y verificación no corresponden propiamente al montaje, lo cierto es que están íntimamente ligadas (aseguran la funcionalidad del conjunto), por lo que es conveniente incluirlas aquí.

Carácter integrador del montaje

El montaje tiene un carácter integrador por excelencia en el seno del proceso productivo. Es el "momento de la verdad", cuando queda de manifiesto que todas las piezas y componentes encajan y se interrelacionan correctamente para proporcionar la función para la cual ha sido concebido el producto.

Se detectan de forma inmediata muchos de los defectos de concepto en su diseño, así como los de ejecución durante su fabricación. A continuación se citan varios de los defectos más frecuentes en las operaciones de montaje y verificación:

a) Defectos que inciden en las operaciones de manipulación:

- Dificultad en el reconocimiento de piezas
- Dificultad en la referenciación de piezas
- Dificultad de prensión
- Dimensiones o formas de difícil manipulación
- Roturas en la manipulación y en la inserción

b) Defectos que inciden en las operaciones de composición:

- Errores dimensionales y de forma
- Elementos deformados (fundición, soldadura, tratamientos térmicos)
- Tolerancias excesivamente críticas
- Falta de referencia en la yuxtaposición de elementos
- Falta de elementos de guía en las inserciones

c) Defectos que inciden en las operaciones de unión:

- Acceso difícil a los puntos de unión
- Limitaciones en los movimientos para la unión
- Incorrecto encaje de las piezas (especialmente en chapas)
- Contaminación de superficies (soldadura, encolado)

d) Defectos que inciden en la funcionalidad y la calidad:

- Mal funcionamiento de los enlaces (articulaciones, guías, rótulas)
- Sujeción deficiente de piezas y componentes
- Dispositivos que se desajustan o que fallan
- Defectos en la apariencia de las partes externas
- Dificultad de desmontaje (disminución de la disponibilidad)

Por lo tanto, la consideración de las operaciones de montaje de un producto o de una máquina presentan un punto de vista extraordinariamente enriquecedor que puede aportar mucha luz sobre aspectos relacionados tanto con la productividad y disminución de costes, como con la funcionalidad y la calidad.

No es de extrañar, pues, la reciente tendencia en las industrias con producto propio de subcontratar una parte importante de la fabricación de piezas y componentes y al mismo tiempo reservarse las operaciones de montaje final, puesta a punto y verificación como la garantía de una correcta funcionalidad y calidad del producto.

Montaje y automatización

Durante las últimas décadas, a través de la incorporación progresiva del control numérico y mejora de los sistemas automáticos de manipulación, se han realizado importantes progresos en la automatización de los procesos de fabricación de piezas y componentes. Sin embargo, si bien ha habido significativos avances en los procesos de montaje, buena parte de ellos continúan siendo manuales y requieren un volumen de mano de obra que incide entre el 25% y el 75% de los costes totales de producción.

Los procesos de montaje, ajuste y verificación constituyen, pues, una importante área donde orientar los esfuerzos. Como ya se ha dicho anteriormente, la mejora del montaje se puede abordar básicamente desde dos puntos de vista:

a) *La automatización de los procesos de montaje*
    Este puede ser el primer impulso al abordar la mejora de la productividad en el montaje y consiste básicamente en automatizar aquello que hasta el momento se realiza a mano. Siguiendo el orden creciente de las inversiones necesarias, la automatización se puede realizar a distintos niveles según el carácter del producto y el volumen de producción:

    a1) *Asistencia al montaje manual*
         Introducción de ciertos útiles para facilitar el montaje manual (ayudas a la inserción, precompresión de muelles, elementos de referencia). Este sistema, muy utilizado en la industria, sin ser propiamente una automatización puede disminuir substancialmente el trabajo manual necesario.

    a2) *Montaje automatizado (medios genéricos)*
         Se realiza a través de aplicar medios genéricos de montaje, especialmente con sistemas robóticos y el correspondiente utillaje. Presenta la ventaja de la flexibilidad (y la posible reutilización de los equipos), si bien la productividad es menor que con medios específicos.

    a3) *Montaje automatizado (medios específicos)*
         Se realiza a través de la construcción de medios específicos (máquinas y líneas construidas expresamente) destinadas al montaje automatizado de un producto determinado. Son sistemas de gran productividad que, sin embargo, requieren una elevada inversión difícilmente recuperable.

b) *El diseño para el montaje*

Este es un punto de vista más radical (más a la raíz) del problema del montaje. Consiste en reconsiderar el diseño global del producto tomando como objetivo la facilidad y la calidad del montaje y, en definitiva, la reducción de costes (sin olvidar el punto de vista funcional, finalidad principal del producto).

El diseño para el montaje es útil y conveniente, independientemente del tipo de montaje que se considere (manual asistido, automatizado con medios genéricos o automatizado con medios específicos).

La simple automatización del proceso de montaje manual obliga a grandes inversiones en equipo y maquinaria que, a menudo, sólo aportan mejoras limitadas. Ello se explica por el hecho de que el montaje tradicional se basa en la extraordinaria habilidad y flexibilidad de las personas que las máquinas difícilmente pueden conseguir y, en todo caso, a un coste prohibitivo.

El diseño para el montaje empuja hacia el rediseño del producto y ofrece un potencial mucho mayor para reducir los costes de producción. En efecto, las Figuras 1.1 y 1.3 (Capítulo 1) muestran que, para el caso del conjunto considerado, si se sigue el camino de la automatización flexible (o robótica), se puede conseguir un ahorro del 50% o más respecto al montaje manual y, con un sistema automático específico (o rígido), un 75% o más, mientras que si se elige el camino del rediseño, se puede llegar a obtener un ahorro superior al 80% manteniendo el montaje manual (mayor flexibilidad) y con una inversión inferior.

Recomendaciones en el diseño para el montaje

Las principales recomendaciones en el diseño de un nuevo producto o en el rediseño de un producto existente teniendo presente el montaje, son:

1) *Estructurar en módulos*
   Establecer una adecuada estructuración modular del producto con funciones correctamente definidas y asignadas y unas adecuadas interfases mecánicas, de materiales, energía y señales.

2) *Disminuir la complejidad*
   Minimizar el número y la diversidad de las piezas y componentes que intervienen en cada módulo o en el producto completo, así como el número de uniones, enlaces y otras interfases.

3) *Establecer un elemento de base*
   Asegurar que cada módulo (o el producto, si este es de estructura simple) tenga un elemento estructural adecuado que a la vez sustente y sirva de base o de referencia al resto de las piezas y componentes del módulo.

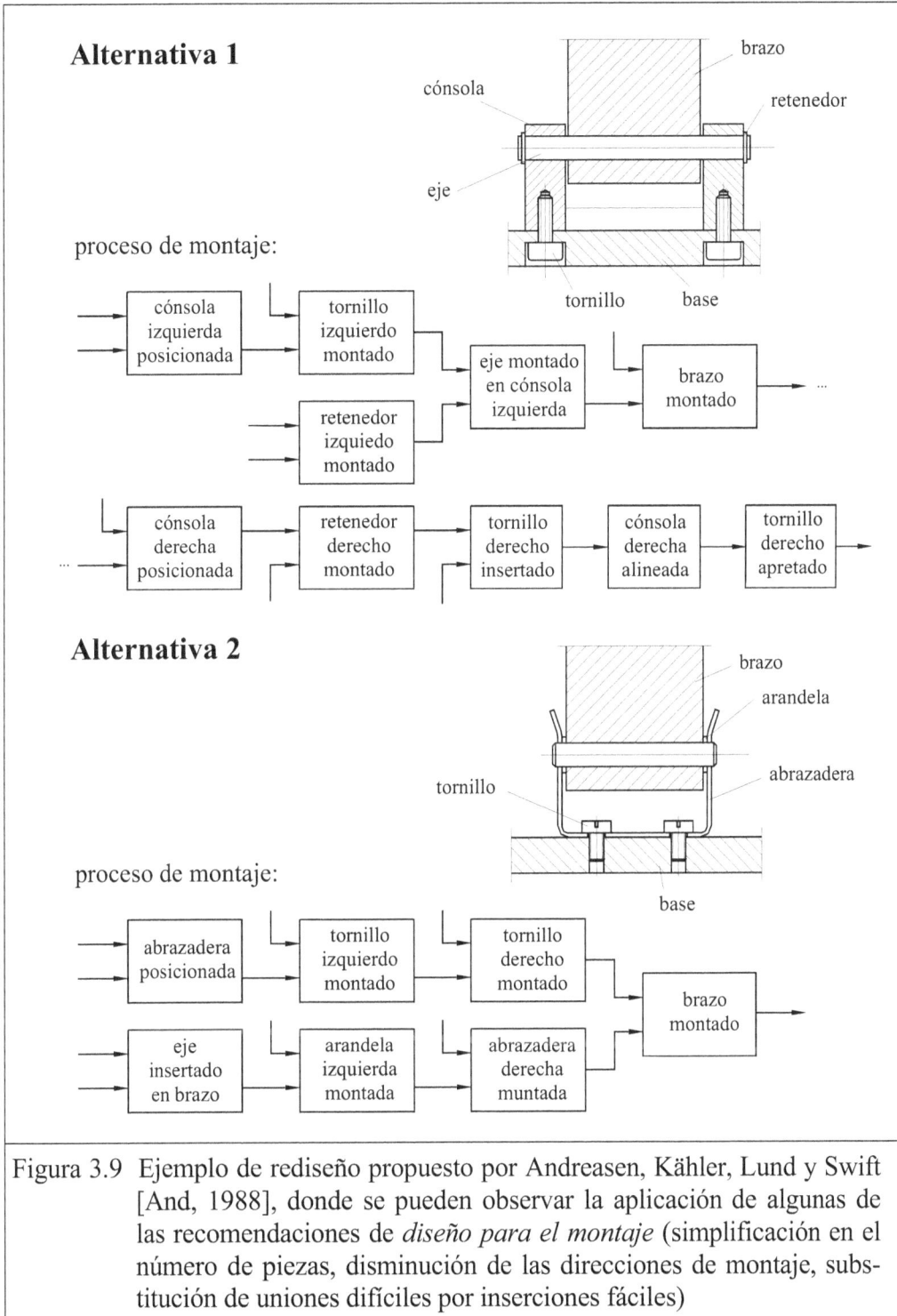

Alternativa 1

proceso de montaje:

Alternativa 2

proceso de montaje:

Figura 3.9 Ejemplo de rediseño propuesto por Andreasen, Kähler, Lund y Swift [And, 1988], donde se pueden observar la aplicación de algunas de las recomendaciones de *diseño para el montaje* (simplificación en el número de piezas, disminución de las direcciones de montaje, substitución de uniones difíciles por inserciones fáciles)

4) *Limitar las direcciones de montaje*
Procurar que el montaje de un producto tenga el número mínimo de direcciones de montaje (los dos sentidos de una dirección cuentan doble).

5) *Facilitar la composición*
Facilitar la composición de piezas (especialmente las inserciones) por medio de chaflanes, planos inclinados, superficies de guía y otros elementos que faciliten estas operaciones.

6) *Simplificar las uniones*
Disminuir o evitar, si es posible, las uniones. En todo caso, reducir al máximo las uniones de mayor coste en tiempo de montaje y de materiales (uniones atornilladas, soldadura).

A continuación se analizan cada una de las anteriores recomendaciones para el *diseño para el montaje* (DFA, *design for assembly*):

Estructuración modular

Como ya se ha comentado en la Sección 3.1, la *modularidad* es un concepto básico para un buen diseño (o rediseño) para el montaje. Consiste en agrupar las diferentes funciones que debe realizar un producto, o la distintas secuencias de su fabricación, en *módulos* unidos por interfases mecánicas, de materiales, de energía y de señales claramente definidas. Una buena estructuración modular incide de forma beneficiosa en numerosos aspectos del producto:

a) Mayor flexibilidad en la fabricación: subcontratación de piezas y conjuntos, incorporación de componentes de mercado
b) Racionalización de variantes: delimitación de subgrupos con variantes
c) Mayor facilidad de montaje: pocas interfases claramente establecidas
d) Mejora la fiabilidad del conjunto: verificación previa al montaje
e) Facilidad de diagnóstico de averías
f) Mejora de la mantenibilidad, la facilidad de desmontaje y la substitución de piezas y componentes

El establecimiento de una buena estructuración modular de un producto es uno de los pilares básicos del diseño para el montaje. Es algo parecido a poner orden al material de trabajo. Además, la estructuración modular va a determinar en gran medida las secuencias de montaje del producto.

Disminución de la complejidad

La disminución de la complejidad (tema también tratado en la Sección 3.1) se corresponde con la disminución del número y variedad de piezas y de componentes de un producto y del número de interfases mecánicas, de materiales, energía y señales. Tiene los siguientes efectos beneficiosos:

a) Disminuye el número total de piezas a conformar. Y tiende a agruparlas en un número menor de piezas distintas (aumento de los volúmenes de fabricación)
b) Disminuye el número de superficies mecanizadas (centradores, tolerancias ajustadas, ajustes). Y, disminuye el número de uniones y enlaces
c) Disminuye las operaciones de montaje (menos partes, menos uniones)
d) Hace más fiable el conjunto (menos partes e interfases susceptibles de fallar)
e) Mejora la mantenibilidad (mayor facilidad de montaje y desmontaje)

En la decisión de eliminar una pieza o refundir dos o más piezas en una, hay que formularse sistemáticamente las siguientes preguntas sobre cada pieza o componente:

1) ¿Se mueve en relación con el resto de piezas del sistema?
2) ¿Hay motivos funcionales para que el material sea distinto al de las piezas de su entorno?
3) ¿Debe poder separarse por razones de montaje?

Si la respuesta a estas tres preguntas es negativa, puede pensarse en transferir las funciones de la pieza a otra de su entorno y eliminarla. En este caso, hay que formularse una cuarta pregunta:

4) ¿La fabricación de una sola pieza en lugar de las dos (o más) que sustituye resulta más barata?

A pesar de que la respuesta a esta nueva pregunta sea negativa, la substitución de varias piezas por una puede continuar siendo una buena opción si el ahorro en las operaciones asociadas de fabricación y montaje (preparación y lanzamiento de la producción, almacenaje, transporte, montaje, verificación) es superior al aumento del coste de conformación de la pieza única. A menudo suele ser así.

Elemento de base

Es conveniente establecer para cada uno de los módulos de un producto un elemento *de base* sobre el cual se referencien y queden unidos la mayor parte de las restantes piezas y componentes. La existencia de un solo elemento de base proporciona, en general, una mayor rigidez y unas referencias más precisas para el conjunto.

A menudo, con un adecuado diseño del elemento de base se suele obtener una de las mayores disminuciones de costes del producto. Los criterios para el diseño de elementos de base son:

a) Debe procurarse dar las mínimas dimensiones compatibles con la funcionalidad, ya que las sobredimensiones solo disminuyen la rigidez y la resistencia.

b) Debe procurarse llenar de material las líneas rectas que unen los puntos más solicitados (rodamientos, apoyo de guías, fuerzas exteriores), ya que así se consigue que el máximo volumen de material trabaje a tracción y compresión, lo que da la máxima resistencia y rigidez a la pieza.

c) Es recomendable adoptar una combinación de formas simples (planas, de revolución) que faciliten la conformación. Las partes planas tienen poca consistencia y deben ser reforzadas con nervios o relieves.

d) Las formas cerradas siempre son más rígidas que las abiertas, aspecto especialmente relevante en elementos sometidos a torsión y a flexión.

e) Conviene que guarden el mayor número de simetrías respecto a las fuerzas aplicadas.

Caso 3.6
Elemento de base para el cabezal de una eólica doméstica

Un buen ejemplo son las alternativas desarrolladas para el elemento de base del cabezal de una eólica doméstica (Figura 3.10). Dado que sus dimensiones son reducidas y el rotor gira a velocidad elevada, la multiplicación entre el eje del rotor y el del generador se puede resolver mediante una transmisión por correa.

La primera de las alternativas fue desarrollada en el marco de un proyecto de fin de carrera de la escuela de ingenieros de Barcelona (ETSEIB-UPC), mientras que la segunda propuesta fue sugerida por un miembro del tribunal calificador. La pregunta que desencadenó la sugerencia fue si era necesario que el generador estuviera debajo del eje del rotor. La respuesta fue obviamente negativa.

De ello surgió la idea de que este elemento base fuera una pieza de fundición con la forma que resulta de la intersección de dos tubos (las dos cajas de rodamientos, del mástil y del rotor) y con una articulación en la parte superior para el basculamiento del generador para conseguir el tensado de la correa.

La tapa se transforma en una cubierta entera (en lugar de las dos del diseño anterior, la posterior y la superior) que, además de facilitar los ajustes y el mantenimiento, protege mucho mejor de la lluvia. Esta cubierta puede ser realizada con materiales plásticos o compuestos con el consiguiente abaratamiento de costes.

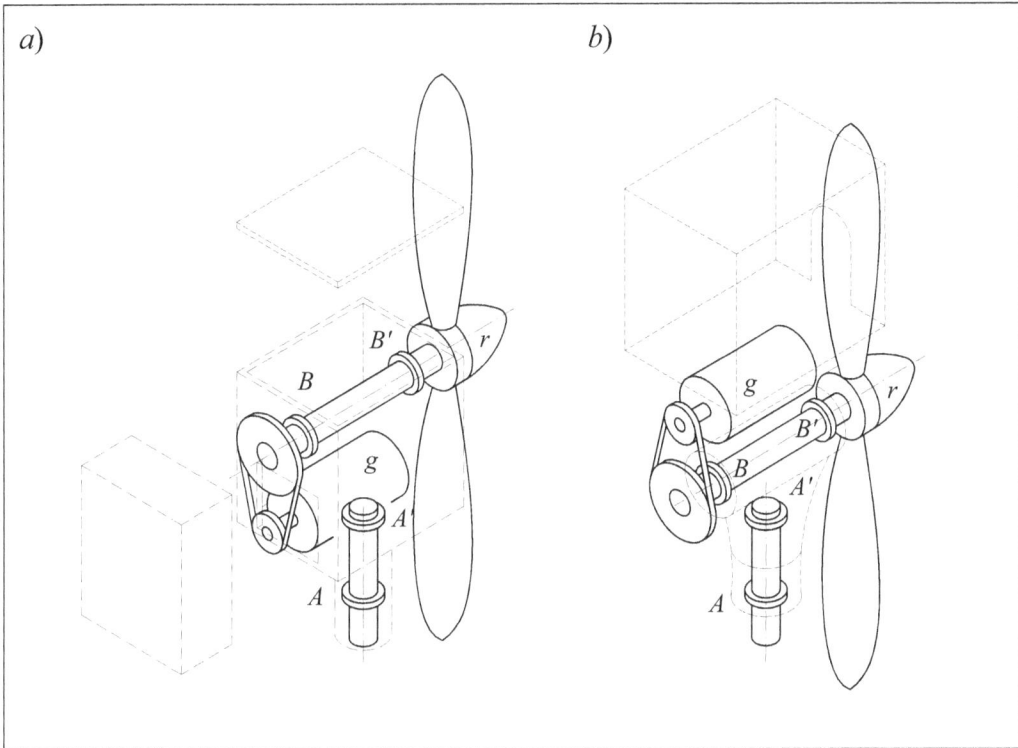

Figura 3.10 Alternativas para el elemento de base del cabezal de una eólica doméstica: *a*) Solución inicial; *b*) Solución alternativa con la incorporación de principios del diseño para el montaje.

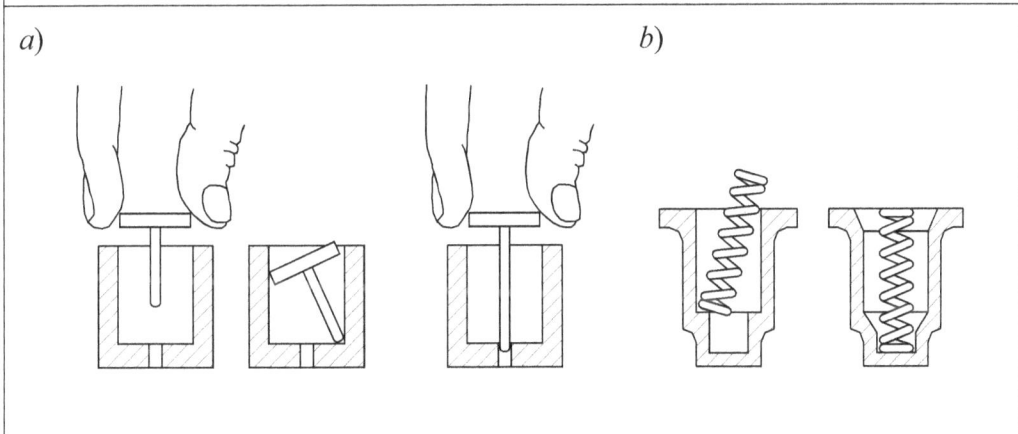

Figura 3.11 Alternativas para facilitar la composición de elementos: *a*) Inicialmente los dedos no pueden guiar la pieza en la inserción de su parte inferior ya que es demasiado corta; *b*) El cambio brusco de sección es un punto de enganche del muelle que se evita con un chaflán

Las recomendaciones anteriores tienen una aplicación directa a este caso:

a)   En la solución inicial del elemento de base (Figura 3.10*a*), al hacer las funciones de cierre exterior, obliga a las fuerzas que se transmiten entre los cuatro puntos sometidos a les máximas fuerzas (rodamientos de apoyo al mástil, puntos *A* y *A'*, y rodamientos del eje del rotor, puntos *B* y *B'*) a contornear al generador, lo que convierte a la estructura en muy pesada y poco rígida

b)   En la solución alternativa (Figura 3.10*b*), el elemento de base está formado por dos tubos perpendiculares con unas transiciones en la zona de unión que siguen prácticamente las líneas que unen los puntos más solicitados

c)   Las formas adoptadas por el elemento de base son sencillas y cerradas

d)   Hay una notable simetría general entre la geometría del elemento y las fuerzas que se aplican.

Limitación de las direcciones de montaje

Conviene que el número de direcciones de montaje (composición, inserción, uniones roscadas, ecliquetajes) sea el mínimo posible; a poder ser, tan solo una. Los cambios de dirección de montaje implican una manipulación improductiva y, en los casos de automatización, un enorme aumento de la dificultad de la operación y un encarecimiento del equipo.

Ejemplo:
En la primera alternativa de la Figura 3.9, los soportes de la articulación se colocan desde arriba, mientras que los tornillos se colocan desde abajo (dos direcciones de montaje). En la segunda alternativa, tanto el soporte de la articulación como los tornillos se colocan por arriba (una sola dirección de montaje).

Facilidad de composición

Debe facilitarse la composición de los conjuntos, especialmente las inserciones, por medio de chaflanes, planos inclinados, superficies de guía y otros elementos que faciliten estas operaciones (ver Figura 3.11).

Facilitar la inserción de elementos y evitar los puntos de enganche entre piezas es un aspecto muy importante en la automatización del montaje ya que, de lo contrario, disponer de sistemas artificiales con la extraordinaria habilidad y flexibilidad humana resultaría excesivamente caro.

La orientación de las piezas y el establecimiento de simetrías son recursos que facilitan la manipulación en estas operaciones. También hay que tener en cuenta la accesibilidad necesaria en el proceso de montaje, ya sea manual o automatizado.

Sistemas de unión y conexión

La consideración de las uniones y conexiones son de vital importancia en la composición de un producto debido a que una parte muy importante del tiempo y coste total corresponde a las tareas de preparación y montaje de estos elementos. La primera recomendación es evitar las uniones siempre que sea posible y en caso contrario procurar simplificarlas al máximo. La Figura 3.12*a* muestra los costes relativos de algunos tipos de unión.

Hay que tener en cuenta que las uniones constituyen elementos básicos en los productos que afectan múltiples aspectos del diseño:

a) *Uniones demontables / Uniones permanentes*
Generalmente las uniones permanentes suelen ser más económicas que las uniones desmontables. Pero, por otra parte, las uniones desmontables permiten el mantenimiento del producto mientras que las uniones permanentes lo dificultan o incluso lo impiden

b) *Uniones para el montaje fácil /Uniones para el desguace*
El diseño para el montaje fácil va destinado a abaratar la producción, mientras que las uniones para el desguace (por desmontaje fácil, eventualmente por rotura o deformación permanente de ciertos elementos) van destinadas a facilitar el reciclaje de materiales (Sección 3.5). No siempre es fácil coordinar estos dos requerimientos y en muchos casos uno va en contra del otro

Uniones roscadas

Las uniones roscadas clásicas figuran entre las de coste más elevado, tanto por la preparación que requieren (mecanizado de los agujeros, de los asentamientos, eventualmente, de las roscas) como por el tiempo de montaje que comportan (el coste de los tornillos y tuercas suele tener poco impacto). Sin embargo, presentan la ventaja de su gran capacidad mecánica y la facilidad de desmontaje.

No todas las uniones atornilladas tienen los mismos costes, ya que varían los precios de los componentes (tornillos, tuercas, arandelas, elementos de retención) las tareas de preparación (agujeros ciegos o pasantes, con o sin rosca, con o sin asentamiento) y tiempos de montaje (Figura 3.12*b*).

Ecliquetajes

Entre las uniones para un montaje fácil tienen una gran difusión los ecliquetajes que son dispositivos que realizan la unión por medio de una fuerza elástica con la ayuda de un elemento de autocentrado. Generalmente son muy económicos, pero pueden presentar dificultades funcionales a causa de una fuerza de retención débil (la unión se deshace) o en el mantenimiento a causa de roturas en el desmontaje.

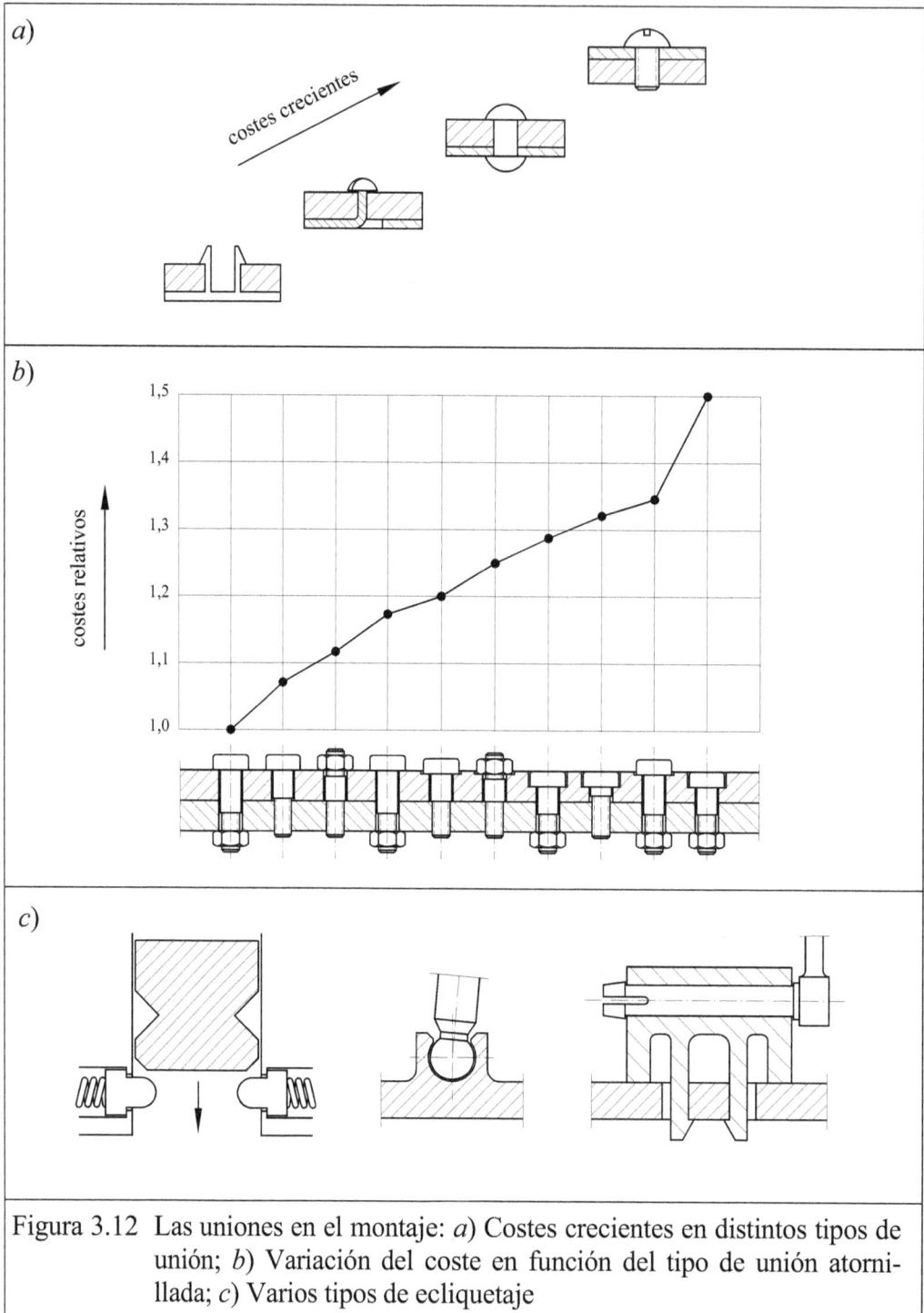

a)

b)

c)

Figura 3.12 Las uniones en el montaje: *a*) Costes crecientes en distintos tipos de
unión; *b*) Variación del coste en función del tipo de unión atornillada; *c*) Varios tipos de ecliquetaje

Evaluación del montaje manual.
Método de Boothroyd & Dewhurst

En la aplicación del *diseño para el montaje*, además de nuevos conceptos y recomendaciones es importante disponer de métodos para evaluar las distintas soluciones generadas.

El *factor de complejidad*, C_f, puede proporcionar una primera evaluación cualitativa del montaje, pero es poco discriminatorio respecto a la incidencia en las manipulaciones y ensamblajes de los distintos tipos de piezas y uniones (no inciden lo mismo en el montaje un tapón de botella que un cable eléctrico, como tampoco son lo mismo 4 tornillos que 4 ecliquetajes).

Boothroyd y Dewhurst [Boo, 1986] propusieron en 1986 una metodología para estudiar con mayor profundidad el nivel de adecuación de una solución en relación al montaje por medio del cálculo de la *eficiencia de montaje* basada en la evaluación de los tiempos de las distintas operaciones de montaje.

Eficiencia de montaje

Parte de considerar que los principales factores que inciden en los costes del montaje son los siguientes:

$N_{mín}$ = Número mínimo de piezas del conjunto considerado (eliminando las que no son funcionalmente necesarias)

t_a = Tiempo genérico de montaje de una pieza (se toma t_a = 3 segundos)

t_{ma} = Tiempo estimado para el montaje del producto real

A partir de estos factores, la fórmula para la eficiencia de montaje es:

$$E_{ma} = \frac{N_{mín} \cdot t_a}{t_{ma}}$$

El método de Boothroy & Dewhurst incluye un código de dos dígitos para la clasificación de las operaciones de manipulación manual, otro código de dos dígitos para la clasificación de las operaciones de inserción y sujeción manuales y sendas tablas que ofrecen las estimaciones de estos tiempos (ver más adelante).

Sin embargo, vale la pena comentar algunos de los conceptos y parámetros que aparecen en estas tablas de Boothroyd & Dewhurst (simetrías, efecto de los grosores y dimensiones de las piezas, de las tolerancias y chaflanes, de las dificultades de acceso y visión) a fin de evaluar con precisión su significado y utilizarlas con conocimiento de causa.

Efectos de las simetrías

Unas de las principales características geométricas que afectan el tiempo requerido para coger y orientar una pieza son las simetrías. Se definen dos tipos de simetrías en las piezas (ver Figura 3.13*a*):

Simetría α, que depende del ángulo que debe girar una pieza alrededor de un eje perpendicular a la dirección de inserción

Simetría β, que depende del ángulo que debe girar una pieza alrededor de su eje de inserción

Efectos del grosor y de las dimensiones de las piezas

El tamaño y proporciones de las piezas tienen una gran influencia en su manipulación y, en concreto, en su prensión y orientación.

Grosor (Figura 3.13*b*), en una pieza cilíndrica (o poligonal de cinco o más lados), es el diámetro y, si éste es mayor que la longitud, las piezas son tratadas como no cilíndricas. En una pieza no cilíndrica es la altura máxima cuando su mayor dimensión se sitúa sobre una superficie plana.

Tamaño (Figura 3.13*b*) es la mayor dimensión no diagonal de la pieza cuando se proyecta sobre una superficie plana.

Efectos de las tolerancias y los chaflanes en las operaciones de inserción

En las operaciones de inserción, además de la influencia de la orientación (cuestión ya tratada en el apartado de simetrías), influyen las tolerancias y los chaflanes.

Cuanto menor es el juego entre perno y agujero mayor es el tiempo de inserción. Igualmente son beneficiosos los chaflanes en la inserción de tornillos y muelles.

La presencia de chaflanes, ya sea en el perno o en el agujero, facilitan en gran medida las operaciones de inserción.

Efectos de la restricción de acceso o de visión

Se han realizado muchos trabajos experimentales sobre el tiempo necesario para insertar diferentes tipos de tornillos en diversas condiciones.

De ellos se deduce que en gran parte las restricciones visuales se resuelven a través de las percepciones táctiles. También se ha comprobado que, a partir de ciertos márgenes a los bordes, las restricciones al acceso ya no se disminuyen.

Efectos de la autorretención durante el montaje

Es un efecto a evitar, ya que comporta una gran pérdida de tiempo. Hay que analizar que no se produzcan autorretenciones en la manipulación ni en el montaje.

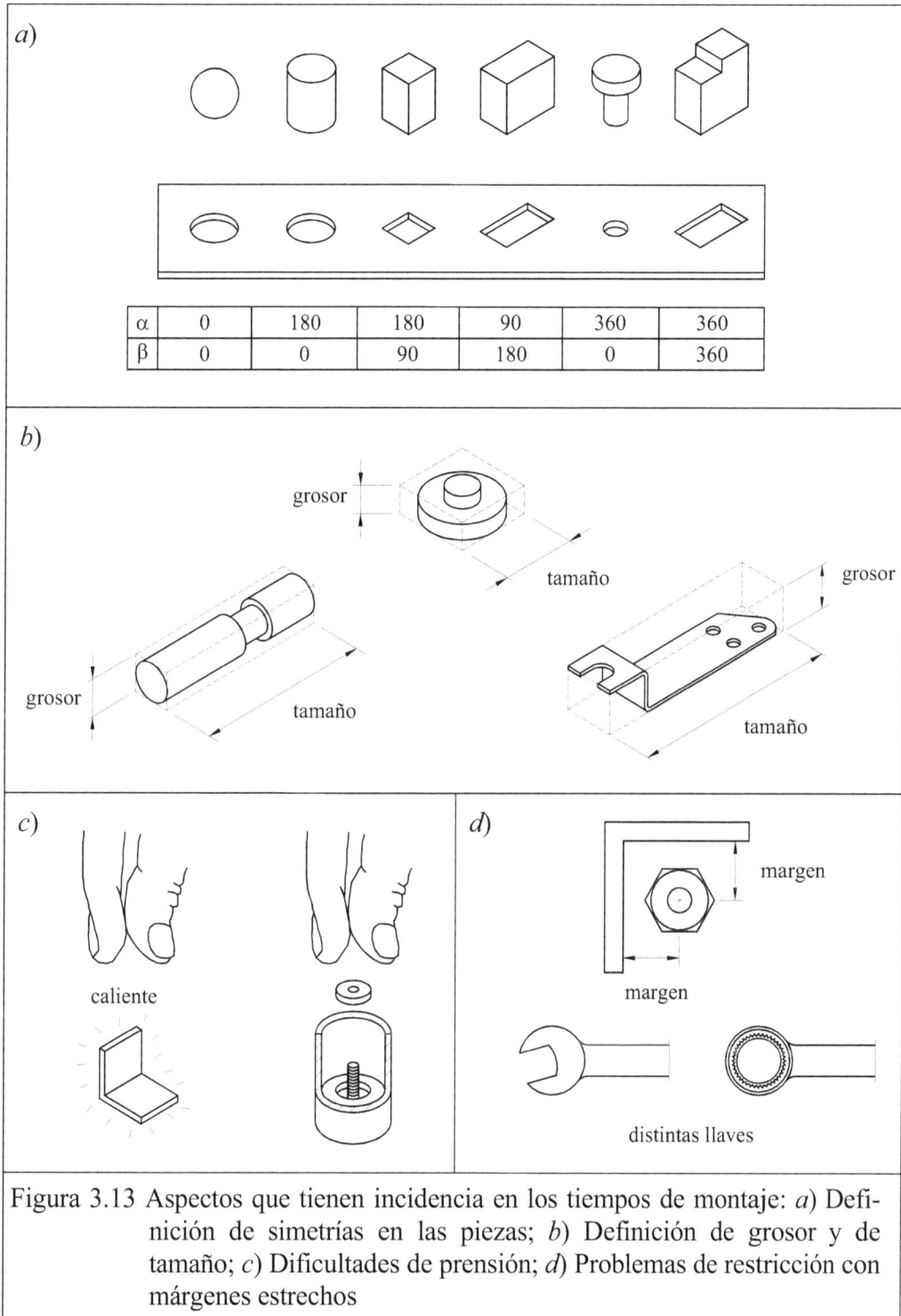

a)

α	0	180	180	90	360	360
β	0	0	90	180	0	360

b)

c)

d)

Figura 3.13 Aspectos que tienen incidencia en los tiempos de montaje: *a*) Definición de simetrías en las piezas; *b*) Definición de grosor y de tamaño; *c*) Dificultades de prensión; *d*) Problemas de restricción con márgenes estrechos

Tiempos estimados de manipulación manual (en segundos)

Piezas que pueden ser cogidas y manipuladas por una mano sin ayuda de útiles

		fácil de coger y manipular					difícil de coger y manipular				
		>2			≤2		>2			≤2	
grosor		>15	6÷15	<6	>6	<6	>15	6÷15	<6	>6	<6
tamaño		0	1	2	3	4	5	6	7	8	9
$(\alpha+\beta)<360°$	0	1,13	1,43	1,88	1,69	2,18	1,84	2,17	2,65	2,45	2,98
$360°\leq(\alpha+\beta)<540°$	1	1,50	1,80	2,25	2,06	2,55	2,25	2,57	3,06	3,00	3,38
$540\leq(\alpha+\beta)<720°$	2	1,80	2,10	2,55	2,36	2,85	2,5	2,90	3,38	3,18	3,70
$(\alpha+\beta)=720°$	3	1,95	2,25	2,70	2,51	3,00	2,73	3,06	3,55	3,34	4,00

Piezas que pueden ser cogidas y manipuladas por una mano con ayuda de útiles

			se necesitan pinzas								otros útiles (no pinzas)	útiles especiales
			sin ampliación óptica				con ampliación óptica					
			fácil		difícil		fácil		difícil			
coger y manipular		grosor	>0,25	≤0,25	>0,25	≤0,25	>0,25	≤0,25	>0,25	≤0,25		
			0	1	2	3	4	5	6	7	8	9
$\alpha\leq180°$	$0°\leq\beta\leq180°$	4	3,60	6,85	4,35	7,60	5,60	8,35	6,35	8,60	7,80	7,00
$\alpha\leq180°$	$\beta=360°$	5	4,00	7,25	4,75	8,00	6,00	8,75	6,75	9,00	8,00	8,00
$\alpha=360°$	$0°\leq\beta\leq180°$	6	4,80	8,05	5,55	8,80	6,80	9,55	7,55	9,80	8,00	9,00
$\alpha=360°$	$\beta=360°$	7	5,10	8,35	5,85	9,10	7,10	9,55	7,85	10,1	9,00	10,0

Piezas liadas o flexibles que pueden cogerse con una mano (con o sin útiles)

		sin dificultades adicionales					pegajosas, delicadas, resbaladizas				
		$\alpha\leq180°$			$\alpha=360°$		$\alpha\leq180°$			$\alpha=360°$	
tamaño		>15	6÷15	<6	>6	<6	>15	6÷15	<6	>6	<6
con ayuda de útiles de prensión, si es necesario		0	1	2	3	4	5	6	7	8	9
	8	4,10	4,50	5,10	5,60	6,75	5,00	5,25	5,85	6,35	7,00

Piezas grandes que requieren dos manos, dos personas o ayuda mecánica para la prensión y el transporte

		se pueden manipular por una persona sin ayuda mecánica								piez. liadas o flexibles	dos personas o ayuda mecánica
		no son muy liadas ni flexibles									
		pesan menos de 2,5 kg				pesan más de 2,5 kg					
		fácil		difícil		fácil		difícil			
coger y manipular	α	≤180°	=360°	≤180°	=360°	≤180°	=360°	≤180°	=360°		
		0	1	2	3	4	5	6	7	8	9
	9	2,00	3,00	2,00	3,00	3,00	4,00	4,00	5,00	7,00	9,00

Tiempos estimados de inserción y sujeción manuales (en segundos)

Piezas montadas pero no aseguradas								
después de montar		no necesita sujeción				necesita sujeción		
posicionar y alinear		fácil		difícil		fácil		difícil
resistencia a la inserción		no	sí	no	sí	no	sí	no	sí
		0	1	2	3	6	7	8	9
fácil acceso	0	1,50	2,50	2,50	3,50	5,50	6,50	6,50	7,50
obstruc., mala visión	1	4,00	5,00	5,00	6,00	8,00	9,00	9,00	10,0
obstruc., mala visión	2	5,50	6,50	6,50	7,50	9,50	10,5	10,5	11,5

(1) y (2) representan distintos niveles de severidad en la obstrucción o en la mala visión

Piezas montadas y aseguradas inmediatamente										
		circlips, ecliquetajes		deformación plástica después inserción						atornillado
				flexión o torsión plástica			remaches o similar			
alinear y posicionar		fácil	dific.	fácil	dific.	dific.	fácil	dific.	dific.	fácil	dific.
resistencia a la inserción		no	sí/no		no	sí		no	sí	no	sí/no
		0	1	2	3	4	5	6	7	8	9
fácil acceso	3	2,00	5,00	4,00	5,00	6,00	7,00	8,00	9,00	6,00	8,00
obstruc., mala visión	4	4,50	7,50	6,50	7,50	8,50	9,50	10,5	11,5	8,50	10,5
obstruc., mala visión	5	6,00	9,00	8,00	9,00	10,0	11,0	12,0	13,0	10,0	12,0

(4) y (5) representan distintos niveles de severidad en la obstrucción o en la mala visión

Operaciones sobre piezas montadas										
		procesos mecánicos				procesos no mecánicos				sin fijación
		sin deform. plástica			gran deformación plástica	proc. metalúrgico				
						sin material adicional	con material adicional		adhesivos y procesos químicos	manipulaciones (levantar, ajustar)	otros procesos (llenado líquidos)
		doblado y similares	remaches y similares	atornillado y similares			soldadura blanda	soldadura fuerte			
		0	1	2	3	4	5	6	7	8	9
piezas ya en su sitio	9	4,00	7,00	5,00	12,0	7,00	8,00	12,0	12,0	9,00	12,0

Caso 3.7
Evaluación de la eficiencia de montaje en dos alternativas de cilindro

La Figura 3.14 muestra el despiece de dos alternativas constructivas para un cilindro neumático de baja presión, de carrera corta y con retorno por muelle. La solución de mano derecha es una versión mejorada, especialmente por lo que se refiere al elemento de cierre que incorpora las funciones de tope del pistón y la unión con el cuerpo. Se trata de analizar la *eficiencia de montaje* de estas dos versiones.

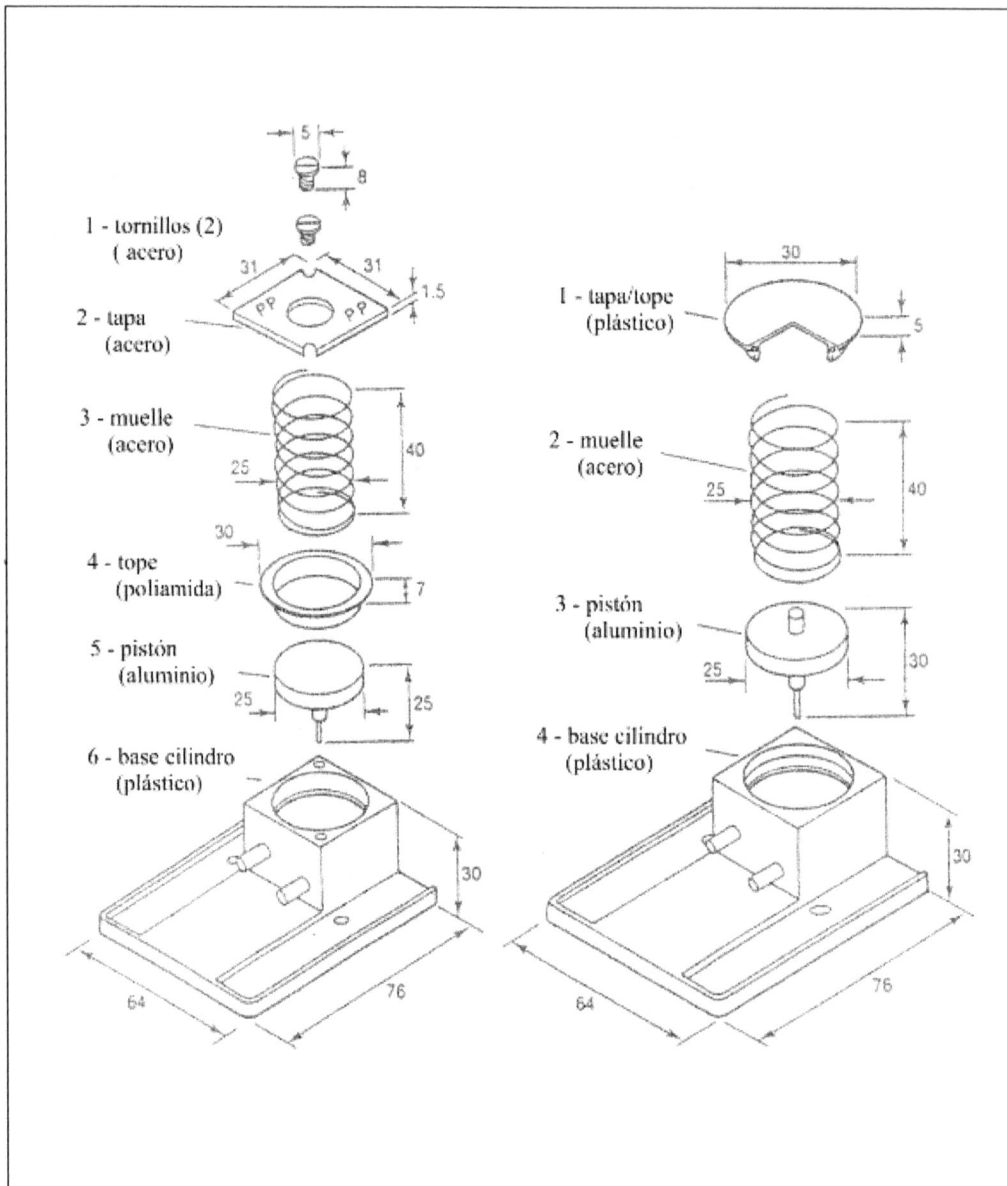

Figura 3.14   Dos soluciones alternativas para un cilindro neumático de baja presión, carrera corta y retorno por muelle: *a*) Solución original con siete piezas, seis de ellas distintas; *b*) Nueva solución donde, bajo la perspectiva del *diseño para el montaje*, se han reducido el número de piezas a cuatro.

Tablas comparativas para el cálculo de la eficiencia de montaje
Cilindro neumático original y rediseñado

pistón neumático (original)	1 número de pieza	2 veces que se ejecuta operación	3 código de manipulación manual	4 tiempo de manipulación manual	5 código de inserción manual	6 tiempo de inserción manual	7 tiempo de operación $(2)\times((4)+(6))$	8 piezas funcionales
Base	6	1	30	1,95	00	1,50	3,45	1
Pistón	5	1	10	1,50	02	2,50	4,00	1
Tope del pistón	4	1	10	1,50	00	1,50	3,00	1
Muelle	3	1	05	1,84	00	1,50	3,34	1
Tapa	2	1	23	2,36	08	6,50	8,86	0
Tornillo	1	2	11	1,80	39	8,00	19,60	0
Eficiencia de montaje = $=N_{min}\cdot t_a/t_{ma}=4\cdot3/42,25=$	**0,29**						42,25 t_{ma}	4 N_{min}

pistón neumático (rediseñado)	1 número de pieza	2 veces que se ejecuta operación	3 código de manipulación manual	4 tiempo de manipulación manual	5 código de inserción manual	6 tiempo de inserción manual	7 tiempo de operación $(2)\times((4)+(6))$	8 piezas funcionales
Base	4	1	30	1,95	00	1,5	3,45	1
Pistón	3	1	10	1,50	00	1,5	3,00	1
Muelle	2	1	05	1,84	00	1,5	3,34	1
Tapa con tope	1	1	10	1,50	30	2,0	3,50	1
Eficiencia de montaje = $=N_{min}\cdot t_a/t_{ma}=4\cdot3/13,29=$	**0,90**						13,29 t_{ma}	4 N_{min}

Si se calcula el *factor de complejidad*, se obtiene:

Solución original: $N_p = 7$; $N_t = 6$; $N_i = 11$,   es: $C_f = 7,7$
Solución rediseñada: $N_p = 4$; $N_t = 4$; $N_i = 5$,   es: $C_f = 4,3$

La mayor distancia entre los valores de la *eficiencia del montaje* respecto a los del *factor de complejidad* se debe a la mayor incidencia de la valoración de las uniones atornilladas en el primero.

3.4 Diseño para la calidad (DFQ)

Calidad y sistema de calidad

La norma ISO 8402 de 1986, referente a la terminología sobre calidad, establece la siguiente definición: *calidad es el conjunto de propiedades y características de un producto o servicio que le confiere la aptitud para satisfacer unas necesidades expresadas o implícitas.*

En un sentido amplio esta simple definición conduce a un punto de vista globalizador para la empresa que se propone responder a las siguientes preguntas:

1. *¿Aptitud para qué?*
    La calidad de un producto o servicio es, en primer término, dar una respuesta adecuada a las necesidades manifestadas o latentes de los usuarios o clientes.

2. *¿Aptitud desde y hasta cuándo?*
    La calidad es, también, asegurar el correcto funcionamiento de un producto o servicio en todo su ciclo de vida evitando los defectos de concepto, los fallos de fabricación y las incidencias que se puedan producir durante su utilización.

3. *¿Aptitud a qué precio?*
    Y, finalmente, la calidad también incluye administrar y gestionar de forma óptima los recursos, evitando los gastos inútiles (consumos de energía, tiempos muertos, desperdicios de materiales, stocks excesivos)

La calidad implica un conjunto de actitudes nuevas en las empresas que afectan en profundidad a los sistemas de organización y a los métodos de gestión, y que pueden resumirse en:

1. Hacer el trabajo bien desde el principio y una sola vez

2. Evitar o reducir costes inútiles

3. Realizar una acción preventiva, anticiparse a los fallos, a los gastos inútiles

Sin embargo, más allá de atender la calidad individual de cada uno de los productos y servicios, las empresas deben establecer las condiciones y los medios para que la calidad sea un hecho habitual.

Aunque podrían darse situaciones límite en la cual una empresa fabrica productos de gran calidad en un contexto desorganizado y caótico u, otra empresa, fabrica productos de baja calidad en una organización modélica, el hecho es que la calidad de los productos y servicios suele ir asociada a una buena organización con procedimientos, metodologías y herramientas adecuadas. El objetivo de un *sistema de calidad* es asegurar estos últimos aspectos.

Sistema de gestión de la calidad

Un *sistema de gestión de la calidad* tiene per objeto definir *cómo* debe obtenerse la calidad (sin entrar en *qué* hay que hacer para obtenerla) y, por lo tanto, afecta a todo tipo de empresa de productos y de servicios. La norma ISO 8402:1986 define un sistema de gestión de la calidad como el conjunto de la estructura, la organización, las responsabilidades, los procedimientos, los procesos y los recursos que establece una empresa para realizar la gestión de la calidad. Consta de dos partes:

1. La creación de un proyecto que debe incluir un análisis de la situación, el diseño de la organización, los procedimientos, las instrucciones y la documentación técnica necesaria para redactar los documentos requeridos por las normas.

2. Y, la aplicación práctica del sistema de calidad que debe incluir unos medios materiales (locales, instalaciones, máquinas, instrumentos) y unos recursos humanos (conocimiento de las responsabilidades, entrenamiento, formación)

Las normas ISO 9000 (aseguramiento de la calidad en las empresas), estructuradas en varias partes (ISO 9001 para empresas con actividades desde el diseño hasta la posventa; ISO 9002 para empresas que se centran en la fabricación; ISO 9003 para empresas que debían demostrar la capacidad para inspeccionar y ensayar los productos), fueron aprobadas per primera vez en el año 1987, revisadas en el 1994 y se han aplicado a numerosas industrias.

Sin embargo, las nuevas normas ISO 9000 del 2000 sobre *gestión de la calidad* (más de una docena) establecen un cambio de punto de vista respecto a las ediciones anteriores y ponen el énfasis en la orientación hacia el cliente, la gestión por procesos y la mejora continua (lo que, entre otras cosas, hace que se integren mejor con las normas ISO 14000 sobre el medio ambiente). La norma ISO 9001:2000 (*Sistemas de gestión de la calidad – Principios esenciales y vocabulario*) presenta los siguientes apartados (en el 7 también se describen los subapartados):

1. Objeto y campo de aplicación
2. Referencias normativas
3. Términos y definiciones
4. Sistema de gestión de la calidad
5. Responsabilidad de la dirección
6. Gestión de los recursos
7. Realización del producto
    7.1 Planificación de la realización del producto
    7.2 Procesos relacionados con el cliente
    7.3 Diseño y desarrollo
    7.4 Compras
    7.5 Producción
8. Medida, análisis y mejora

A continuación se describe el contenido de los subapartados 7.1, 7.2 y 7.3 ya que son los que se relacionan más con el objeto de este texto:

7.1 Planificación de la realización del producto

En la planificación de la realización del producto hay que establecer por avanzado la planificación de la calidad según las etapas: subproceso de planificación y definición del programa; subproceso de diseño y desarrollo del producto; subproceso de diseño y desarrollo del proceso productivo; Subproceso de validación del producto y proceso; Subproceso de retroacción, evaluaciones y acciones correctoras.

7.2 Procesos relacionados con el cliente

7.2.1 Determinación de los requisitos relacionados con el producto

Los requisitos técnicos, de servicio y económicos pedidos y acordados con el cliente deben documentarse en ofertas, pedidos o contratos. La empresa debe documentar las características técnicas, de uso, reglamentarias, legales de los productos, en especificaciones técnicas, catálogos, etc. que se comunican a los clientes.

7.2.2 Revisión de los requisitos relacionados con el producto

Previo a la presentación de una oferta o a la aceptación de un pedido o un contrato, la empresa debe hacer una revisión técnica, económica, de entrega y de asistencia posventa y deben establecerse las responsabilidades y competencias para llevar a término esta revisión en el seno de la empresa.

7.2.3 Comunicación con el cliente

La empresa debe establecer la forma eficaz de comunicarse con los clientes en relación a informaciones sobre productos, consultas, contratos o pedidos, modificaciones, así como las reclamaciones, necesidades y grado de satisfacción.

7.3 Diseño y desarrollo

7.3.1 *Planificación.* La empresa debe planificar y controlar el diseño y desarrollo del producto. En concreto, debe determinar las responsabilidades y las etapas, así como los procedimientos de verificación, validación y, eventualmente, de revisión.

7.3.2 *Entradas al diseño.* Hay que definir y documentar los requisitos de entrada relacionados con el producto (funcionales y de rendimiento, legislación y reglmentación, información aplicable de diseños anteriores y otros requisitos esenciales). Las modificaciones deben ser aprobadas por los responsables y comunicadas al equipo de diseño y, en su caso, a los clientes.

7.3.3 *Resultados.* Hay que documentar y aprobar los resultados del diseño y desarrollo a fin de comprobar si satisfacen los requisitos de entrada, servir de referencia para los criterios de aceptación del producto, definir los criterios esenciales para utilizarlo de forma segura y apropiada y como fuente de información para las operaciones de compra, producción y de servicio.

7.3.4 *Revisión*. Hay que realizar (y documentar) revisiones sistemáticas del diseño y desarrollo donde participen representantes de las funciones correspondientes, como mínimo en las fases de identificación de los requisitos del cliente, de establecimiento de las entradas y resultados del diseño y de la realización del producto.

7.3.5 *Verificación*. Deben realizarse verificaciones del diseño y desarrollo (cálculos alternativos, simulaciones, ensayos, comparaciones con productos análogos) para asegurar que los resultados cumplen la especificación de entrada, registrarlos y, en caso de discrepancias, establecer y documentar las acciones a tomar.

7.3.6 *Validación*. Antes de la entrega o la implantación del producto, debe validarse el diseño y desarrollo a través de simulaciones virtuales, de ensayos de los prototipos en el laboratorio, de pruebas en condiciones operativas o de validaciones de uso por parte de los clientes para confirmar que cumple el uso previsto. En caso de discrepar con lo esperado, se documenta y se toman las decisiones para corregirlo.

7.3.7 *Control de los cambios*. Hay que identificar, documentar y controlar qualquier cambio en el diseño y desarrollo, así como sus efectos sobre los componentes y productos. Es conveniente que los cambios sean verificados, validados y aprobados antes de su implantación.

Evolución de la calidad

Se pueden esbozar las siguientes etapas de la aún corta historia de la calidad (las últimas décadas han visto un gran volumen de actividades y de bibliografía):

1. *Control de calidad* (QC). Detecta los defectos de fabricación y los elimina antes de que los productos o servicios lleguen al usuario. Resuelve, pues, la calidad del pasado

2. *Control estadístico de procesos* (SPC, *statistical process control*). Asegura la calidad del presente

3. *Gestión de la calidad total* (TQM, *total quality management*). A partir de nuevas concepciones y metodologías, pone las bases para la calidad del futuro.

La *calidad en línea* (*on-line quality*) tiene lugar durante o después de la producción y corresponde a técnicas y metodologías para determinar si hay que tomar o no una acción correctora. Corresponde al *control de calidad*, que se traduce en acciones de aceptación o rechazo de piezas y componentes ya fabricados (o su eventual recuperación), y también al *control estadístico de procesos*, conjunto de técnicas destinadas a corregir en el presente los parámetros del proceso de fabricación.

La *calidad fuera de línea* (*off-line quality*) se refiere a las acciones que se realizan durante el proceso de diseño del producto o servicio (o de sus medios de producción) y cuyo objetivo esencial es asegurar la calidad futura. Es el punto de vista de las nuevas técnicas y metodologías del *diseño para la calidad* cuyas actividades recaen fundamentalmente en las etapas de definición y concepción.

Calidad a través del diseño

Esta es una nueva perspectiva de la *ingeniería concurrente* que incorpora la consideración de los requerimientos de calidad desde la etapa de diseño lo que presenta los siguientes puntos de interés:

1. Asegura que el producto o servicio responda a los requerimientos y necesidades de los usuarios

2. Establece criterios, parámetros y tolerancias adecuados para una fabricación y un funcionamiento *robusto* del producto (poco sensibles a perturbaciones)

3. Concibe los productos para que los procesos de fabricación y montaje faciliten una producción sin errores y con los mínimos costes e incidencias

4. Asegura que el producto o servicio funcione sin fallos durante su utilización o, en caso necesario, que su mantenimiento y reparación sean los adecuados.

Si un diseño no tiene en cuenta los objetivos de la calidad, es difícil que en etapas posteriores (fabricación, comercialización, utilización) se pueda corregir eficazmente sus consecuencias negativas.

Tradicionalmente, se han usado determinadas herramientas clásicas para asegurar la calidad del futuro, como los cálculos de fatiga de elementos sometidos a solicitaciones dinámicas o los ensayos de durabilidad de piezas y componentes, destinados a asegurar la *fiabilidad* del producto. Sin embargo, en tiempos más recientes han surgido nuevos métodos y ayudas al diseño que se basan en la concepción más global de la calidad descrita al inicio de esta sección. Entre ellos se destacan y se describen los tres siguientes:

a) *Desarrollo de la función de calidad* (QFD, *quality functional deployment*)
   Es un método globalizador cuyo objetivo principal es asegurar que se tiene en cuenta la voz del usuario o cliente, a la vez que constituye una ayuda para la planificación de la *calidad* durante todo el ciclo de vida.

b) *Diseño de experimentos* (DOE, *design of experiments*)
   Metodologías para adquirir un mayor conocimiento de un sistema o proceso en base a realizar un número reducido de experimentos. G. Taguchi [Tag 1986, Tag 1989] introdujo el concepto de *robustez* (insensibilidad en el funcionamiento de un sistema o proceso ante variaciones intrínsecas y extrínsecas) y proporcionó técnicas para conseguirlo.

c) *Análisis de modos de fallo y sus efectos* (AMFE)
   (FMEA, *failure modes and effects analysis,* MIL-STD 16291)
   Herramienta de predicción, prevención y mejora (aplicable a diversos niveles: producto, proceso, medios de producción, planificación del mantenimiento) que, a partir del análisis de los posibles modos de fallo, analiza sus causas, efectos y su criticidad para proponer mejoras.

Desarrollo de la función de calidad, QFD

Introducción y definiciones

Como ya se ha dicho, el *desarrollo de la función de calidad* QFD (*quality function deployment*) es un método globalizador cuyo objetivo principal es asegurar que en la definición de un producto o servicio se han considerado las necesidades y requerimientos de los usuarios (o, la *voz del usuario*), a la vez que también constituye una herramienta para la planificación de la *calidad* durante el ciclo de vida. Consiste en un proceso estructurado que permite traducir los requerimientos y deseos de los usuarios en requerimientos técnicos de ingeniería en cada fase del diseño y de la fabricación.

Fue introducido por primera vez en Japón en el año 1972, e inmediatamente tuvo una gran aceptación en este país; más tarde, en 1983 fue introducido en EE.UU. de la mano de Yoji Akao, y hoy día se utiliza en numerosas empresas de los países desarrollados y en vías de desarrollo.

Es una método que presupone el establecimiento de un *equipo pluridisciplinario* orientado al *consenso*, basado en *aproximaciones creativas* y que permite la síntesis de nuevas ideas de una *manera estructurada*.

Las 4 fases

Yoji Akao definió una serie de matrices para guiar el proceso del *desarrollo de la función de calidad*. Cada fase del desarrollo de un producto (planificación del producto, despliegue de componentes, planificación del proceso y planificación de la producción) se representa por una matriz cuyas *características* de diseño aportan las *especificaciones* de entrada a la matriz siguiente, en una secuencia en forma de una cascada de cuatro saltos (Figura 3.15):

a) *Planificación del producto* (o *casa de la calidad*)
    Traduce las *demandas de los clientes* en *características técnicas del producto*

b) *Despliegue de componentes*
    Traduce las *especificaciones del producto* (o *características técnicas* de la matriz anterior) en *características de los componentes*

c) *Planificación del proceso*
    Traduce las *especificaciones de los componentes* (o *características de los componentes* de la matriz anterior) en *características del proceso de fabricación*

d) *Planificación de la producción*
    Traduce las *especificaciones del proceso* (o *características del proceso de fabricación* de la matriz anterior) en *procedimientos de planificación de la producción*.

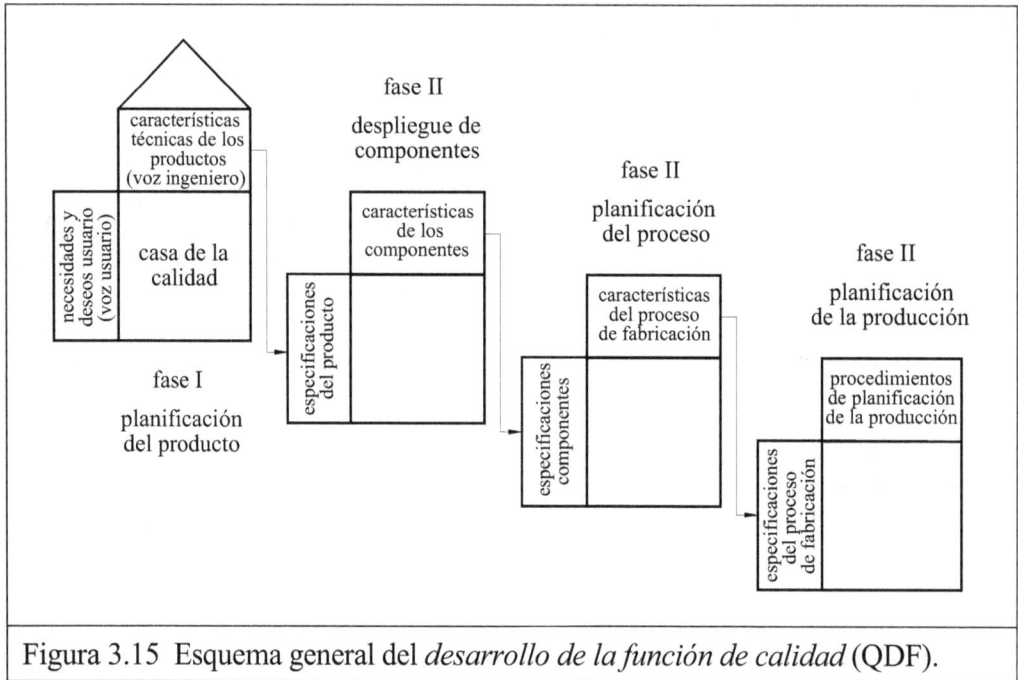

Figura 3.15 Esquema general del *desarrollo de la función de calidad* (QDF).

La casa de la calidad

La primera de estas matrices (o *casa de la calidad*; ver Figuras 3.15 y 3.16), traduce las *demandas* de los usuarios (o *voz del cliente*) en *requerimientos técnicos del producto*. Es la de aplicación más frecuente y en ella se distinguen 6 pasos:

1. *Voz del usuario*
   Describe las *demandas* (*requerimientos* y *deseos*) de los usuarios

2. *Análisis de competitividad*
   Describe, según el usuario, el grado de satisfacción que proporcionan los productos o servicios de la empresa respecto a los de la competencia

3. *Voz del ingeniero*
   Describe los requerimientos técnicos que deberán articularse para satisfacer las necesidades de los usuarios

4. *Correlaciones*
   Establece las correlaciones entre la voz de los usuarios y la voz del ingeniero

5. *Comparación técnica*
   Compara el producto de la empresa con los de la competencia

6. *Compromisos técnicos*
   Establece los *compromisos* potenciales entre las diferentes características técnicas del producto

Paso 1. La voz del usuario

En el *desarrollo de la función de calidad*, las *demandas de los clientes* (*requerimientos y deseos*) constituyen el elemento conductor de todo el proceso de diseño de un nuevo producto o servicio. El primer paso consiste, pues, en pedir a un grupo representativo de usuarios (en su sentido más amplio: distribuidores, vendedores, usuarios finales) cuáles son sus requerimientos y deseos. Una de las formas más frecuentes de hacerlo es a través del *diagrama de afinidad*. Se procede de la siguiente forma:

> Se realiza un *brainstorming* (o lluvia de ideas) entre un grupo de clientes en relación a todos sus requerimientos y deseos sobre el nuevo producto, aunque sean expresados de forma vaga, incompleta y con redundancias

> Por medio de un experto en el método QFD los requerimientos y deseos de los usuarios son formulados de forma precisa y útil como entradas al sistema.

Todas las demandas deben tener un mismo nivel de detalle; si la lista resulta demasiado larga (lo que sucede con frecuencia), deben agruparse las demandas bajo títulos más generales hasta identificar un máximo entre 20 y 30 categorías. Según la percepción que el usuario tiene de ellas, estas demandas se clasifican en:

1. *Demandas básicas*
   A menudo no son formuladas por los usuarios ya que se consideran obvias; sin embargo cuando no se cumplen, el usuario manifiesta insatisfacción

2. *Demandas unidimensionales*
   Con su mejora aumenta proporcionalmente la satisfacción de los usuarios

3. *Demandas estimulantes*
   Estas características complacen al usuario y diferencian un producto de otro. En caso de no darse, no producen insatisfacción en el usuario

Con el tiempo, las *demandas estimulantes* se convierten en *unidireccionales* y éstas últimas en *básicas*.

Paso 2. Análisis de la competencia

A continuación, hay que plantear al grupo de usuarios las tres preguntas siguientes sobre el análisis de la competencia en relación con cada demanda:

a) ¿Qué importancia tiene para usted su cumplimiento?
b) ¿En qué grado los productos de la empresa la cumplen?
c) ¿En qué grado los productos de la competencia la cumplen?

Una vez obtenidas estas respuestas (evaluadas generalmente de 1 a 5), los datos se compilan y los resultados se introducen en la *casa de la calidad*:

Columna A: evaluación del cumplimiento del producto de la empresa
Columnas B y C: evaluación del cumplimiento de los productos de la competencia

A partir del análisis de la competencia la empresa establece unos *objetivos* a cumplir (columna D) en relación a las *demandas de* los clientes, así como un *índice de mejora* (columna E) que indica el grado de mejora que la empresa se propone para cada *demanda*. También se hace un especial énfasis en las *demandas* que se consideran puntos fuertes en la venta o *factor de venta* (columna F) y en la *importancia* (columna G) evaluada por los usuarios:

Columna D: *Objetivos* (fijación del nivel deseado, de 1 a 5)
Columna E: *Índice de mejora* (E = D/A ≥1)
Columna F: *Factor de venta* (evaluación en niveles de 1/1,2/1,5)
Columna G: *Importancia* (a partir de respuestas de los usuarios, de 1 a 5)

Finalmente se establece una *ponderación* (columna H), y una *ponderación porcentual* (columna I) para cada una de las *demandas* del cliente:

Columna H: *Ponderación* (H=E·F·G)
Columna I: *Ponderación porcentual* (en % sobre el total de las demandas)

Paso 3. *La voz del ingeniero*

El reto más importante en la construcción de la *casa de la calidad* es la traducción de las *demandas* subjetivas de los clientes en *características técnicas* objetivas del producto, lo que constituye la *voz del ingeniero*.

Para realizar este paso el equipo de diseño debe crear una lista de *características técnicas* (medibles, al alcance de la empresa) que puedan dar cumplimiento a las *demandas*. Como mínimo para cada *demanda* se debe identificar una *característica técnica*. De forma análoga a las *demandas de* los clientes, su número máximo debe situarse entre 20 y 30.

Paso 4. *Correlaciones*

El cuerpo de la *casa de la calidad* muestra las capacidades de cada *característica técnica* para satisfacer al cliente en cada una de las *demandas*. En este paso hay que formularse la siguiente pregunta:

¿Hasta qué punto se podrá predecir que se van a satisfacer las *demandas* a partir de las *características técnicas* elegidas?

El resultado de esta pregunta debe obtenerse por consenso del equipo de diseño y se establece en tres niveles: *fuerte*, *mediano* y *débil* (simbolizados por un círculo con punto, un círculo y un triángulo, respectivamente y, si no existe relación, el espacio se deja en blanco). Este trabajo de evaluación establece un lenguaje común entre los miembros del equipo de diseño y fomenta las comunicaciones entre los departamentos durante todo el proyecto.

Paso 5. Evaluación técnica

Este paso se realiza después de haber completado el cuadro de correlaciones del paso anterior y consiste en la evaluación de la incidencia de cada una de las *características técnicas* en la satisfacción de las demandas del usuario.

Para ello, el equipo de diseño calcula la *incidencia* de cada *característica técnica* en base al sumatorio de productos de los *factores de incidencia*, I_d, función de cada correlación (fuerte = 9; mediana = 3; débil = 1; ver Figura 3.16), por el correspondiente valor de la *ponderación*, S_{dt}, (columna H de la Figura 3.16):

Importancia $t = \Sigma I_d \cdot S_{dt}$
Importancia porcentual (en forma de % sobre el total de características técnicas)

Normalmente, se señalan unas pocas *características técnicas* para ser mejoradas, en función del valor de la *importancia* y de la posición en la evaluación técnica.

Paso 6. Compromisos técnicos

El techo de la *casa de la calidad* contiene los distintos *compromisos* entre las *características técnicas* del producto que la empresa debe sopesar y decidir para situarse lo mejor posible en el mercado. Se han establecido cuatro niveles de correlación con sus símbolos: *muy negativa*, *negativa*, *positiva* y *muy positiva*.

Previamente, los miembros del equipo de diseño deben haber establecido un diseño conceptual básico por medio de técnicas de ingeniería concurrente. Pueden darse varios casos de interacción entre características técnica:

a) *Correlación positiva*
   Al mejorar una *característica técnica*, también mejora la otra

b) *Correlación negativa*
   Al mejorar una *característica técnica*, empeora la otra

c) *Sin correlación*
   Las variaciones de dos *características técnicas* no tienen influencia mutua

Implantación del QFD

La implantación del *desarrollo de la función de calidad* no es una tarea simple e involucra una serie de factores tales como la cultura de la empresa y la confianza con la mejora continua. Es una metodología que exige una gestión participativa presidida por el impulso y la confianza de la dirección general. Hay que informar a todo el personal de los objetivos del QFD y convencerlo de que el trabajo adicional de documentación y de recogida de datos que comporta es beneficioso.

En otro orden de cosas, la implantación del *desarrollo de la función de calidad* suele ser más simple si se aplica inicialmente a la mejora de un producto conocido. Más adelante se estará en condiciones de abordar el diseño de nuevos productos.

Entre los beneficios de la implantación del QFD se encuentran los siguientes:

- Define de forma muy consistente el producto
- Acorta los plazos de desarrollo
- Acumula conocimiento
- Requiere pocos cambios durante el desarrollo
- Mejora la relación entre departamentos de la empresa
- Elimina procesos que no añaden valor
- Identifica procesos que requieren mejoras
- Genera una documentación mucho más accesible
- Descubre nichos de mercado
- Facilita los cambios rápidos
- Aumenta la productividad
- Elimina reclamaciones de los usuarios

Caso 3.8
Definición de un fogón de camping

Se plantea el siguiente escenario a un grupo de clientes: "En una excursión de fin de semana a un paraje no habitado, en la que hay que cargar con todo el equipo a cuestas, se necesita un fogón para cocer la comida en un lugar donde no está permitido hacer fuego. ¿Qué se requiere y qué se desea de este fogón ?"

Pasos 1 y 2
Un vez recogida la información de un grupo de usuarios y agrupada por medio del *diagrama de afinidad*, se obtiene la siguiente lista de *demandas*:
1. Que sea muy compacto
2. Que sea muy ligero
3. Que se encienda fácilmente
4. Que sea muy estable (no vuelque)
5. Que funcione silenciosamente
6. Que caliente rápidamente
7. Que no requiera mantenimiento
8. Que pueda cocer a fuego lento
9. Que pueda estar encendido durante mucho tiempo
10. Que el depósito sea rellenable
11. Que sea fácil de obtener el gas combustible

Dado que el grupo de clientes no ha hecho ninguna indicación sobre cuáles de estas demandas son básicas, unidimensionales o estimulantes, corresponde al equipo de diseño de arriesgarse a hacerlo.

compromisos

B = básico
O = unidimensional
E = estimulante

⊙ muy positiva
○ positiva
✕ negativa
✶ muy negativa

voz del ingeniero — características técnicas

voz del usuario — necesidades y deseos usuario

correlaciones

voz del usuario		volumen	peso	tiempo de encendido	nivel de ruido	tiempo medio p. hervir	capacidad depósito	tiempo a llama máxima	agua hervida/unidad gas	Nº recargas depósito	puntos de recarga	tiempo a llama mínima	A propia empresa	B competencia 1	C competencia 2	D objetivos	E índice de mejora	F factor de venta	G importancia	H ponderación	I ponderación en %
muy compacto	O	⊙					○						3	3	5	3	1,0		3	3,0	3,6
muy ligero	E	○	⊙				⊙	⊙					3	3	4	4	1,3	●	5	9,8	11,7
encendido fácil	O			⊙									5	2	3	5	1,0	●	4	6,0	7,2
muy estable	B		▽										3	5	3	3	1,0		3	3,0	3,6
funcionam. silencioso	O				⊙								4	1	4	4	1,0	•	4	4,8	5,7
que caliente rápido	O					⊙		⊙					3	5	3	3	1,0		4	4,0	4,8
sin mantenimiento	O		▽	▽									5	3	4	5	1,0		5	5,0	6,0
cocer a fuego lento	O											⊙	3	1	5	5	1,7	•	5	10,2	12,1
queme mucho tiempo	O	▽				○	○	○	⊙				2	4	3	4	2,0	●	5	15,0	17,9
depósito recargable	B									⊙			1	5	5	5	5,0		4	20,0	23,8
gas fácil de encontrar	B										⊙		3	5	3	3	1,0		3	3,0	3,6
																				83,8	100

análisis de la competencia

	volumen	peso	tiempo de encendido	nivel de ruido	tiempo medio p. hervir	capacidad depósito	tiempo a llama máxima	agua hervida/unidad gas	Nº recargas depósito	puntos de recarga	tiempo a llama mínima	
propia empresa	3	3	5	3	3	3	5	3	3	5	3	
competencia 1	3	3	4	4	3	3	4	4	3	4	4	
competencia 2	5	2	3	5	5	2	3	5	2	3	5	
incidencia	71	96	59	43	81	133	178	135	180	27	92	1095
incidencia en %	6,5	8,8	5,4	3,9	7,4	12,1	16,2	12,3	16,4	2,5	8,4	100

evaluación técnica

factor de incidencia
fuerte = 9 ⊙
medio = 3 ○
bajo = 1 ▽

valores de referencia:

volumen	3,2 litros
peso	0,3 kg
tiempo de encendido	2 segundos
nivel de ruido	50 decibelios
tiempo medio p. hervir	3 minutos
capacidad depósito	1,2 litros
tiempo a llama máxima	5 horas por depósito
agua hervida/unidad gas	50 litros
Nº recargas depósito	3 recargas / depósito
puntos de recarga	existe distribución
tiempo a llama mínima	6 minutos

E=D/A
H=E·F·G

factor de venta
fuerte = 1,5 ●
posible = 1,2 •
ningún = 1,0

evaluac. usuario

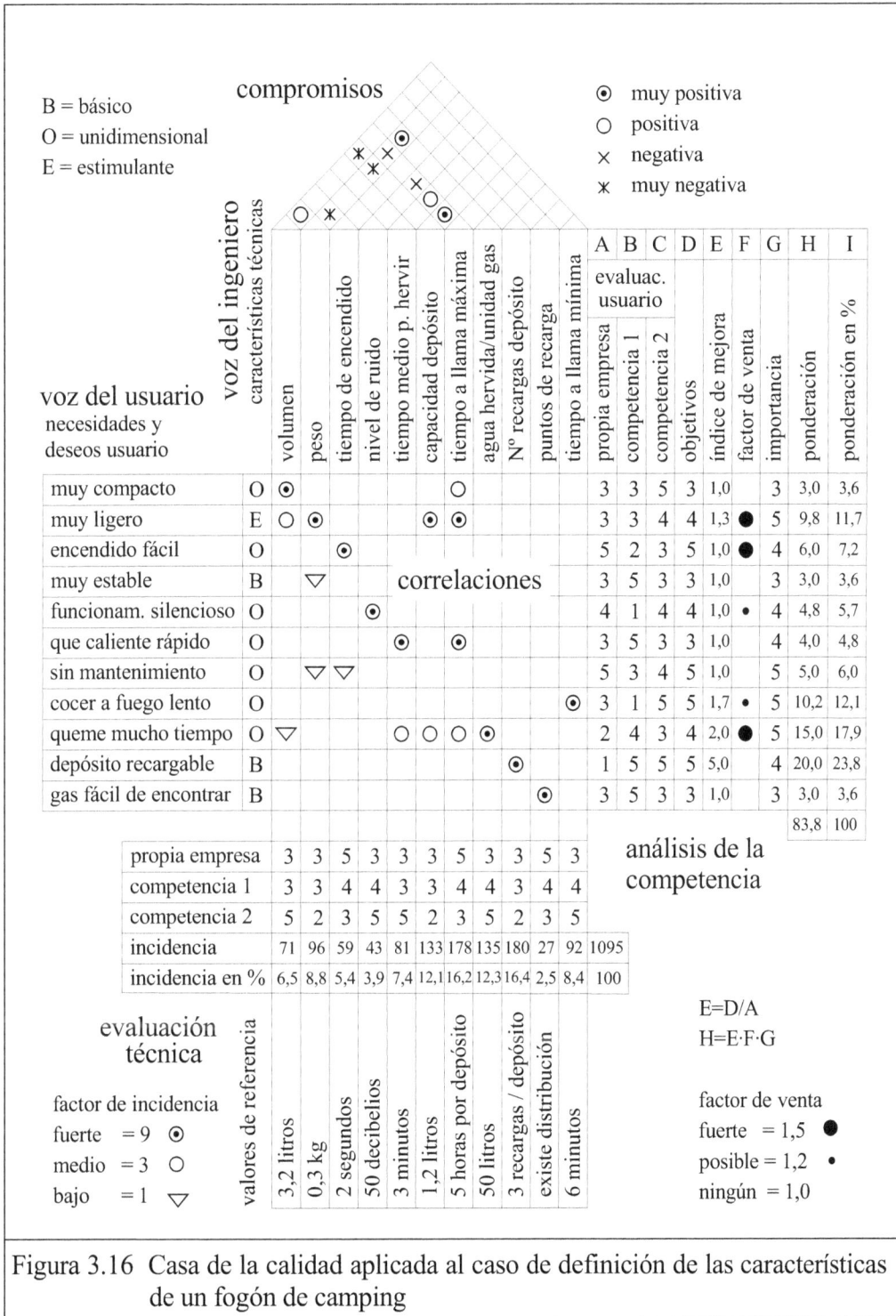

Figura 3.16 Casa de la calidad aplicada al caso de definición de las características de un fogón de camping

El resultado es:

Demandas básicas:	4, 10, 11
Demandas unidimensionales:	1, 3, 5, 6, 7, 8, 9
Demandas estimulantes:	2

A continuación, se realiza el análisis de la competencia (columnas de A hasta I, Figura 3.16). El resultado indica que hay que concentrar los esfuerzos en cuatro puntos que concentran el 65% de las mejoras y que en orden de importancia son: *depósito rellenable, tiempo de funcionamiento, poder cocer a fuego lento* y *mejorar la ligereza*.

Pasos 3, 4 y 5

El grupo de diseño crea la siguiente lista de *características técnicas* que constituyen la voz del ingeniero:

1.	Volumen	m^3
2.	Peso	kg
3.	Tiempo de encendido en aire quieto a 0°	s
4.	Nivel de ruido	dB
5.	Tiempo para hervir agua a 20° C con olla tapada, nivel del mar	min
6.	Capacidad del depósito	m^3
7.	Tiempo de combustión a llama máxima	min
8.	Agua hervida por unidad de gas	kg/m^3
9.	Número de recargas por depósito	(-)
10.	Número de puntos de recarga en el mundo	(-)

Al rellenar la tabla de correlaciones los ingenieros se encuentran con la sorpresa de que no hay ninguna *característica técnica* para medir "cocer a fuego lento". Se hacen consultas y finalmente se decide añadir una nueva característica técnica a las establecidas en el paso 3:

11.   Máximo tiempo de ebullición con la mínima llama

Hay aún otros dos puntos débiles en la matriz de correlación: no existen características técnicas para medir las demandas de *que sea muy estable* y de *que no requiera mantenimiento*. Habían pasado desapercibidos pero tampoco habían dado problemas posteriores.

Luego se decide evaluar la incidencia de las características técnicas en la mejora del producto de la que se desprende que 6 de ellas tienen incidencias significativas (81% del total) siendo las dos más destacadas: *número de recargas por depósito* y *tiempo de combustión a llama máxima*.

Paso 6

El grupo de diseño establece los compromisos entre características técnicas. De ellas se desprenden, por ejemplo, que aumentando la *capacidad del depósito*, aumenta también el *tiempo de combustión a llama máxima* (correlación positiva), mientras que empeora el *nivel de ruido* (correlación negativa).

Diseño de experimentos (DOE, *design of experiments*)

Introducción

Uno de los objetivos del diseño es conseguir que determinados parámetros o características relacionadas con la calidad de los productos y de los procesos sean óptimos. En unos casos, se desean los valores más grandes posibles (por ejemplo, el número de monedas procesadas por unidad de tiempo en una máquina universal de clasificar monedas; Figura 15.10); en otros casos, se desean los valores más pequeños posibles (por ejemplo, limitar al mínimo el movimiento del grupo flotante de una lavadora-centrifugadora durante el centrifugado; Figura 15.6 y Ejemplo 17.2); y, en un tercer tipo de casos, se desean los valores más próximos a una determinada referencia (por ejemplo, la posición donde el elevador-volteador de una unidad de recogida de basura devuelve automáticamente el contenedor después de vaciarlo; Figura 15.11).

Los valores de estas características de calidad dependen de variables que pueden ser cuantitativas (longitudes, velocidades, temperaturas, tensiones) o cualitativas (materiales, disposiciones, abierto-cerrado). El diseñador controla algunas de ellas (dimensiones de las piezas, temperatura del proceso, tensión eléctrica) mientras que, otras, dependen de la producción, el entorno o la utilización (tolerancias de fabricación, temperatura ambiente, acciones del usuario, bajadas de tensión).

En general, las relaciones entre las características de calidad de los productos y procesos y los factores que les afectan son mal comprendidas ya que, o bien no responden a leyes conocidas de la ciencia y de la técnica (o son insuficientes para explicar la complejidad de la realidad), o bien el conocimiento que las empresas tienen de ellas se basa en una experiencia adquirida a lo largo del tiempo de forma intuitiva y poco metódica.

Experimentar es cambiar deliberadamente las condiciones de funcionamiento de los sistemas para mejorar el conocimiento de los productos y procesos y, a la vez, orientar las acciones a tomar en el diseño y desarrollo. El objetivo básico del *diseño de experimentos*, basado en técnicas y metodologías estadísticas, consiste en determinar el conjunto de pruebas a realizar para obtener el máximo conocimiento útil sobre el sistema con el mínimo número (y, por lo tanto, coste) de experimentos.

El *diseño de experimentos* tiene su precedente en los estudios de R. Fisher y las aplicaciones a la agronomía a partir de los años 1930, pero prácticamente no transcendió al campo de la ingeniería hasta mucho más tarde (hacia los años 1970 en el Japón y los años 1980 en EUA y Europa) cuando los trabajos de G. Taguchi [Tag, 1986] pusieron el énfasis en el concepto de *diseño robusto*, poco sensible a las variaciones.

Confluyendo con la estrategia de la ingeniería concurrente, el *diseño de experimentos* parte de la idea de que el mejor momento para poner les bases de la calidad de los productos y procesos es durante sus etapas de especificación y concepción.

Estrategias de experimentación

Experimentar consiste en realizar una serie de pruebas para conocer mejor la evolución de les características de calidad de un sistema.

Cualquier estrategia de experimentación debe realizar los siguientes pasos: *a*) Comienza con un análisis del sistema para determinar las características de calidad (o *respuestas*) de interés, las variables (o *factores*) que inciden de forma significativa en cada una de ellas, así como el número de valores (o *niveles*) que conviene que tomen estas variables; *d*) Después, establece el número de experimentos y las combinaciones de niveles de los factores en cada uno de ellos (*matriz de diseño*); *d*) Finalmente, a partir de la interpretación de los resultados, establece criterios y calcula valores de los factores para obtener una respuesta óptima.

En determinadas estrategias de experimentación se decide inicialmente el conjunto de pruebas a realizar (por la totalidad del presupuesto) mientras que, en otras estrategias llamadas secuenciales, se reserva una parte de las pruebas para después de conocer los resultados de los primeros experimentos. Esta segunda estrategia suele proporcionar resultados más fiables o requiere un menor número de experimentos, pero puede ser inviable cuando las condiciones de las pruebas son difícilmente reproducibles.

A continuación se describen brevemente algunas de las estrategias de experimentación más conocidas:

Experimentar sin planificar

Probablemente es la más utilizada. Se basa en el conocimiento previo que tienen las empresas de los sistemas y procesos sobre los que se desea experimentar y depende de la pericia e intuición de las personas que los realizan. Puede ser muy larga, de resultados inciertos y antieconómica.

Experimentar factor a factor

Es un método secuencial que se basa en aislar el efecto de cada uno de los factores y consiste en partir del valor más beneficioso del factor anterior antes de considerar la variación de un nuevo factor. La gran ventaja de este método es que requiere pocos experimentos, pero puede dar lugar a resultados erróneos cuando las interacciones (el hecho de que la respuesta a las variaciones de un factor depende del nivel de otro factor) son importantes, ya que no las tiene en cuenta.

En el Ejemplo 17.2, donde se desea minimizar la respuesta, esta estrategia recorrería secuencialmente los cuatro experimentos 1, 2, 3 y 7; dado que en este caso las interacciones no son significativas, el resultado es correcto.

Diseño de experimentos factorial completo

Es un diseño de experimentos que considera todas les posibles combinaciones de niveles de los factores en la experimentación. Tiene la ventaja que permite analizar no tan solo los efectos principales, sino también sus interacciones, pero presenta la desventaja de requerir un número de experimentos relativamente elevado, sobretodo cuando el número de factores a considerar aumenta.

En los diseños de experimentos factoriales más frecuentes, la *respuesta* depende de *k factores* que toman valores a tan solo dos *niveles* (indicados por +1 y −1; o, simplemente, por + y −). El número de experimentos es, pues, la potencia 2^k.

Se establece la matriz de diseño en base a alternar los niveles − y + del primer factor en la primera columna, 2 niveles − y 2 niveles + del segundo factor en la segunda columna, 4 niveles − y 4 niveles + del tercer factor en la tercera columna, y así sucesivamente. La respuesta óptima (la mayor, la menor, la más ajustada) entre los experimentos realizados constituye una primera solución del problema.

Mediante el algoritmo de Yates se obtienen los efectos principales entre factores y sus interacciones (ver el caso de aplicación del Ejemplo 17.2). A partir de los efectos y de los factores cuantitativos convenientemente codificados, se puede establecer un modelo polinomial sin términos cuadráticos que permitir hallar óptimos más allá de los obtenidos directamente por los experimentos. En este diseño de experimentos a dos niveles no conviene alejarse del campo de experimentación.

Diseño de experimentos factorial fraccional

El principal inconveniente de un diseño factorial completo es que requiere un número elevado de experimentos que crece exponencialmente con los factores considerados y, a su vez, proporciona una información excesiva sobre las interacciones. Por ejemplo, un diseño con 5 factores requiere 32 experimentos y se obtienen 5 efectos principales, 10 interacciones de 2 factores, 10 de tres factores, 5 de 4 factores y 1 de los 5 factores.

Dado que son muy raras las interacciones significativas de 3 o más factores, los *diseños factoriales fraccionales* reducen el número de experimentos a costa de eliminar información sobre las interacciones superiores. En efecto, si se eligen convenientemente la mitad de los 32 experimentos de un diseño factorial completo de 5 variables (siguiendo una matriz de diseño de cuatro factores con una nueva columna añadida para el quinto factor con los niveles que resultan de multiplicar los signos de las cuatro columnas anteriores), se pueden obtener los 5 efectos principales y las 10 interacciones de 2 factores (*diseño factorial fraccional* 2^{5-1}).

El proceso de fraccionamiento (contracción de los experimentos con pérdida de información) se puede llevar a término hasta que sólo quedan los efectos principales y, entonces, se llaman *diseños saturados* (3 variables en 4 experimentos; 7 variables en 8 experimentos; 15 variables en 16 experimentos) y sus matrices son las utilizadas por G. Taguchi en su metodología de diseños robustos.

Ejemplo: 17.2

Diseño de experimentos para el desequilibrio de una lavadora-centrifugadora

El desequilibrio de la ropa en una lavadora-centrifugadora es un fenómeno intrínseco al mismo proceso de centrifugado. Un de los aspectos más importantes es la limitación del movimiento del grupo flotante al pasar por la velocidad de resonancia, ya que amplitudes excesivamente grandes pueden originar golpes con las tapas exteriores e incluso saltos y desplazamientos de la máquina.

Se propone un diseño de experimentos factorial completo tomando como *respuesta* la amplitud máxima de movimiento (Y, en milímetros pico a pico) y tres *factores* a dos niveles: X_S, suspensión formada por el conjunto muelle- amortiguador (blanda, –, y dura, +); X_A, aceleración del movimiento (baja, –, y alta, +); y X_M, masa del grupo flotante (pequeña, –, y grande, +). Los resultados (imaginados pero posibles) de los experimentos son:

	Matriz de diseño			Resp.	Columnas auxiliares			División	Efectos	Identific.
	X_S	X_A	X_M	Y	(1)	(2)	(3)	sión		
1	–	–	–	38,1	79,9	138,0	247,6	/8	30,95	Media
2	+	–	–	41,8	58,1	109,6	10,0	/4	2,50	X_S
3	–	+	–	27,9	65,8	6,0	-43,8	/4	-10,95	X_A
4	+	+	–	30,2	43,8	4,0	-2,2	/4	-0,55	X_SX_A
5	–	–	+	31,7	3,7	-21,8	-28,4	/4	-7,10	X_M
6	+	–	+	34,1	2,3	-22,0	-2,0	/4	-0,50	X_SX_M
7	–	+	+	21,1	2,4	-1,4	-0,2	/4	-0,05	X_AX_M
8	+	+	+	22,7	1,6	-0,8	0,6	/4	0,15	$X_SX_AX_M$

Dado que se desea minimizar la respuesta Y (cuanto más pequeña es la amplitud del movimiento, mejor), la solución óptima corresponde al experimento 7: nivel bajo del factor X_S (suspensión blanda), y niveles altos de los factores X_A (aceleración alta del movimiento) y X_M (masa grande del grupo flotante).

Para obtener un mejor conocimiento de los efectos y las interacciones de los factores sobre la respuesta se aplica el algoritmo de Yates (verlo con mayor extensión en [Pra, 1997]): 1) Detrás de la columna de respuestas se añaden tantas columnas auxiliares como factores. 2) La primera mitad de los términos de la primera columna auxiliar son las sumas de las respuestas (1a+2a, 3a+4a, etc.) y la segunda mitad son les diferencies (2a–1a, 4a–3a, etc.). 3) Les columnas auxiliares siguientes se obtienen de forma análoga a partir de los valores de la columna anterior. 4) Se crea una columna de efectos dividiendo el primer valor de la última columna auxiliar por el número de condiciones experimentales y, los restantes valores, por la mitad de estas condiciones. 5) El primer valor de la columna de efectos es la media de las respuestas mientras que los restantes valores corresponden a los efectos principales o a las interacciones (siguiendo los signos + en la matriz de diseño).

Los efectos dependen de la variabilidad de los experimentos y son necesarios criterios y métodos [Pra, 1997] para discernir cuando los valores son significativos. En el ejemplo anterior resultan significativos los efectos de los factores X_A y X_M y habría que comprobar si lo es el efecto del factor X_S, mientras que ninguna de las interacciones son significativas. Cuando los niveles son cuantificables, se puede establecer un modelo matemático a partir de la media y de los efectos significativos que puede permitir obtener un óptimo mejor que el de los experimentos.

El concepto de producto robusto de G. Taguchi

Las metodologías de diseño de experimentos presentadas en los apartados anteriores permiten analizar los factores que afectan a una determinada característica de calidad y fijar los niveles que la optimizan. Sin embargo, muchas de les características de calidad están afectadas por factores que difícilmente se pueden controlar en las etapas de definición, concepción y diseño de los productos ya que corresponden a etapas posteriores como la fabricación o su uso.

Hoy día se acepta de forma general que la variabilidad es la causa principal de la falta de calidad de los productos y procesos y que el mejor momento para resolver el problema es en las etapas de definición y concepción. Dicho de otra forma, los productos y procesos no tan solo deben responder correctamente a las condiciones de laboratorio, sino también a las condiciones normales de fabricación, de operación y ambientales donde se ven sometidos a diversos tipos de perturbaciones (o *ruidos*, por analogía al ruido de fondo de las señales).

En este sentido, G. Taguchi [Tag, 1986] introdujo el concepto de *producto robusto*, o sea, aquel que mantiene les características de calidad en valores aceptables independientemente de las perturbaciones, tanto si se deben a la fabricación (variabilidad de los procesos), a causas externas (factores ambientales, de utilización) o a causas internas (deterioro o degradación), por lo que plantea la separación de los factores que intervienen en la respuesta de un sistema en dos grupos:

Factores de control
Son aquellos que el diseñador controla en el momento de la definición, concepción y diseño del producto (tipos de componentes adoptados, dimensiones de les piezas, velocidades de los accionamientos, temperatura de los procesos).

Factores de ruido
Son aquellos que el diseñador difícilmente puede controlar y que dependen de causas extrínsecas al diseño como la fabricación (tolerancias dimensionales, desequilibrios en los rotores, dispersión en los componentes electrónicos), el entorno (temperatura ambiental, humedad, contaminación electromagnética) o la utilización (fuerzas aplicadas por el usuario, maniobras no previstas, tiempo de funcionamiento).

No siempre la *respuesta* óptima de las características de calidad de un sistema para una determinada combinación de *niveles* de los *factores de control* es la más conveniente desde el punto de vista de la ingeniería. Cuando se hace intervenir la variabilidad originada por los *factores de ruido* pueden aparecer fenómenos que el diseño tradicional de experimentos no había puesto de manifiesto.

A continuación se retoma el Ejemplo 17.2 al que se le introducen unos factores de ruido. A pesar de que no es el método de análisis más habitual del fenómeno de la variabilidad, este ejemplo tiene la virtud de que facilita su comprensión.

Ejemplo: 17.2 (continuación)
Diseño de experimentos para el desequilibrio de una lavadora-centrifugadora

A continuación, se consideran dos factores de ruido típicos de las operaciones de centrifugado de ropa y que introducen variabilidad al proceso: Z_H, humedad que absorbe la ropa por kg (baja, –, y alta, +; por ejemplo, ropa de fibra y ropa de algodón); Z_C, nivel de carga de la lavadora (pequeña, –, y grande, +; por ejemplo, media carga y plena carga). Con estos dos factores de ruido se crea una matriz de diseño (4 alternativas) que se sitúa en la parte superior de la tabla y que, junto con los valores obtenidos anteriormente (nominales), ofrecen cinco respuestas para cada combinación de niveles de los factores de control:

	Factores de control			Z_H	Factores de ruido					Resultados	
	X_S	X_A	X_M	Z_C	nom.	–	–	+	+	media	desvia. tipo
					nom.	–	+	–	+		
1	–	–	–		38,1	17,0	7,7	48,0	24,5	27,1	16,2
2	+	–	–		41,8	36,0	27,0	50,8	31,5	37,4	9,3
3	–	+	–		27,9	27,3	8,6	29,5	11,9	21,0	9,9
4	+	+	–		30,2	19,6	16,8	33,9	26,3	25,4	7,1
5	–	–	+		31,7	18,0	7,7	37,3	11,4	21,2	12,8
6	+	–	+		34,1	24,8	24,3	44,4	25,8	30,7	8,6
7	–	+	+		21,1	8,9	6,5	28,4	10,8	15,1	9,3
8	+	+	+		22,7	20,0	16,2	23,7	19,4	20,4	2,9

A partir de los datos de la tabla se pueden calcular los valores medios y las desviaciones tipo de los resultados para cada una de las combinaciones de niveles de los factores de diseño (las dos últimas columnas de la tabla).

Aunque el valor medio más favorable continúa siendo el del experimento 7 (15,1 mm), la variabilidad de los resultados es muy elevada (desviación tipo de 9,3 mm). Sin embargo, se observa que el experimento 8 da un resultado más interesante. En efecto, a pesar de que la media es mucho más elevada (20,4 mm), su variabilidad es mucho más baja (desviación tipo de 2,9 mm) por lo que la combinación de niveles de este experimento da lugar a un comportamiento mucho más robusto del sistema. Este resultado también se confirma observando que el desplazamiento máximo pico-a-pico del tambor durante el centrifugado con los niveles de los parámetros de control del experimento 8 es sensiblemente más bajo que con los niveles del experimento 7.

De estos resultados se desprende, pues, que en una lavadora-centrifugadora ajustada a los niveles de los factores de control del experimento 8, habría que abortar el centrifugado muchas menos veces que ajustada con los niveles del experimento 7.

Visión de conjunto de las aportaciones de G. Taguchi

Hay un reconocimiento unánime de que el ingeniero japonés Genichi Taguchi ha realizado una de les aportaciones más importantes a la ingeniería de calidad de las últimas décadas, a pesar de que varios de los aspectos estadísticos y metodológicos que propuso han sido contestados y mejorados por otros autores.

Para hacer efectiva su estrategia de concebir productos robustos desde las etapas de definición y diseño, G. Taguchi [Tag, 1986] divide las actividades de la planificación y la mejora de la calidad *fuera de línea* en los tres pasos siguientes:

Diseño primario (o *del sistema*)
Consiste en aplicar el conocimiento científico y técnico para producir unos prototipos virtuales que definan las características de calidad básicas del sistema y sus valores iniciales. Una herramienta de gran ayuda para resolver este primer paso es el *desarrollo de la función de calidad* (QFD).

Diseño secundario (o *de parámetros*)
Es el paso más importante y consiste en hallar unos parámetros de forma que el comportamiento del sistema sea poco sensible (y a coste bajo) tanto a las variaciones intrínsecas (debidas al propio sistema) como extrínsecas (debidas al entorno).

Diseño terciario (o *de tolerancias*)
Este paso tiene por objeto disminuir la variación de las características de calidad reduciendo los campos de tolerancia de los factores de control cuando la variabilidad del diseño de parámetros es aún excesiva.

Los dos últimos pasos (*diseño de parámetros* y *diseño de tolerancias*) constituyen el núcleo de las técnicas de *diseño de experimentos* propuestas por G. Taguchi.

Primera prioridad de actuación
Siempre que sea posible, es recomendable abordar la concepción de los sistemas en base al *diseño de parámetros* para de esta forma, conseguir minimizar intrínsecamente las causas de la variabilidad y crear *productos robustos*. Después de identificar los factores de control, los factores de ruido y sus niveles de experimentación, se construyen dos matrices factoriales fraccionales (una para los factores de control y otra para los factores de ruido) y se realizan los experimentos para cada una de les condiciones de la matriz de ruido. Posteriormente se analiza el significado de sus efectos y, antes de darlos por buenos, Taguchi recomienda realizar unos experimentos de confirmación.

Segunda prioridad de actuación
Tan solo si la vía del diseño de parámetros no da unos resultados suficientemente aceptables, hay que recurrir al *diseño de tolerancias* y a tal fin, G. Taguchi define unas funciones de *pérdida de calidad* que deben ser minimizadas.

Método AMFE

Definición

El AMFE (*análisis de los modos de fallo y sus efectos;* FMEA, *failure modes and effects analysis*, MIL-STD-16291) es una herramienta de predicción y prevención, que, a través del estudio de la disponibilidad y seguridad de los productos, procesos (e incluso organizaciones), se orienta a proponer mejoras.

Concretamente, consiste en un análisis cualitativo sistemático de los fallos potenciales o reales de un sistema, de sus causas y consecuencias y permite poner en evidencia los puntos críticos para definir acciones correctoras.

Su aplicación puede abarcar distintas fases del ciclo de vida y de una forma muy especial, permite evaluar un producto (tanto después de su diseño como después de su fabricación), un proceso de fabricación y su industrialización, un equipo de fabricación, o la explotación y el mantenimiento. Resumiendo, pueden darse los siguientes tipos de AMFE:

denominaciones	objetivos deseados
AMFE producto	Mejorar la fiabilidad de un producto a través de su concepción
AMFE proceso	Mejorar el proceso de fabricación de un producto
AMFE med. producción	Mejorar la fiabilidad de los medios de fabricación del producto
AMFE seguridad	Garantizar la seguridad en los procesos que representen riegos para el hombre
AMFE organización	Mejorar la fiabilidad de la organización de una actividad o de un servicio

Para su aplicación se establece un grupo de trabajo pluridisciplinario con la presencia, dependiendo del ámbito, de las distintas voces significativas: diseño, fabricación, calidad, mantenimiento, usuarios.

El AMFE fue aplicado por primera vez a la industria aerospacial americana en la década de 1960 y en tiempos más recientes ha sido objeto de aplicación en otras industrias, especialmente en las de automoción (algunas empresas exigen realizar un AMFE antes de la recepción de equipos de fabricación). Esta es una herramienta de apoyo interesante en la perspectiva de la ingeniería concurrente.

Pasos a seguir

Para la realización de un AMFE (y, en concreto, de un AMFE producto) se requiere un proceso en el cual deben planificarse las siguientes actividades:

- Constitución del grupo de trabajo
- Análisis preliminar
  - Definición del sistema o del producto
  - Descomposición funcional y estructural
  - Análisis de las condiciones de utilización
  - Límite y objetivo del estudio
- Análisis AMFE propiamente dicho
  - Análisis cualitativo de los fallos
  - Evaluación de la criticidad
  - Búsqueda de soluciones preventivas o correctivas
- Seguimiento

Fase 1: *Análisis preliminar*

Debe ser realizado por un técnico con suficiente conocimiento del objeto analizado (producto, proceso) y del método AMFE. Es una actividad muy importante para la posterior eficacia de su desarrollo y comprende los apartados siguientes:

Definición del producto o sistema:

- División del sistema en subsistemas (o módulos)
- Descomposición funcional de los módulos

Análisis de las condiciones de explotación:

- Modos de operación
- Condiciones de ambiente
- Condiciones de utilización
- Condiciones de mantenimiento

Límite y objetivos del estudio

Fase 2: *Análisis cualitativo de los fallos*

Tiene por finalidad identificar los mecanismos de fallo de manera exhaustiva y se procede a través de los siguientes pasos:

Para cada componente del sistema en el modo de operación considerado:
- Identificación de los modos de fallo

Para cada modo de fallo:
- Buscar los efectos en el sistema (locales, finales). Buscar las posibles causas

Para cada conjunto causa / modo de fallo:
- Listado de los medios de prevención puestos en práctica
- Listado de los medios de detección adoptados

Para poder precisar más estas acciones se establece la siguiente terminología:

Función	Acción de un componente en términos de finalidad
Fallo	Pérdida o degradación de la función
Modo de fallo	Forma de apreciar el fallo
Causa del fallo	Circunstancia que origina el fallo
Efecto del fallo	Consecuencia en los distintos niveles del sistema
Mecanismo de fallo	Procesos por los que se produce la disfunción
Medio de prevención	Medio para evitar la causa (o el modo) de fallo
Medio de detección	Medio para detectar la causa (o el modo) de fallo antes de que se produzca

En el cuadro siguiente se clasifican los *modos de fallo*, las *causas de fallo* y los *efectos del fallo* (para componentes mecánicos):

Modos de fallo

clasificación	ejemplos
pérdida de la función	rotura, bloqueo, gripado
degradación de la función	juego, desalineación, desgaste deformación, aflojamiento corrosión, fuga, incendio

Causas de fallos

clasificación		ejemplos
causas internas al sistema	diseño o proyecto	elección de principios de funcionamiento elección de componentes dimensiones, formas, materiales
	fabricación	estados superficiales procesos
causas externas al sistema	entorno	temperatura ambiente, humedad, polución vibraciones, choques
	mano de obra explotación	montaje, reglaje, control utilización y mantenimiento
	otros sistemas	fuentes de energía instalaciones (agua, gas, aire comprimido)

Efectos de los fallos

clasificación	ejemplos
efectos locales sobre el componente	sobre su funcionamiento sobre su estado
efectos locales sobre otros componentes o subsistemas	sobre su funcionamiento sobre su estado
efectos finales sobre el equipo sistema global o sobre equipos exteriores al sistema	sobre la disponibilidad del sistema sobre la productividad del sistema sobre el mantenimiento del sistema sobre la seguridad del usuario

Fase 3: *Evaluación de la criticidad*

Su objetivo es dar un valor (índice) de criticidad, *C*, para cada fallo evaluado a partir de tres criterios

F: Frecuencia (o probabilidad) de aparición del fallo
N: Probabilidad de no detectar el fallo
G: Gravedad del efecto final del fallo

según la expresión: $C = F \cdot N \cdot G$. Como más elevado sea este valor, más crítico es el fallo. En esta fase se procede a través de los siguientes pasos:

- Escoger el número de niveles (3 a 10)
- Definir el significado de cada nivel (tabla de acotación)
- Definir el límite de aceptación (solo para la criticidad)
- Revisar todas las combinaciones de causas/modos/efectos y proceder a la acotación de *F*, *N* y *G*
- Calcular la criticidad en cada caso y jerarquizar los fallos según su criticidad

Ejemplo de escala de acotación a 4 niveles con unas posibles definiciones

Acotación	frecuencia *F*	no detectabilidad *N*	gravedad *G*
1	muy fiable (1 fallo al año)	detección al 100 % (evidente)	mínima (fallo no molesta)
2	fiable (1 fallo al trimestre)	detección probable (no evidente, pero aparente)	significativa (molestia moderada)
3	poco fiable (1 fallo al mes)	detección improbable (delicada de identificar)	crítica (molestia importante)
4	nada fiable (1 fallo a la semana)	no detectable (no se puede descubrir)	catastrófica (gran daño)

Fase 4: *Búsqueda de medidas correctivas o preventivas*

Su objetivo es disminuir aquellos modos de fallo que sobrepasen un determinado umbral del índice de criticidad, *C*, a través de proponer e implantar medidas correctivas o preventivas. Se puede actuar sobre todos los factores de la criticidad, pero se suele actuar sobre alguno de ellos que sobresalga de forma destacada.

El establecimiento del umbral es un aspecto importante ya que, con un umbral excesivamente bajo, se estarían buscando soluciones para aspectos poco críticos, mientras que con un umbral excesivamente elevado, no se tratarían algunos modos con criticidad importante. Sin embargo, éste es un tema que puede decidirse a la vista del análisis de criticidades.

Medidas a tomar:
- Modificaciones de concepto, fabricación y montaje
- Poner en práctica controles y ensayos
- Recomendaciones sobre formas y limitaciones de uso
- Recomendaciones sobre el mantenimiento

Ejemplos de medidas correctivas y preventivas

factor a disminuir	medidas a tomar
frecuencia, *F*	mejorar la fiabilidad en la concepción revisar los procesos de fabricación y útiles de montaje condiciones de utilización, de detección facilitar los sistemas de reglaje y puesta a punto prever medidas de mantenimiento preventivo
no detectabilidad, *N*	modificar el principio de solución facilitar la visión o el acceso a determinadas partes incorporar sistemas de detección, alarmas proponer medidas de mantenimiento predictivo
gravedad, *G*	modificar el principio de solución incorporar protecciones y resguardos advertir de los peligros proponer medidas de mantenimiento

Caso 3.9
Aplicación del método AMFE a un bolígrafo

Se analiza un bolígrafo retráctil recambiable con una pestaña formando parte del mismo cuerpo plástico para la sujeción en un bolsillo.

Algunos de sus elementos con los correspondientes modos de fallo son:

- *Bola* de acero para la escritura, cuyo giro distribuye la tinta en el papel
- Mecanismo *retráctil*, para sacar y retirar el conjunto bola-depósito de tinta del cuerpo del bolígrafo
- *Pestaña* de fijación, para sujetar el bolígrafo en un bolsillo de la ropa

Los principales modos de fallo, sus efectos y causas, son los siguientes:

- La *bola* puede deformarse (o romperse) a causa de un defecto de fabricación o de una caída o golpe lo que daría lugar a una escritura irregular inadmisible
- El mecanismo *retráctil* puede fallar o bien no reteniendo el conjunto bola-depósito en su posición salida, o bien atascándose y no permitiendo su retirada. Los efectos en estos dos casos son distintos: mientras que en el primero impide la escritura, en el segundo propicia el peligro de manchas en la ropa.
- La *pestaña* de sujeción puede fallar por deformación (fluencia) y por rotura. También aquí los efectos son distintos: en el primer caso, el bolígrafo puede perderse, mientras que en el segundo caso, se olvida, no está en su sitio o propicia manchas.

En la tabla de apoyo al AMFE se han valorado (colectivamente, entre todos los participantes) los distintos factores y criticidades y, a la vista de los resultados, se decide actuar a partir de un índice de criticidad de $C \geq 9$:

- *Bola* deformada o rota durante la fabricación, 9. Probablemente la mejor medida es actuar sobre la inspección del producto, ya que disminuye la detectabilidad.
- El mecanismo *retráctil* no mantiene abierto, 9: Las medidas pueden dirigirse a la fiabilidad, ya sea a través de la fabricación (por ejemplo, quitar rebabas, si es el caso), ya sea a través del rediseño del mecanismo
- *Pestaña* rota y peligro de manchas, 12. Sobre el único factor que se puede actuar es sobre la fiabilidad. Por ejemplo, se substituye por una pieza metálica.

Tabla para el análisis AMFE del bolígrafo

componentes		fallos			medios	acotación				acciones
design.	func.	modos	efectos	causas	actuales	F	N	G	C	a tomar
bola		no gira	escribe mal	fabricación		1	3	3	9	
				caída uso		2	1	3	6	
retráctil		no abierto	no escribe	fabr/diseño		3	1	3	9	
		no cerrado	manchas	diseño		1	1	4	4	
pestaña		se suelta	se pierde	deformada		1	2	3	6	
		no se sujeta	se olvida	rota		3	1	2	6	
			manchas			3	1	4	12	

3.5 Diseño para el entorno (DFE)

Introducción

Cada día aumenta el número de circunstancias alrededor de los productos, máquinas y sistemas que inciden y condicionan su diseño desde numerosos puntos de vista, tendencia que probablemente no hará más que ir en aumento. Nos estamos refiriendo entre otras a:

- La disponibilidad de los productos y sistemas
- La relación hombre-máquina
- La seguridad de las máquinas
- El ahorro energético y los impactos ambientales
- La problemática del fin de vida de los productos

La característica común de todos estos temas es que su incidencia va más allá de la empresa y sus efectos recaen fundamentalmente en los usuarios y en la colectividad (ver *ingeniería concurrente orientada al entorno*; Sección 1.1) y el mercado no constituye una herramienta adecuada para su regulación ya que la mayoría de ellos repercuten en costes para las empresas sin una contrapartida tangible en prestaciones o argumentos de venta para los productos.

Es por ello que los poderes públicos y administraciones están sometiendo estos temas a regulaciones que, si bien constriñen las libertades de diseño, son necesarias para asegurar la calidad de vida de la sociedad. Entre estas regulaciones destacan la directiva de la CE 93/1989 y las normas EN 292 y 293 (y derivadas) para la seguridad de máquinas, las normas ISO 14000 relativas al sistema de gestión medio ambiental y varias directivas para sectores concretos (automoción, embalaje) que regulan aspectos del fin de vida.

A menudo se producen contradicciones entre los distintos requerimientos y necesidades del entorno y de la empresa. Por ejemplo, ciertas estrategias de mantenimiento colisionan con la reutilización o el reciclaje; algunos requerimientos ergonómicos pueden ser contradictorios con la seguridad; o dispositivos de protección al medio ambiente reducen la competitividad.

Todo ello hace pensar que en los tiempos que vienen se va a producir un gran debate sobre la ingeniería concurrente orientada al entorno y que los futuros proyectos deberán tomar importantes decisiones relacionadas con estos aspectos al iniciar el diseño de los productos.

En esta última Sección de este texto se trata la incidencia de varios de estos temas en el diseño de productos, máquinas y sistemas.

Diseño y disponibilidad

El concepto de *disponibilidad* trasciende los conceptos de *fiabilidad* y de *mantenibilidad* y se define como la aptitud de un producto, máquina o sistema para cumplir su función, o estar en condiciones de hacerlo en un momento dado cualquiera.

Ejemplo: si un granjero requiere 100 veces su tractor y 98 funciona correctamente, la disponibilidad habrá sido del 98% (también habría podido medirse en tiempos: de 100 horas de trabajo requeridas, 98 ha funcionado satisfactoriamente).

La noción de disponibilidad articula los efectos de tres conceptos:

- *Fiabilidad*
  Es la aptitud de un sistema para funcionar correctamente a lo largo de un tiempo determinado prefijado. Para precisar el concepto de fiabilidad hay que establecer unas *condiciones admisibles* de funcionamiento, por debajo de las cuales se considera que se ha producido un fallo.

- *Mantenibilidad*
  Es la aptitud de un sistema para ser mantenido. Y mantenimiento es el conjunto de acciones que permitan *mantener* o *restablecer* un producto o un sistema a una condición admisible para asegurar un determinado servicio, todo ello al coste global óptimo a lo largo de su ciclo de vida.

- *Logística de Mantenimiento*
  Es el conjunto de medios materiales (talleres, utillajes, recambios, documentación, medios de transporte) y personales (operarios especializados) necesarios para, después de haberse producido una incidencia, volver a situar el producto, máquina o sistema en condiciones de utilización.

Ejemplo: retomando el caso del granjero y su tractor, podría darse el caso de que la máquina tuviera una gran fiabilidad pero que, dada una incidencia (por ejemplo, un golpe con una roca), el tiempo de reparación fuera extraordinariamente largo o que durante días debiera esperarse la llegada de determinada pieza. A pesar de la buena fiabilidad, los demás aspectos incidirían negativamente en la disponibilidad. A partir de ahí se podrían definir con mayor rigor como medir los conceptos de fiabilidad y mantenibilidad, precisar qué es un fallo y en definitiva, avanzar en las disciplinas sobre la fiabilidad, el mantenimiento y la logística.

Sin embargo, éste no es el objetivo de este apartado, sino el de llamar la atención sobre el hecho de que, al concebir y diseñar un producto, una de las grandes decisiones que hay que tomar (o en todo caso que se toma implícitamente) hace referencia a la estrategia sobre la *disponibilidad*.

Estrategias frente a la disponibilidad

Hay dos estrategias límite en el diseño frente a la *disponibilidad*:

a) La disponibilidad del producto descansa enteramente sobre la *fiabilidad* y se anulan la *mantenibilidad* (no se prevé su desmontaje) y la *logística de mantenimiento* (red de talleres especializados, manuales de mantenimiento, utillajes especiales y recambios). Son, pues, productos *fiables* pero *no mantenibles*.

b) En el otro extremo se hallan máquinas o sistemas, generalmente fabricados en pequeñas series o incluso en una sola unidad, en las que la combinación de varios factores (costes elevados y vida prolongada; dificultades para realizar simulaciones y ensayos para asegurar la *fiabilidad*; condiciones de funcionamiento severas que comportan desgastes, corrosiones, u otros deterioros inevitables) hace recomendable hacer descansar la *disponibilidad* en el *mantenimiento* y su *logística* (dispositivos de detección de fallos, facilidad de inspección y reparación, equipos de mantenimiento especializados).

Otros productos y máquinas han sido diseñados para responder, respecto a la *disponibilidad*, a situaciones intermedias entre las dos descritas anteriormente. La decisión sobre qué *disponibilidad* debe de tener un producto y cómo conseguirla constituye una de las principales decisiones y tareas del diseño.

Un-solo-uso, usar-y-tirar
Ya se ha comentado anteriormente la proliferación de los productos de *un-solo-uso* o de *usar-y-tirar*. Esta estrategia se aplica a productos de consumo por razones de comodidad o higiénicas (embalajes; toallas, manteles, pañuelos de papel; material clínico).
Esta estrategia da lugar a importantes repercusiones en consumos de energía y en el reciclaje de materiales.

Usar-hasta-fallar
Muchos de los pequeños electrodomésticos se han inclinado por una estrategia similar a la de *usar-y-tirar* y que denominamos de *usar-hasta-fallar*. Se basa en una *fiabilidad* muy bien estudiada (se pondera cuidadosamente el precio y el tiempo de utilización previsto) y una elevada calidad de fabricación (para evitar retornos) y la eliminación total de *mantenimiento* y su *logística* asociada.
Esta estrategia da lugar a un importante abaratamiento de costes y, si se ha previsto un tiempo de vida razonable, sus repercusiones ambientales no son superiores a otras alternativas (ver Caso 3.10)

Mantenimiento por substitución de módulos

Esta estrategia se da en productos fabricados en serie pero de mayor complejidad que los casos anteriores (automóviles, grandes electrodomésticos, equipos industriales estándar). Consiste en basar una parte importante de la *disponibilidad* en la *fiabilidad*, pero admitir el *mantenimiento* en la substitución de módulos. Con ello se consigue una simplificación de la política de recambios y unos menores requerimientos profesionales para los operarios que realizan el mantenimiento.

Tiene repercusiones negativas en el fin de vida ya que simples fallos en elementos concretos inducen el rechazo de módulos enteros de notable complejidad y coste.

Sistemas basados en componentes

En el caso de máquinas, instalaciones o sistemas de gran complejidad, donde no suele ser posible (o deben ser limitados) la realización de simulaciones y ensayos, hay una tendencia a hacer descansar parte de su *disponibilidad* en componentes de mercado que, en general, tienen una *fiabilidad* probada y la misma estructura del sistema por composición de componentes facilita su *mantenibilidad* y el mercado la *logística* para resolver la falta de disponibilidad que puede derivarse de la complejidad del conjunto del sistema.

Ejemplo: Muchas máquinas o sistemas de procesos específicos caen dentro de esta categoría. Entre ellas habría el ejemplo del sistema de clasificación de cajas (Ejemplo 2.2 de la Sección 2.4)

Ejemplo 3.3
Nueva estrategia sobre disponibilidad en robots industriales

Los robots industriales son máquinas de proceso que, más allá de sus prestaciones, se les exige una muy elevada disponibilidad para evitar repercusiones negativas en la producción.

Hace unos años, uno de los principales fabricantes de robots industriales cambió radicalmente su estrategia respecto a la disponibilidad de sus máquinas: *a*) Por un lado, reforzó la fiabilidad del producto y sus componentes; *b*) Por otra parte, rediseñó sus máquinas sobre la base de un concepto modular y procuró que cualquier módulo del robot pudiera ser substituido en menos de una hora; *c*) Y, finalmente, decidió eliminar las reparaciones de módulos y concentrar la resolución de estas incidencias (siempre por substitución) en la sede central.

Los argumentos de la empresa para estos cambios fueron: 1) El robot y sus módulos tienen una alta fiabilidad y, por lo tanto, son de esperar muy pocas incidencias; 2) Al aparecer una incidencia, la gran mantenibilidad por substitución redunda muy favorablemente en la disponibilidad; 3) Finalmente, debido al bajo número de incidencias (por ejemplo, el fallo de un accionamiento, de coste muy elevado), y ante la dificultad de llevar a término una reparación con garantías (parte de la vida consumida, ajuste de parámetros, reductores con juego cero), es más económica su simple substitución.

Caso 3.10
Evolución de las batidoras en relación con la disponibilidad

Batidora de vaso

Las primeras batidoras de los años 1950 y 1960 tenían el motor en la base y encima se colocaba un vaso dentro del cual se movía el agitador (Figura 3.17a). Ya se adivina no tan solo la dificultad de operación de este aparato (desmontar el vaso con el producto batido dentro, a la vez que se desconecta el eje que, a su vez, atraviesa el fondo del vaso), sino además el peligro de filtraciones de líquidos hacia la parte del motor que podría originar fallos. Tampoco la limpieza era fácil.

La disponibilidad de este aparato, cuyo precio era relativamente elevado comparado con los de hoy día, se confiaba más que en la fiabilidad en la mantenibilidad (o sea, en la posibilidad de ser reparada, en la existencia de recambios y en una red de talleres capaces de realizar la reparación).

Batidora de mano mantenible

Hacia los años setenta se comercializaron las batidoras de mano en las que el concepto había cambiado totalmente. Se había convertido en un aparato para ser manipulado a mano introduciéndolo desde arriba dentro de un vaso cualquiera. El motor se encuentra en la parte superior del aparato, fuera del vaso, y un largo eje transmite el movimiento hasta el rotor en el otro extremo (Figura 3.17b).

Este aparato, de precio aún relativamente elevado comparado con los de hoy día, está previsto para ser desmontado en caso de reparación. En relación con la disponibilidad, la diferencia con el aparato anterior es que las probabilidades de filtración de líquidos durante el funcionamiento son mucho menores, ya que la gravedad tiende a apartar los líquidos del motor. Sin embargo, durante el lavado es fácil que se filtre agua. La estructura de la disponibilidad es parecida al caso anterior pero se mejora algo la fiabilidad.

Batidora integral no desmontable

Este tercer tipo de batidora (Figura 17.17c), aunque parecida a la anterior, cambia radicalmente el concepto por lo que se refiere a la disponibilidad. En este caso la batidora es integral, o sea que después de su montaje se ha cerrado de forma que no se puede desmontar y por lo tanto, no es mantenible. Respecto a la versión anterior se dan varias circunstancias que son importantes: *a*) Ha aumentado la fiabilidad intrínseca (a través del diseño) y la extrínseca (una dificultad mucho mayor de filtraciones de agua, a pesar de que debe situarse bajo el grifo para lavarlo); *b*) Al no ser mantenible, además de facilitar el montaje se elimina todas las actividades relacionadas con el mantenimiento y la reparación (manuales de reparación, utillajes específicos, recambios, red de talleres de reparación) lo que redunda en una importante disminución de los costes y por lo tanto, del precio.

Aquí la *disponibilidad* se confía enteramente en la *fiabilidad*.

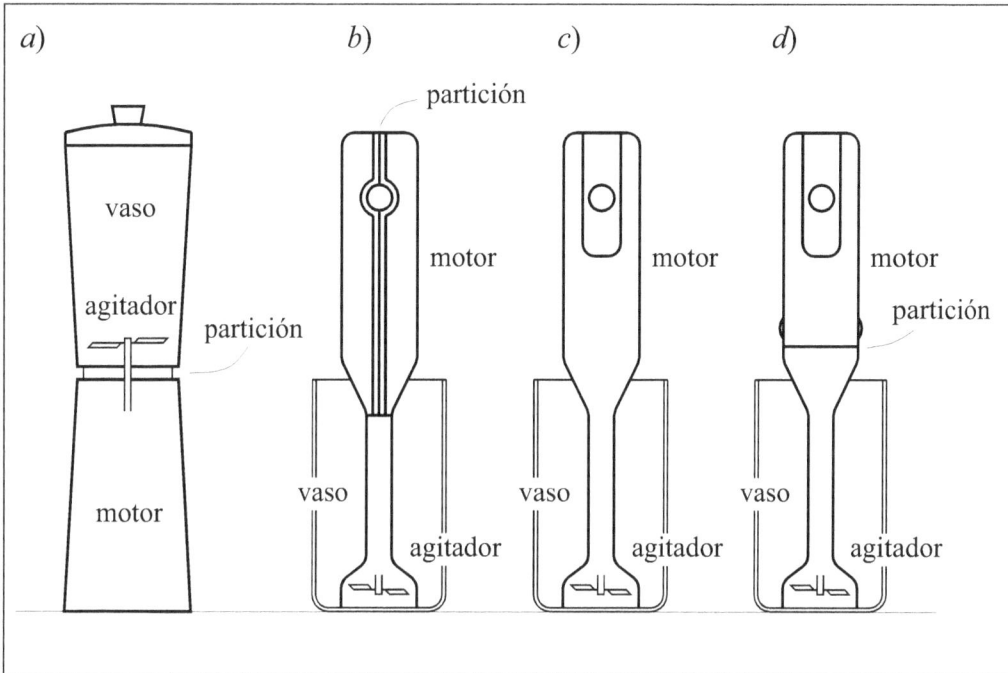

Figura 3.17 Evolución de las batidoras y su relación con las estrategias de mantenimiento: *a*) Batidora de vaso; *b*) Batidora de mano, mantenible (se puede desmontar); *c*) Batidora de mano integral, no mantenible (no desmontable); *d*) Batidora de mano integral con agitador separable, no mantenible (no desmontable).

Batidora integral con agitador desmontable

Esta es una nueva versión de batidora que ha aparecido en los últimos años (Figura 17.17*d*). Se caracteriza por ser una batidora de mano integral (no puede desmontarse para acceder a la maquinaria) pero que tiene un dispositivo que permite separar el agitador, o sea la parte que entra en el vaso y que, por lo tanto, se ensucia de producto. La parte del agitador está construida de forma que no tiene ningún problema en ser lavada, incluso dentro de un lavaplatos, mientras que la parte donde hay el motor (también protegida, incluso con los botones de mando y para activar la separación realizados de un material de elastómero que se deforma) no tiene porqué lavarse bajo el grifo. Al no ser mantenible, ahorra todos los costes relacionados con el mantenimiento y su logística, lo cual representa una eliminación de costes y una disminución del precio, aunque mayor que en el caso anterior.

La disponibilidad se obtiene íntegramente por medio de la fiabilidad, pero en este caso aún se asegura más, ya que se evita el contacto de la parte del motor con el agua durante el lavado.

Caso 3.11
La mantenibilidad en el proyecto de módulo de andén de geometría variable

El proyecto de módulo de andén de geometría variable desarrollado conjuntamente entre la Universitat Politécnica de Catalunya y Ferrocarrils de la Generalitat de Catalunya S.A., tiene por función principal adaptar el andén y un ferrocarril metropolitano (andén a nivel de la plataforma) en estaciones en curva, a fin de evitar la caída de pasajeros (de graves consecuencias) en los espacios que quedan entra la forma necesariamente poligonal del ferrocarril y la forma necesariamente curva del andén. Para ello se disponen el número de módulos necesarios en paralelo, con la parte desplegable alineada en el borde del andén. Una vez parado el tren, los módulos se despliegan hasta hacer contacto con los vehículos y luego retroceden una pequeña distancia a fin de dejar abrir las puertas hacia afuera. Antes de partir el tren, los módulos se repliegan otra vez.

El diseño del módulo estuvo presidido por dos preocupaciones principales: la *seguridad* y la *disponibilidad*, ya que los elementos auxiliares de una explotación de ferrocarril como es el andén de geometría variable, no pueden permitirse de provocar un paro o un accidente en la línea.

La disponibilidad es función de la *fiabilidad*, de la *mantenibilidad* y de la *logística de mantenimiento*. La primera se aseguró a través de ensayos de durabilidad por medio de un banco de pruebas construido a este efecto (ver Figura 1.8) y la compañía debía asumir la logística de mantenimiento. Había que resolver, pues, la mantenibilidad.

El modulo de andén se concibió para en caso de avería, ser retirado rápidamente del andén y ser substituido por otro en la misma operación. Para ello, se dispuso un elemento de soporte fijado al andén con capacidad de regulación (altura y posición) en la primera instalación. El módulo desliza por este elemento de soporte, de forma parecida a un cajón, se engarza con unos agujeros en la parte delantera y se fija con 2 tornillos en la trasera. Las tomas neumática y eléctrica del módulo son de conexión rápida.

Ya en el taller, el módulo también fue concebido para un mantenimiento fácil. Sacados los 10 tornillos laterales que fijan la tapa superior con la base del módulo, el resto de grupos se separa sin necesidad de herramientas, simplemente por desencaje: primero el suelo extensible, después el soporte del suelo extensible (en este grupo y el siguiente hay un conector rápido) y finalmente, la caja de mecanismos (ver Figura 3.18).

A su vez, cada uno de estos grupos tiene una gran accesibilidad por lo que la reparación de cualquier de sus componentes no conlleva dificultades excesivas.

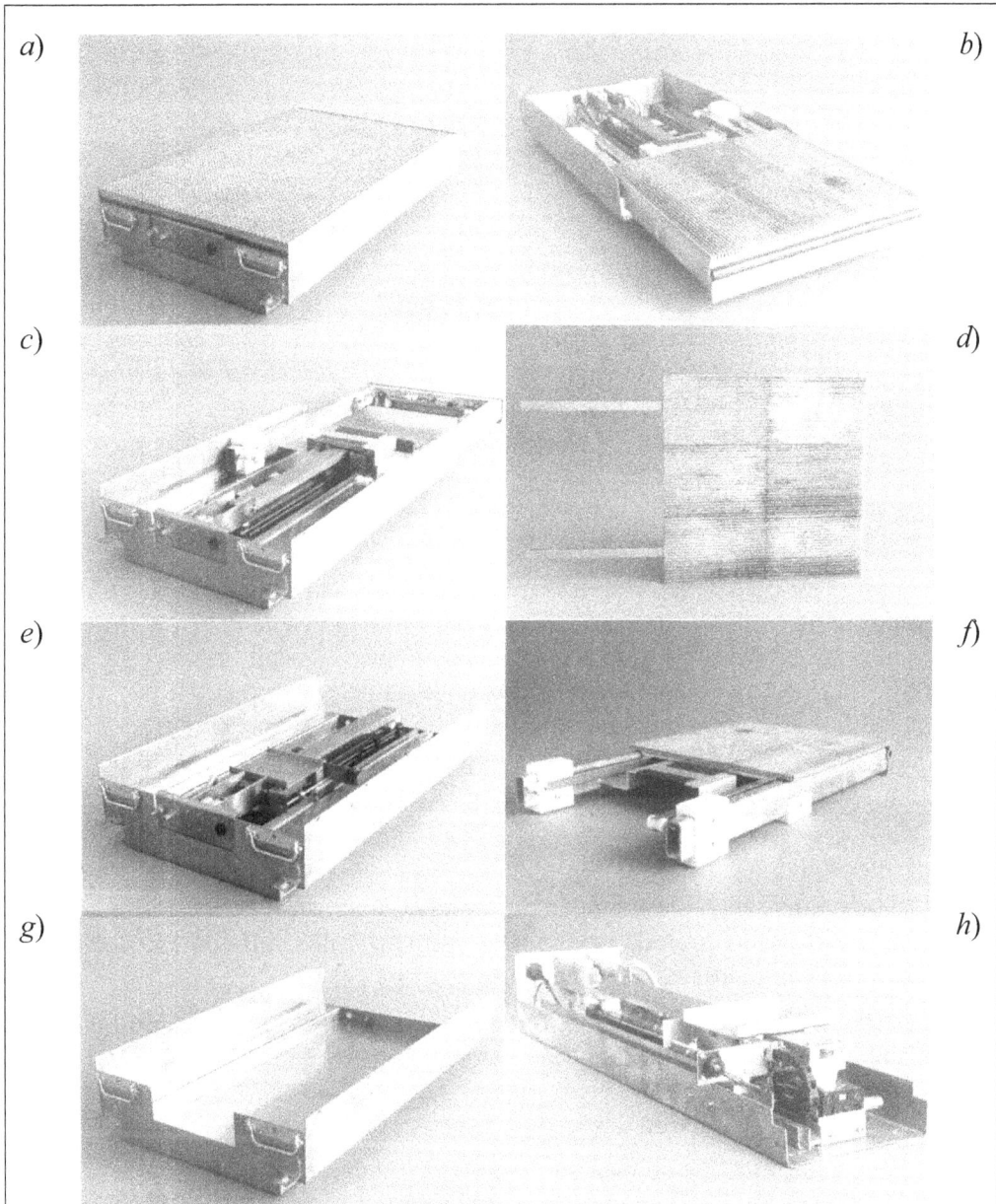

Figura 3.18 Módulo de andén de geometría variable. Secuencia de desmontaje: *a*) Módulo completo (vista posterior); *b*) Módulo sin tapa (vista anterior, desplegado); *c*) Sin tapa ni suelo extensible; *d*) Suelo extensible; *e*) Sin soporte de suelo extensible; *f*) Soporte y suelo extensible con suelo; *g*) Caja del módulo; *h*) Caja de mecanismos

Diseño y ergonomía

El concepto moderno de *ergonomía*, que etimológicamente procede de los términos griegos *ergon* (trabajo) y *nomos* (ley o norma), se debe a K.F. Murrell y fue adoptado por la asociación inglesa Ergonomics Research Society en 1949, con el objetivo de *adaptar el trabajo al hombre* [Mon, 2001-1]. Los americanos suelen usar el término *factor humano* que, con ciertos matices, tiene el mismo significado.

Entre las muchas definiciones de ergonomía se citan las dos siguientes: la primera dada por Wisner en 1973, es más próxima al objetivo de este texto (*conjunto de conocimientos científicos relativos al hombre necesarios para concebir herramientas, máquinas y dispositivos que puedan ser utilizados con la máxima eficacia, seguridad y confort*), mientras que la segunda, adoptada por la International Ergonomics Association, tiene un carácter más general (*integración de conocimientos derivados de las ciencias humanas para estudiar de forma conjunta trabajos, sistemas, productos y condiciones ambientales vinculadas a habilidades mentales, físicas y limitaciones de las personas*).

La ergonomía es, pues, una disciplina que trata los aspectos siguientes: *a*) *Estudio* pluridisciplinario (ingeniería, medicina, psicología, estadística, economía) de la relación entre las personas y su entorno, especialmente de sus limitaciones y condicionantes; *b*) *Intervención* en la realidad exterior, tanto la natural como la artificial, para mejorar la relación de las personas con su entorno (con los objetos y en las formas de actuación) en vistas a la eficacia, el confort, la salud y la seguridad.

Los primeros estudios y aplicaciones de la ergonomía se orientaban al mundo laboral y ponían el énfasis en la mejora y diseño de puestos de trabajo (aplicación que hoy día continúa teniendo una gran importancia [Mon, 2001-2]), pero cada vez más la ergonomía ha ido tomando un carácter general y hoy día se aplica a una gran diversidad de ámbitos de la actividad humana (utensilios de uso cotidiano, conducción de vehículos, sistemas de ocio).

En otro orden de cosas, se puede hablar de *ergonomía preventiva* (o planificada en el momento de la concepción de productos, máquinas y sistemas) y la *ergonomía correctiva* (que interviene después de que los sistemas hayan sido construidos). La primera es la que más interesa desde la perspectiva de la ingeniería concurrente.

En la *ergonomía aplicada* se pueden enunciar los siguientes principios: *a*) *Supremacía de la persona*. En cualquier producto, proceso o sistema hay que mantener la supremacía de la persona que lo utiliza, lo manipula y se beneficia en todas las etapas del ciclo de vida; *b*) *Capacidad limitada de modificación de la persona*. Debe reconocerse la limitación para modificar los aspectos psíquicos y físicos de las personas, más allá del entrenamiento; *c*) *Evitar daños a las personas*. Los productos, máquinas y procesos nunca deben causar daños a las personas, ni físicos ni mentales, ni accidentes, ni enfermedades, dolencias o defectos que se adquieran con el tiempo.

El marco de la intervención ergonómica

Cualquier actividad humana se realiza en un marco determinado por las posibilidades y limitaciones de las personas (carga física y carga mental) y los condicionantes impuestos por los factores de entorno

Carga física.
Incidencia de una actividad en determinados sistemas físicos de las personas (en especial, los sistemas músculo-esqueleto, respiratorio y cardiovascular) donde tienen una especial importancia el levantamiento y manipulación de cargas y el gasto energético.

Se han desarrollado varios métodos para evaluar y valorar ciertos aspectos de la carga física de puestos de trabajo en líneas de producción, siendo algunos de los más conocidos: método NIOSH (National Institute of Safety and Helath, USA) para evaluar el levantamiento de cargas; método OWAS aplicable a puestos de trabajo donde el trabajador adopte posiciones de trabajo extremas o fijas; y el método RULA (alemán), especialmente adecuado para evaluar movimientos repetitivos.

Carga mental
Incidencia en las capacidades mentales de una persona de la cantidad de información que debe tratar, el tiempo de que dispone y la importancia de las decisiones que debe tomar, afectadas por otros factores más subjetivos como la autonomía, la motivación, la frustración o la inseguridad.

Los desajustes entre las capacidades de las personas y la carga mental conducen a trastornos, tanto si se trata de sobrecarga mental cuantitativa (demasiado que hacer), cualitativa (demasiado difícil) o de infracarga mental (trabajos per debajo de la calificación profesional). En otros casos, se puede incidir en el diseño de las máquinas y sistemas para disminuir la carga mental.

Factores ambientales
Las condiciones ambientales inciden en la intervención ergonómica, ya sea a través de las capacidades de las personas para soportar la carga física o mental, ya sea a través de influir en las interacciones de persona-máquina:
Iluminación. Es uno de los factores ambientales que tienen más importancia ya que de él depende una buena y correcta comunicación visual. La iluminación tiene una especial incidencia en los nuevos sistemas basados en la informática, sobretodo aquellos que implican estarse largas horas ante pantallas de ordenador.
Ruido. La limitación del ruido ambiental es importante en aquellas actividades que comporten la comunicación a través de la voz o de señales sonoras. En todo caso, un excesivo nivel sonoro incide negativamente en la carga mental.
Temperatura. El confort o el estrés térmico son aspectos determinantes para el uso eficaz de los objetos y las máquinas. En especial deben temperarse los objetos que deban ser manipulados durante largos ratos (por ejemplo, el volante de un automóvil).

Ergonomía en el diseño

Los productos, máquinas y sistemas son concebidos para satisfacer las necesidades de las personas y no al revés y, por lo que los principios ergonómicos son uno de los principales aspectos que deben tenerse presentes en el diseño.

No todos los productos y máquinas tienen el mismo tipo de requerimientos en función de los usos previstos. Por ejemplo, no es lo mismo el diseño de una bicicleta donde son prioritarios aspectos relacionados con la carga física (dimensiones, aplicación de esfuerzos, gasto energético), el diseño de un ordenador, donde es prioritaria la carga mental (facilitar la comunicación, eliminar operaciones mentales innecesarias), o el diseño de determinados mandos del automóvil donde hay que asegurar respuestas precisas y rápidas.

Se destacan los siguientes aspectos de la intervención ergonómica en el diseño:

Diversidad y antropometría

Algunas intervenciones ergonómicas se destinan a una persona concreta (aparatos ortopédicos, vestidos a medida), pero la mayoría de productos, máquinas y sistemas se prevén para ser utilizados por amplios colectivos de población en un mercado cada vez más globalizado.

La *antropometría* estudia les medidas de las personas (dimensiones del cuerpo humano, movimientos y fuerzas, masas y volúmenes) valores que son distintos de unas personas a otras y donde inciden aspectos como la procedencia, la edad o el sexo. Hay que aplicar con prudencia las bases de datos antropométricas disponibles ya que, por ejemplo, los valores de una población nórdica pueden ser una mala referencia para las personas de países latinos.

Para resolver el problema de la diversidad antropométrica en el diseño, cada día es más frecuente la estrategia de la adaptabilidad, ya sea a través de la regulación física de posiciones y dimensiones (asientos y volante, en el automóvil) o de la personalización (configuración de funciones y presentaciones, en los sistemas informáticos).

Interacción persona-máquina

También tiene una gran incidencia en el planteo de la intervención ergonómica la consideración global sobre el suministro de la energía y el control de les máquinas o sistemas, para lo cual se pueden dar las siguientes situaciones:

Interacción manual. La persona usuaria aporta la energía para el funcionamiento del sistema y la información para su control va indisolublemente ligada a la energía de la actuación. Por ejemplo, unos alicates o una cerradura.

Interacción mecánica. La persona usuaria aporta una cantidad limitada de energía y la máquina la amplifica por medio de una fuente exterior. La actividad principal de la persona se centra en la recepción y emisión de información para su control. Por ejemplo, un torno manual o un automóvil.

Interacción automática. Sistemas autorregulados en los que la intervención de la persona se da fundamentalmente en la programación y el mantenimiento. Por ejemplo, un torno de control numérico o una puerta de apertura automática.

Para determinar qué tipo de interacción es la más adecuada en cada caso (manual, mecánica o automática) deben caracterizarse los puntos fuertes y débiles de las personas y de las máquinas: las personas son superiores en la detección de estímulos débiles (por ejemplo, estímulos sonoros con un elevado nivel de ruido), reconocer patrones complejos o situaciones inesperadas, una gran flexibilidad de actuación y decidir sobre soluciones alternativas. Las máquinas pueden recibir estímulos más allá del campo de percepción humana y son mejores en almacenar mucha información codificada, dar una respuesta rápida de forma automática, ejercer grandes fuerzas y movimientos bien guiados, ejecutar operaciones repetitivas durante mucho tiempo sin acusar fatiga, realizar acciones simultáneas y actuar en ambientes hostiles a la persona.

Comunicación y mando

Emitir y recibir información y dar órdenes de mando forman parte de las actividades más relevantes de la relación de las personas con el entorno, las cuales se realizan fundamentalmente a través de la vista, el oído y el tacto (en algún caso se recorre a otros sentidos como, por ejemplo, el olfato para facilitar la detección de fugas de gas natural con la adición de substancias de olor repulsiva).

Sistemas y dispositivos visuales. Una de las formas más completas y fiables de comunicación entre personas es a través del lenguaje escrito. Otros dispositivos de información visual son los indicadores, los diales y cuadrantes, los símbolos y las pantallas. La eficacia de los dispositivos visuales no depende solo del receptor sino también de condiciones externas (iluminación, distancia, reflejos, objetos interpuestos). Los mensajes visuales pueden ser extensos y permanecer en el tiempo, pero su capacidad para llamar la atención es baja y requieren una posición adecuada del receptor por lo que no son adecuados si implican una respuesta inmediata.

Sistemas y dispositivos sonoros. La mayor parte de las comunicaciones directas entre personas se realizan por medio de la voz. Otros dispositivos de información sonoros son los altavoces, los timbres, las alarmas y las sirenas. No necesitan una posición determinada del receptor y, en general, llaman más la atención, pero requieren un ambiente sonoro adecuado y no son permanentes.

Sistemas y dispositivos táctiles. La percepción táctil se utiliza para reconocimientos en situaciones de baja luminosidad o para invidentes. En cambio, los dispositivos táctiles constituyen la mayor parte de los mandos de máquinas y sistemas (botones, pulsadores, teclas, interruptores y selectores rotativos, volantes y manivelas, palancas, pedales, ratón).

El diseño de los dispositivos de comunicación y mando son una de las tareas fundamentales de la intervención ergonómica. Debe asegurarse una correcta percepción de los mensajes, evitar confusiones o malas interpretaciones en los contenidos (se puede duplicar la información a través de dos sistemas distintos; por ejemplo, alarma sonora y mensaje visual por pantalla), conseguir una buena accesibilidad de los mandos y procurar que no produzcan cansancio o estrés en las personas.

Herramientas de simulación ergonómica

Una adecuada respuesta del diseño a las relaciones entre personas y máquinas tiene su base en los conceptos y métodos ergonómicos descritos en los apartados ante-riores. Sin embargo, como en otros campos de las técnicas aplicadas, cada día son más importantes las herramientas de cálculo y simulación.

Hoy día existen numerosos programas informáticos que, en base a extensas utilidades de modelado humano y la creación de escenarios en sistemas de CAD convencionales, permiten modelizar relaciones ergonómicas que respondan a una gran diversidad de criterios (antropométricos, biomecénicos y psiquicofísicos), lo que constituyen verdaderas herramientas de simulación ergonómica.

Per un lado, estas herramientas permiten simular el funcionamiento ergonómico de un sistema o la medida de ciertos parámetros que de otra forma comportarían unos costes y unos tiempos muy importantes y, por otro lado, permiten detectar ciertos errores o dificultades que pueden corregirse en la etapa de diseño antes de la realización de los productos, máquinas o sistemas.

La intervención de personas con una buena formación ergonómica es la garantía para evitar errores en la interpretación de los resultados de la simulación y como en otras simulaciones, es recomendable realizar pruebas ergonómicas en condiciones reales para confirmar el comportamiento previsto.

Las distintas herramientas de simulación ergonómica evalúan, entre otros aspectos:

Posturas y prensiones. En base a la definición de un escenario, con un maniquí virtual se pueden simular y evaluar posturas complejas, secuencias de movimientos, la prensión de objetos, acciones de mando u operaciones de mantenimiento. Algunos programas incorporan bases de datos antropomórficos.

Manipulación de cargas. Definida una tarea, entre otros permiten simular y evaluar las manipulaciones de cargas pesadas, las manipulaciones repetitivas de pequeñas cargas, detectar posturas difíciles o inadecuadas y el consumo energético en base a alguno de los métodos más frecuentes (NIOSH, RULA, GARG).

Visualización de pantallas. Permiten evaluar el confort y la eficacia de la visualización de pantallas desde un puesto de trabajo. Los nuevos sistemas de fabricación flexible tienden a substituir los trabajos de manipulación por tareas de diseño y de control [Gue, 2001] donde el tiempo de permanencia frente a pantallas es cada día mayor (sistemas CAD/CAE en el diseño; sistemas CAD/CAM en la producción).

Uno de los retos más importantes en el futuro de los programas de modelización y simulación ergonómica es que se incorporen progresivamente en los grandes sistemas CAD 3D, como una herramienta más de apoyo a las tareas de diseño. Junto a ello, también deben difundirse los conceptos y las técnicas básicas de la ergonomía entre los diseñadores, como garantía de una correcta aplicación e interpretación de resultados. En todo caso, las situaciones inciertas o complejas deben ser resueltas por especialistas.

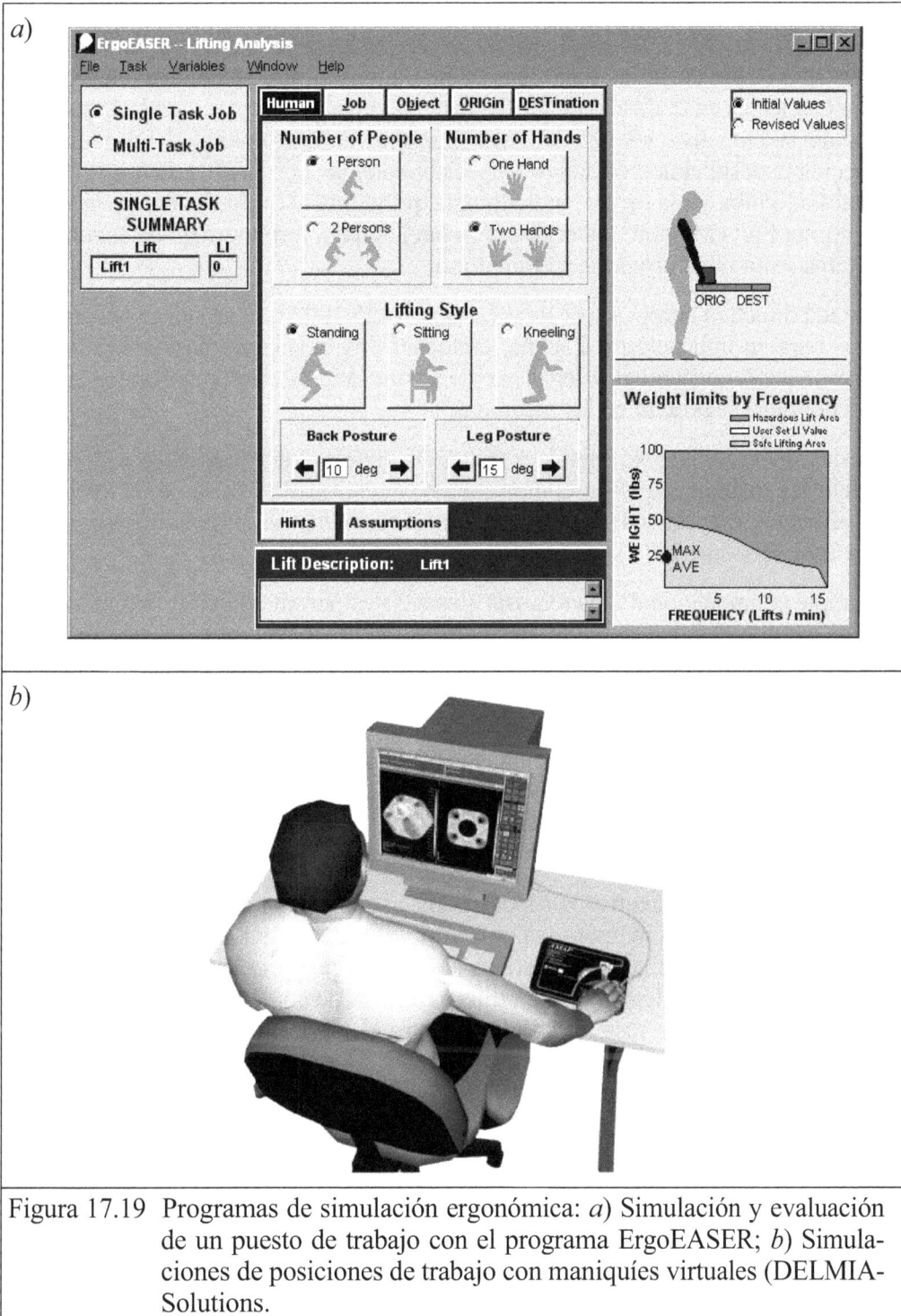

Figura 17.19 Programas de simulación ergonómica: *a*) Simulación y evaluación de un puesto de trabajo con el programa ErgoEASER; *b*) Simulaciones de posiciones de trabajo con maniquíes virtuales (DELMIA-Solutions.

Seguridad de las máquinas

Si bien la seguridad de las máquinas había adquirido una atención y una importancia creciente en el diseño de productos, máquinas y sistemas, con la entrada en vigor de la Directiva 89/392/CEE del Consejo de la Comunidad Europea y el consecuente despliegue normativo (especialmente, las normas EN 292-1/292-2 referentes a terminología básica, metodología, principios y especificaciones técnicas, y la norma EN 414 sobre las reglas para la elaboración de normas de seguridad), este tema se ha transformado en obligatorio.

La citada directiva europea y el Real Decreto 1425/1992 que establece las disposiciones para su aplicación a España, contienen los elementos básicos de toda la transformación conceptual y legal que se ha operado (y continúa desplegándose) alrededor de la seguridad en las máquinas.

En estas disposiciones se establece que sólo podrán comercializarse y poner en servicio las máquinas que no comprometan la seguridad ni la salud de las personas, animales domésticos ni bienes, para lo que deberán cumplir los *requisitos esenciales de seguridad y salud* contenidos en su anexo.

La simple enumeración de los requisitos esenciales permite percibir la importancia de este cambio de concepción en la seguridad de máquinas: principios de integración de la seguridad; materiales, productos y alumbrado; órganos de accionamientos, puesta en marcha, parada y parada de emergencia; medidas de seguridad contra peligros mecánicos (estabilidad, caídas, roturas, elementos móviles); resguardos y dispositivos de protección; medidas de seguridad contra otros peligros (eléctricos, temperatura, incendio, explosión, ruido y vibraciones, radiaciones); mantenimiento; indicaciones y dispositivos de información; y manual de instrucciones. También se dan indicaciones sobre algunas categorías de máquinas.

Dicho lo anterior, la directiva europea establece que sólo podrán comercializarse y ponerse en servicio las máquinas si no comprometen la seguridad ni la salud de las personas, ni de los animales domésticos ni de los bienes, cuando estén instaladas y mantenidas convenientemente y se utilicen de acuerdo con su uso previsto. En este punto se deslindan las responsabilidades entre el fabricante de la máquina y sus usuarios, de lo que se deriva la importancia del contenido de los manuales de utilización y de mantenimiento.

En caso de incumplimiento, la administración toma las medidas pertinentes que pueden llegar a ser la retirada de los productos del mercado y los responsables de las empresas fabricantes incurren en responsabilidades que pueden tener consecuencias legales e incluso penales. Las obligaciones sobre seguridad también afectan a los que comercialicen con máquinas cuyos fabricantes sean de fuera de la Comunidad Europea.

El contenido de estas disposiciones y normas no pueden ser expuestos en este texto. Sin embargo, es interesante seguir, aunque muy brevemente, algunos de los conceptos, reglas y métodos contenidos en ellas ya que aportan elementos de gran utilidad en el diseño de máquinas.

El concepto de máquina

Estas disposiciones parten de un concepto muy amplio de máquina, como un conjunto de piezas y órganos unidos entre sí, de los cuales uno por lo menos es móvil y en su caso, de órganos de accionamiento, circuitos de mando o de potencia, asociados de forma solidaria para una aplicación determinada y en particular, para la transformación, el tratamiento, el desplazamiento y el acondicionamiento de un material. También entran en esta definición un conjunto de máquinas que funcionan solidariamente y los equipos intercambiables que modifiquen el funcionamiento de una máquina.

Requisitos esenciales y estado de la técnica

Los requisitos esenciales de seguridad y salud contemplados en el anexo de la directiva son imperativos, si bien en algunos casos son difíciles de alcanzar. Cuando eso ocurra, la directiva establece que, en función del estado de la técnica, la máquina deberá diseñarse para acercarse al máximo a ellos.

El concepto de *estado de la técnica* permite no incorporar lo que está aún en fase de investigación mientras que obliga a adoptar lo que ya es del dominio común. En todo caso, el estado de la técnica está en continua evolución.

Ejemplo: Hace unos años el "airbag" estaba en fase experimental y se aplicaba en algunos vehículos de grandes prestaciones; hoy día está en el estado de la técnica.

Seguridad en todos los modos de operación

Las máquinas deberán ser aptas para realizar su función y mantenimiento sin que las personas se expongan a peligro siempre que las operaciones se lleven a cabo en las condiciones previstas por el fabricante (usos previstos y usos no previstos, contenidos en los manuales de utilización y de mantenimiento).

Las medidas que se tomen deben ir encaminadas a suprimir riesgos durante la vida útil previsible, incluidas las fases de montaje, desmontaje e inclusive cuando los riesgos se presenten en situaciones anormales pero previsibles.

Ejemplo: Introducir los dedos en un enchufe eléctrico es una situación anormal; sin embargo es previsible que un niño de corta edad lo haga.

Principios de seguridad

Al optar por las soluciones más adecuadas para la seguridad de las máquinas, el fabricante debe aplicar los siguientes principios y por el orden que se indica:

- Eliminar si es posible la causa del riesgo (*seguridad intrínseca*)
- Adoptar protecciones (*resguardos*)
- Y, en último caso, informar del riego a los usuarios

Ejemplo: En el *Caso* 3.12 aparecen unos ejemplos de seguridad intrínseca y de la posible aplicación de un resguardo.

Órganos de accionamiento

La puesta en marcha de una máquina sólo debe poder efectuarse mediante una acción voluntaria ejercida sobre un órgano de accionamiento previsto a tal efecto. Este requisito también es aplicable después de una parada, sea cual sea la causa, o cuando haya una modificación importante de las condiciones de funcionamiento. También se regulan las máquinas con varios órganos de accionamiento, la parada y la parada de emergencia.

Caso 3.12
Accidente con una máquina de rayos X

Hace unos años en un hospital de Barcelona hubo un accidente grave (con muerte) causado por una máquina de rayos X fabricada con anterioridad a la publicación de la directiva.

Este tipo de aparatos consta de una plataforma horizontal (puede adoptar también ligeras inclinaciones hacia la cabeza o hacia los pies; posición A de la Figura 3.18), donde yace el paciente, sobre la cual se desplaza un brazo en cuyo extremo se articula la cámara de rayos X. El desplazamiento del brazo junto con el giro de la cámara permiten dirigir los rayos X a multitud de partes del cuerpo y en una gran variedad de inclinaciones. Justo debajo de la cama hay un elemento para realizar radiografías.

También están previstos otros usos de este aparato en los que la plataforma junto con el brazo y la cámara basculan hasta la posición vertical. En ellas, el paciente se puede colocar de pie, paralelamente a la plataforma (posición B de la Figura 3.20) o sobre una camilla, para lo cual hay que girar la cámara de rayos X 90° para orientarla hacia abajo (posición C de la Figura 3.18).

El funcionamiento en las posiciones A y B suele ofrecer una buena seguridad, ya que el movimiento del brazo y de la cámara son paralelos al paciente (seguridad intrínseca). Sin embargo, en la posición C, el movimiento del brazo y de la cámara van al encuentro del paciente por lo que son posibles maniobras fortuitas que conlleven un importante peligro (en este tipo de utilización no se da la seguridad intrínseca). En efecto, la baja velocidad del movimiento y la importante desmultiplicación de la reducción mecánica hacen que el cabezal con la cámara de rayos X pueda llegar a ejercer una fuerza de más de 5000 N.

En este accidente, un movimiento fortuito del brazo aplastó al paciente, lo que habría podido evitarse si el fabricante hubiera incorporado un sistema de detección y paro en caso de que la cámara entrara en contacto con el paciente (resguardo).

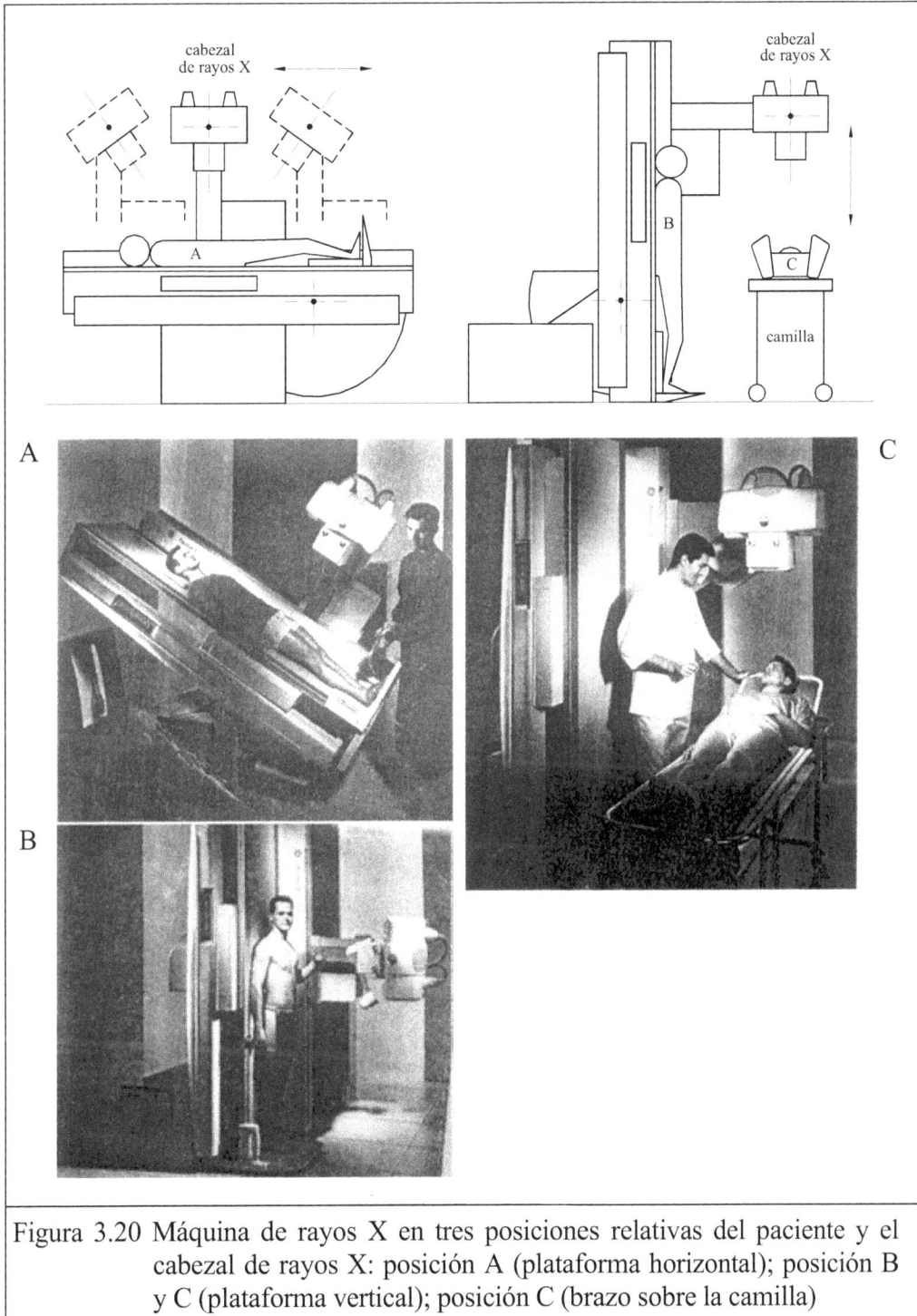

Figura 3.20 Máquina de rayos X en tres posiciones relativas del paciente y el cabezal de rayos X: posición A (plataforma horizontal); posición B y C (plataforma vertical); posición C (brazo sobre la camilla)

Impactos ambientales y fin de vida

De entre los aspectos del entorno, los *impactos ambientales* son probablemente los que más interés y atención están suscitando en los últimos tiempos. En efecto, hay que asegurar que los productos y las máquinas no produzcan agresiones al medio en ninguna de las etapas del *ciclo de vida*:

- Ni a causa de las materias primas
- Ni en su producción
- Ni durante su distribución y comercialización
- Ni en su utilización, ni en el mantenimiento
- Ni en su fin de vida

Se analiza la incidencia de las diferentes alternativas en el medio ambiente, etapa a etapa y en su conjunto. Entre los aspectos a tener en cuenta y las acciones a emprender, están:

a) Controlar los consumos de energía
b) Evitar las emisiones a la atmósfera
c) Evitar la contaminación de las aguas
d) Evitar la contaminación sonora
e) Evitar las radiaciones
f) Evitar los productos nocivos para la salud
g) Prever la reutilización o el reciclaje.

La problemática del medio ambiente sobrepasa el alcance de este texto. Sin embargo, se trata con cierta extensión el tema del *fin de vida* por las conexiones e implicaciones que tiene con el diseño.

Etapas en las consciencias sobre el entorno

Hasta épocas relativamente recientes no se ha tomado consciencia de la incidencia de la actividad del hombre sobre los recursos naturales y de la necesidad de establecer medidas para limitar las agresiones al medio ambiente. Esta preocupación por el entorno se ha ido enriqueciendo con nuevos temas y sensibilidades:

- A mediados de los años 1970 la crisis del petróleo acabó con el mito de la energía barata y puso de manifiesto la necesidad, por un lado, de ahondar en el ahorro energético y, por el otro, de desarrollar energías alternativas renovables.

- En los años 1980 aumenta la consciencia y las acciones encaminadas a la protección del medio ambiente (contaminación de la atmósfera, de las aguas, de los mares y los ríos, contaminación acústica).

- La década de los años 1990 amplía esta consciencia y estas acciones a la necesidad de reciclar los materiales escasos (especialmente los plásticos en las industrias del embalaje y de la automoción).

- Finalmente, con la entrada en el siglo XXI llega la consciencia sobre el impacto de la combustión de los carburantes fósiles sobre el cambio climático, de imprevisibles consecuencias, así como la preocupación sobre fenómenos transnacionales relacionados con los alimentos y la salud.

La atención sobre los impactos al entorno ha ido ampliando el campo desde las etapas de fabricación y utilización hacia la etapa del *fin de vida*

A nivel normativo se produjo un importante giro cuando ISO creó en 1993 el nuevo comité técnico TC 207 sobre gestión ambiental, cuyo resultado son las normas ISO 14000 (hoy día, más de 20) sobre *sistemas de gestión ambiental.*

De entre estas normas, las que tienen más incidencia en el diseño de productos (y servicios) son la ISO 14040 y conexas que tratan del *análisis del ciclo de vida* (ACV; en inglés, LCA, *life cycle assessment*), o estudio de la relación entre los sistemas tecnológicos (productos, servicios) y el medio ambiente como base para tomar medidas orientadas a un desarrollo más sostenible teniendo en cuenta las veetientes ambiental, social y económica.

Formas de fin de vida

En función de consideraciones técnicas, económicas y éticas, hay diversas formas de poner fuera de uso los productos que han llegado al fin de su vida útil. Cada una de ellas tiene distinta incidencia en el entorno y distintas implicaciones en la concepción del producto. A continuación se definen brevemente estas alternativas, estableciendo el orden de mayor a menor exigencia en el rigor y en correspondencia, de menor a mayor incidencia al medio ambiente:

Reutilización

Consiste en recuperar el conjunto de un producto, o determinadas partes, para darles un nuevo uso, una nueva utilización. Por ejemplo:

a) La recuperación de componentes para recambios en los desguaces
b) La reutilización de material informático en desuso para tareas de docencia
c) La reutilización de neumáticos triturados para nuevos pavimentos de carreteras

En general, la reutilización es la forma que menor impacto tiene en el entorno, excepto si mantienen en uso productos basados en tecnologías muy contaminantes o consumidoras de energía.

La reutilización, en general, está limitada a determinados tipos de productos y hoy día se hace difícil aplicarla de forma generalizada por la rápida obsolescencia que provoca el cambio tecnológico. Sin embargo, en los países desarrollados convendría revisar los conceptos de productos de *un-solo-uso*, de *usar-y-tirar*, o las formas de mantenimiento basadas en substituir en lugar de reparar.

Reciclaje

Consiste en recuperar los materiales de los productos a su fin de vida para volverlos a utilizar como a materia prima en un nuevo proceso. Per ejemplo:

a) El reciclaje del cobre de las conducciones eléctricas
b) El reciclaje del vidrio, por fundición y nueva conformación

En el reciclaje de ciertos materiales se producen degradaciones debidas a mezclas (aluminio), o contaminación y degradación de propiedades (muchos polímeros).

Tanto las uniones íntimas entre materiales (composites, plásticos con insertos metálicos, chapas con recubrimientos encolados) como la diversidad de composiciones y aleaciones, dificultan en gran medida las posibilidades de reciclaje.

A pesar de ello, el *reciclaje* de materiales (los metálicos de forma más fácil y los polímeros con más dificultad) constituye hoy quizás la forma más prometedora de resolver el *fin de vida* de los productos. En determinados casos el reciclaje viene forzado por los efectos contaminantes de los materiales (pilas, aceites usados)

Recuperación de energía

Consiste en extraer por medio de combustión el contenido energético de determinados tipos de materiales (papel, tejidos, maderas, plásticos, líquidos combustibles). El volumen y peso del material a eliminar se reduce enormemente, pero queda un residuo (cenizas) que hay que eliminar en un vertedero. Por ejemplo:

a) La combustión de residuos urbanos con un alto contenido de embalajes
b) La combustión de restos de madera de una serradora

La combustión de mezclas de composición incontrolada (como los residuos urbanos) produce gases altamente contaminantes que inciden en la atmósfera, las aguas y los bosques, efectos que difícilmente pueden ser eliminados por completo con los modernos sistemas de filtrado. En este sentido, el Parlamento Europeo ha iniciado medidas para la recogida específica del PVC a fin de evitar sus efectos contaminantes, especialmente en la combustión.

En algunos casos, la recuperación de energía puede ser una buena solución.

Vertido

Es el más sencillo recurso para la eliminación de los productos en su fin de vida. Exige una preparación del terreno para impermeabilizarlo y el control de sus vertidos, circunstancias que a menudo no se dan. Una instalación bien gestionada comporta el llenado por capas alternativas de vertidos y tierras compactadas y la existencia de un depósito para la recogida de lixiviados.

Los vertederos suelen presentar impactos importantes (contaminación de aguas superficiales y subterráneas; malos olores; impacto paisajístico) y por lo tanto, deben ser considerados como un último recurso. Hay que evitar tirar materiales susceptibles de reutilización o reciclaje (muchos vertederos van a ser verdaderas "minas" cuando escaseen determinados materiales en el futuro).

La problemática del fin de vida

Nuestra sociedad ha creado numerosas necesidades que son cubiertas por una gran variedad de productos que se producen en cantidades muy elevadas. Por ejemplo:

- Equipo doméstico: frigoríficos, lavadoras, televisores, hornos microondas
- Medios de transporte: automóviles, motocicletas, bicicletas
- Equipos de oficinas y administraciones: ordenadores, impresoras, teléfonos
- Equipos industriales: máquinas herramientas, útiles, sistemas de manutención
- Equipos para la construcción: calefacciones, ascensores, sistemas de seguridad

Estos productos y equipos tienen una vida útil que se puede cifrar entre 3 hasta 20 años, lo que origina con el paso del tiempo unos volúmenes crecientes de productos que llegan a su fin de vida.

Por ejemplo, hacia finales del siglo XX el parque mundial de automóviles era ya superior a los 500 millones de unidades y, el europeo, superior a 150 millones. Tomando una media de vida útil de unos 10 años y, considerando que el mercado europeo es maduro (fundamentalmente de reposición), en Europa llegan de forma difusa y silenciosa a su fin de vida unos 15 millones de vehículos por año.

Ello representaría llenar unos 15.000 estadios de fútbol hasta una altura de 10 metros de automóviles sin compactar y el reto de reciclar unas 18 millones de toneladas de materiales con la composición aproximada siguiente: 13 de ellas de acero; 2 de aluminio y otros metales; 1,5 más de plásticos; otras 0,9 de cauchos y elastómeros; y finalmente 0,6 millones de toneladas de vidrio.

Si se fuera analizando el fin de vida de otros productos (televisiones, frigoríficos, ordenadores, teléfonos móviles) los resultados vendrían a confirmar lo dicho para el automóvil, a la vez que se percibiría la importancia que el tema del fin de vida va adquiriendo en los países desarrollados.

Materiales y reciclabilidad

Consideraciones iniciales

Como se ha dicho, el reciclado de materiales parece ser uno de los caminos que ofrece más posibilidades en el tratamiento del *fin de vida* de los productos.

Hasta la primera mitad del siglo XX el reciclaje de productos había sido muy alto gracias a unas tecnologías más simples y a unos materiales menos variados y de fácil reciclaje (hierro, cobre, madera, tejidos, papel).

Sin embargo, la creciente complejidad de los productos, la irrupción de nuevos materiales (especialmente los plásticos), la proliferación de piezas y componentes que combinen varios materiales y, sobretodo, el aumento de las producciones, han perturbado notablemente los esquemas de fin de vida existentes hasta entonces.

La problemática que existe en relación a poner en práctica políticas de reciclaje de materiales es la siguiente:

a) Hay que poner a punto procesos de reciclaje efectivos, económicos y respetuosos con el medio ambiente para los nuevos materiales, especialmente los derivados de polímeros (plásticos y elastómeros).

b) Hay que crear mercados, canales de distribución y empresas especializadas para la recogida, el tratamiento y sobretodo para la nueva utilización de los materiales reciclados.

c) Las iniciativas que se implanten en relación con el diseño para el reciclaje tardarán entre 3 y 10 años (dependiendo de los productos) en dar frutos sobre el reciclaje.

Reciclaje de los plásticos

La recuperación económica de los materiales plásticos está directamente relacionada con la facilidad de desmontaje, el volumen de material recuperado por pieza, el tiempo de descontaminación, en su caso, y el valor del material.

En primer lugar, hay que distinguir entre materiales termoplásticos, que pueden ser conformados de nuevo por fusión y moldeo, y materiales termostables que una vez polimerizados no pueden cambiar de forma por fusión y que, en todo caso, sufren una degradación con la temperatura.

Sin embargo, hay que matizar la buena reciclabilidad de los termoplásticos y la mala reciclabilidad de los termostables por las siguientes razones:

a) Los termoplásticos no ofrecen buena reciclabilidad cuando forman aleaciones, cuando presentan cargas de diversos tipos (fibras, plastificantes, materiales de relleno) o cuando están contaminados (absorción de líquidos por depósitos, pinturas, recubrimientos).

b) Los termoplásticos tampoco se reciclan con facilidad cuando forman parte de estructuras con varios componentes (materiales compuestos, insertos metálicos, componentes obtenidos por coextrusión o por inyección-sandwich).

c) Para un reciclado rentable de los termoplásticos deben de recogerse piezas de dimensiones mínimas (la industria de la automoción ha fijado 100 g), y el material debe ser identificado con facilidad.

d) Por otra parte, se están realizando estudios para reutilizar materiales termostables a partir su fraccionamiento, como carga para materiales compuestos.

Gracias a sus bajas densidades los materiales plásticos tienen en general una repercusión beneficiosa en ahorro de energía en aplicación de automoción y transporte (un automóvil incorpora unos 100 kg de plástico que substituyen unos 700 kg de acero).

Reciclaje del aluminio

Cada día es un material más importante en la fabricación de productos, máquinas y sistemas debido a sus interesantes propiedades.

En efecto, presenta unas relaciones resistencia/peso y rigidez/peso no muy distintas a las del acero, la alta resistencia a la corrosión, la gran versatilidad en la conformación (fundición, inyección; forja, laminado, extrusión; mecanizado; anodizado; tratamientos térmicos), una buena conductividad eléctrica (usos eléctricos) y térmica (intercambiadores de calor, disipadores de energía) y, también, por su buena reciclabilidad.

Respecto a la reciclabilidad hay que comentar dos aspectos distintos:

a) La primera obtención del aluminio por electrólisis a partir de la bauxita es muy costosa energéticamente (más que el acero); sin embargo, el proceso de reciclaje absorbe sólo el 5% de esta energía inicial. Ello significa que es un disparate energético diseñar productos en aluminio sin pensar en su reciclaje.

b) Las aleaciones de aluminio suelen tener composiciones relativamente elevadas de otros materiales (silicio, cobre, magnesio, cinc), por lo que la identificación de la aleación puede ser una facilidad en el reciclaje.

De forma análoga a los plásticos, la baja densidad del aluminio proporciona indirectamente mejoras en el medio ambiente en vehículos y sistemas de transporte a causa del menor combustible requerido.

Criterios para una nueva ecocultura del diseño

De todo lo dicho anteriormente se desprende que se está andando hacia una nueva concepción del diseño que tenga en cuenta las afectaciones al medio ambiente y de forma destacada, la problemática del fin de vida.

Aunque esta nueva ecocultura del diseño no ha hecho más que andar los primeros pasos, se han consolidado ya algunos criterios y principios que se exponen a continuación:

a) *Orientar el diseño hacia el reciclaje y la reutilización*
Uno de los criterios que se van estableciendo es el de diseñar para el reciclaje y la reutilización para evitar la incineración y el vertido. El diseño para el reciclaje pone énfasis en aquellos aspectos que hacen posible la recuperación de los materiales y su nueva utilización en los procesos productivos, mientras que la reutilización propugna aumentar los segundos usos de los productos o partes de ellos. Los puntos *b*) y *c*) van destinados a facilitar el reciclaje, mientras que el punto *d*) mejora tanto el reciclaje como la reutilización.

b) Simplificar y estandarizar los materiales

En la perspectiva del ecodiseño, las nuevas recomendaciones respecto a los materiales pueden ser contradictorias con las tendencias hasta el momento:

- Reducir la cantidad de material usado (siempre es beneficioso)
- Reducir la variedad de materiales usados (puede oponerse a criterios tradicionales de optimización)
- Eliminar, o reducir, las aleaciones y las mezclas, así como soluciones que comportan la imbricación íntima de materiales distintos.

c) Identificar los materiales

Consiste en añadir una marca o indicación sobre las piezas a partir de un ciertas dimensiones de la pieza que permita la inmediata identificación por parte de los operarios de desguace. Este aspecto tiene interés especialmente en los termoplásticos y las aleaciones de aluminio. Diversas industrias ya lo aplican.

d) Facilitar el desmontaje y el desguace

Después de hacer tanto énfasis en el diseño para el montaje, ahora también hay que hacerlo para el desmontaje. Los principales puntos de este apartado son:

- Establecer la estructura modular de los productos no tan solo orientada hacia la fabricación, sino también al desmontaje para el reciclaje o la reutilización.
- Avanzar en la creación de nuevos tipos de uniones que permitan fácilmente la separación de componentes (aunque sea por rotura de las zonas débiles previstas a tal efecto), así como las uniones entre partes de materiales distintos.

e) Diseñar para la reutilización

Este criterio es el que proporciona impactos ambientales menores, por lo que deben seguirse las siguientes indicaciones:

- Debe diseñarse, en lo posible, para la reutilización. Hay que revisar la aplicación de los conceptos de productos de *un-solo-uso* o de *usar-y-tirar*, a la vez que, en mantenimiento dar una mayor prioridad a la reparación frente a la simple substitución.
- Estandarizar piezas y componentes como medida para facilitar la reutilización.
- Fomentar los mercados de reparación y reutilización de grupos y darles un mayor contenido técnico.

Quizás algunos de estos criterios y recomendaciones con el tiempo van a tomar mayor relieve, mientras que otros serán dejados de lado. En todo caso, esta nueva *ecocultura del diseño* será uno de los aspectos que requerirán mayor atención y más imaginación en la perspectiva de la *ingeniería concurrente*.

Bibliografía

ABBOTT, H. [Abb, 1987] *Safer by design: the management of product design risks under strict liability*, The Design Council, London.

AHM, T.; CHRISTENSEN, B.; OLESEN, J.; HEIN, L.; MÖRUP, M. [Ahm, 1994] *Design for Manufacture (DFM)*, INSTITUTE FOR PRODUCTION DEVELOPMENT (IPU), Lyngby, Dinamarca.

AMOROS Y PLA, J. [Amo, 1998] *La nova cultura empresarial, una resposta agosarada als reptes del segle XXI*, CIDEM, Generalitat de Catalunya.

ANDREASEN, M.M.; HEIN, L. [And, 1987] *Integrated product development*, IFS (Publications) Ltd, UK, SpringerVerlag, Berlin.

ANDREASEN, M.M.; KÄHLER, S.; LUND, T.; SWIFT, K.G. [And, 1988] *Design for assembly* (segunda edición), IFS (Publications) Ltd, UK, SpringerVerlag, Berlin.

ARCHER, L.B. [Arc, 1971] *Technological Innovation; a Methodology*, Inforlink, Frimley.

ASCAMM (Centro Tecnológico) [ASC, 2000] *El diseño industrial y el Rapid Manufacturing* (proyecto ATICA), Fundación ASCAMM, Cerdanyola del Vallès, Barcelona.

BELAVENDRAM, N. [Bel, 1995] *Quality by Design*, Prentice Hall, London.

BOND, W.T.F. [Bon, 1996] *Design project planning*, Prentice Hall, London.

BOOTHROYD, G.; DEWHURST, P. [Boo, 1986] *Product Design for Assembly*, Boothroyd Dewhurst Inc., Wakefield, R.I.

BOOTHROYD, G. [Boo, 1992] *Assembly automation and product design*, Marcel Dekker, Inc., New York.

CARTER, A.D.S. [Car, 1986] *Mechanical reliability* (Segunda edición), Macmillan Education Ltd., London.

CABARROCAS Y BUALOUS, J. [Cab, 1999] *Disseny conceptual basat en la síntesi funcional de sistemes d'accionament amb múltiples modes d'operació* (tesis doctoral por la Universitat Politècnica de Catalunya), Barcelona.

CETIM [CET, 1992] *L'AMDEC, un Atout pour les PMI* (conferencias), CETIM, Senlis (Francia).

CIURANA GAY, J. DE [Clu, 1997] *Contribució a les bases conceptuals per la implantació de l'acotació funcional unidireccional en sistemes CAD*, (tesis doctoral por la Universitat Politècnica de Catalunya), Barcelona.

CLELAND, D.I.; BIDANDA, B. [Cle, 1990] *The Automated Factory Handbook. Technology and Management*, TAP Professional and Reference Books, EE.UU (capítulo: *Project Management in the Factory*, de H.J. Thamhain).

CORBETT, J.; DOONER,M.; MELEKA,J.; PYM,CH. [Cor, 1991] *Design for Manufacture. Strategies, Principles and Techniques*, Wesley Publishing Company, Wokingham, Inglaterra.

CROS, N. [Cro, 1999] *Métodos de diseño. Estrategias para el diseño de productos*, LIMUSA Noriega Editores, México.

DÍAZ LÓPEZ, V.; SAN ROMAN GARCÍA, J.L. [Dia, 1999] *Técnicas de seguridad aplicadas a las máquinas*, La LeyActualidad, Las Rozas (Madrid).

DIETER, G.E. [Die] *Engineering Design. A Materials and Processing Approach*, McGraw Hill, inc., New York.

ESCORSA CASTELLS, P.; VALLS PASOLA, J. [Esc, 1996] *Tecnologia i innovació a l'empresa. Direcció i Gestió*, Edicions UPC, Barcelona.

FULLANA, P.; PUIG, R. [Ful, 1997] *Análisis del ciclo de vida*, Rubes Editorial S.L., Barcelona.

FUNDACIÓN COTEC [COT, 2001] *Informe Cotec: Tecnología e Innovación en España, 2001*, Fundación Cotec, Madrid.

FRENCH, M.J. [Fre, 1997] *Engineering Design, The Conceptual Stage*, Heneiman, London.

GALLAGHER, C.C.; KNIGHT, W.A.; [Gal, 1986] *Group technology production methods in manufacture*, Ellis Hordwood Limited, Market Cros House, Chichester (England).

GROOVER, M.P. [Gro, 1987] *Automation, Production Systems, and Computer Integrated Manufacturing*, PrenticeHall International Editions, Englewood Cliffs, N.J.

GUÉDEZ TORCATES, V.M. [Gue, 2001] *Ergonomía y manifactura en la producción flexible*, (tesis doctoral por la Universitat Politècnica de Catalunya), Barcelona.

HUBKA, V.; EDER, W.E. [Hub, 1988a] *Theory of Technical Systems. A Total Concept Theory for Engineering Design*, SpringerVerlag, Berlin.

HUBKA, V.; ANDREASEN, M.M.; EDER, W.E. [Hub, 1988b] *Practical Studies in Systematic Design*, Butterworths, London.

HARTLEY, J.; MNORTIMER, J. [Har] *Simultaneous Engineering. The Management Guide to succesful Implementation*, Industrial Newsletters Ltd., publishers.

ISO 9001 [ISO, 2000] *Sistemas de gestión de la calidad – Principios generales y vocabulario*, ISO, Ginebra

KUSIAK, A. (Editor) [Kus, 1993] *Concurrent Engineering. Automation, Tools, and Techniques*, John Wiley & Sons, Inc. (Wiley Interscience Publication), New York.

MAURY RAMÍREZ, H.E. [Mau, 2000] *Aportaciones metodológicas al diseño conceptual: aplicación a los sistemas continuos de manipulación y procesamiento primario de materiales a granel*, (tesis doctoral por la Universitat Politècnica de Catalunya), Barcelona.

MONDELO, P.R.; GREGORI TORADA, E.; BARRAU BOMBARDÓ, P. [Mon, 2001-1] *Ergonomía 1. Fundamentos*, Edicions UPC, Barcelona.

MONDELO, P.R.; GREGORI TORADA, E.; BLASCO BUSQUETS, J.; BARRAU BOMBARDÓ, P. [Mon, 2001-2] *Ergonomía 3. Diseño de puestos de trabajo*, Edicions UPC, Barcelona.

NEVINS, J.L.; WHITNEY, D.E. (Editors) [Nev, 1989] *Concurrent design of products and processes. A strategy for the next generation in manufacturing*, McGraw Hill Publishing Company, New York.

OBORNE, D.J. [Obo, 1987] *Ergonomía en acción. La adaptación del medio de trabajo al hombre*, Editorial Trillas S.A., México.

PAHL, G.; BEITZ, W. (WALLACE, K., editor) [Pah, 1996] *Engineering design. A systematic approach*, 2ª edición revisada, SpringerVerlag, Londres.

PÉREZ RODRÍGUEZ, R. [Per, 2002] *Caracterización y representación de los requerimientos funcionales y las tolerancias en el diseño conceptual: aportaciones para su implantación en los sistemas CAD*, (tesis doctoral por la Universitat Politècnica de Catalunya), Barcelona.

PRAT BARTÉS, A.; TORT-MARTORELL LLABRÉS, X.; GRIMA CINTAS, P.; POZUETA FERNÁNDEZ, L. [Pra, 1997] *Métodos estadísticos. Control y mejora de la calidad*, Edicions UPC, Barcelona.

PUGH, S. [Pug, 1991] *Total design. Integrated methods for Succesful product engineering*, Addison Wesley Publishing Company, Wokingham (UK).

RANKY, P.G. [Ran, 1994] *Concurrent /Simultaneous Engineering (Methods, Tools & Case Studies)*, CIMware Limited, Guildford, Surrey, (UK).

RIBA ROMEVA, C. [Rib, 1997-1] *Disseny de màquines IV. Selecció de materials 1*, Edicions UPC, Barcelona.

RIBA ROMEVA, C. [Rib, 1997-2] *Disseny de màquines IV. Selecció de materials 2*, Edicions UPC, Barcelona.

ROOZENBURG, N.F.M.; EEKELS, J. [Roo, 1995] *Product Design: Fundamentals and Methods*, John Wiley & Sons, Chichester.

SANDERS, M.S.; MCCORMICK, E.J. [San, 1992] *Human Factores in Engineering and Design*, McGrawHill, Inc., New York.

SUH, N.P. [Suh, 1990] *The Principles of Design*, Oxford University Pres, New York.

SUSMAN, G.L. (Editor) [Sus, 1992] *Integrated Design and Manufacturing for Competitite Advantage*, Oxford University Pres, New York.

SYAN, C.H.; MENON, U. [1994] *Concurrente Engineering.Concepts, implementation and practice*, Chapman & Hall, Londres.

TAGUCHI, G. [Tag, 1986] *Introduction to Quality Engineering. Designing Quality into Products and Processes*, Asian Productivity Organization, Tokyo.

TAGUCHI,T.; ELSAYED,E.A.; HSIANG,TH. [Tag, 1989] *Quality Engineering in Production Systems*, McGrawHill Book Company, Nova York.

TASINARI, R. [Tas, 1994] *El productor adecuado. Práctica del análisis funcional*, Marcombo Boixareu Editores, Barcelona.

TORRES, L.; CAPDEVILA, I. (editores) [Tor, 1998] *Medi ambient i tecnologia. Guia ambiental de la UPC*, Edicions UPC, Barcelona. RIBA ROMEVA, C.; PAGÈS FIGUERAS, P., *L'impacte ambiental de la fabricació i transformació de materials* (capítulo 19).

VDI 2221 [VDI, 1987] *Systematic Approach to Design of Technical Systems and Products* (traducción de *Methodik zum Entwickeln und Konstruieren technischer Systeme und Produkte*, VDI-Verlag, Düsseldorf, 1986).

VDI 2222 [VDI, 1975] *Konzipieren technischer Produkte*, VDI-Verlag, Düsseldorf.

www.ingramcontent.com/pod-product-compliance
Lightning Source LLC
Chambersburg PA
CBHW080532220326
41599CB00032B/6285